高等职业教育新形态系列教材·数控技术专业

公差配合与测量技术

(第3版)

主 编 陈德林

北京理工大学出版社
BEIJING INSTITUTE OF TECHNOLOGY PRESS

内 容 简 介

本书反映了公差配合与测量技术的最新理论和国家标准,突出了公差在实际工作中的应用。

本书分为绪论和6个项目:圆柱体结合的极限与配合、测量技术基础、形状和位置公差、表面粗糙度及检测、光滑极限量规及其他常用零件的检测。

本书既可作为各院校机械类、近机类各专业教学用书,也可作为相关专业技术人员的参考用书。

版权专有　侵权必究

图书在版编目(CIP)数据

公差配合与测量技术 / 陈德林主编 . —3 版 . —北京:北京理工大学出版社,2019.11 (2021.7重印)

ISBN 978 - 7 - 5682 - 7708 - 2

Ⅰ.①公… Ⅱ.①陈… Ⅲ.①公差－配合－高等学校－教材 ②技术测量－高等学校－教材　Ⅳ.①TG801

中国版本图书馆 CIP 数据核字(2019)第 235339 号

出版发行 /	北京理工大学出版社有限责任公司
社　　址 /	北京市海淀区中关村南大街5号
邮　　编 /	100081
电　　话 /	(010)68914775(总编室)
	(010)82562903(教材售后服务热线)
	(010)68948351(其他图书服务热线)
网　　址 /	http://www.bitpress.com.cn
经　　销 /	全国各地新华书店
印　　刷 /	唐山富达印务有限公司
开　　本 /	787毫米×1092毫米　1/16
印　　张 /	14
字　　数 /	329千字
版　　次 /	2019年11月第3版　2021年7月第3次印刷
定　　价 /	39.80元

责任编辑 / 张旭莉
文案编辑 / 张旭莉
责任校对 / 周瑞红
责任印制 / 李志强

图书出现印装质量问题,请拨打售后服务热线,本社负责调换

前　言

"公差配合与测量技术"是高等职业院校机械类及近机类各专业的重要专业基础课程。它包含几何量公差选用和误差检测两方面内容，与机械设计、机械制造及其产品质量控制密切相关，是机械工程技术人员和管理人员必须掌握的一门综合性应用技术基础课程。

本课程的教学任务是：让学生掌握几何量测量的基础知识和常用的计量器具的基本操作技能，让学生建立公差意识，初步掌握公差在机械设计、制造中应用。

按照高职机械类相关专业的培养目标和培养方案的要求，根据高职教育的特点及发展的需要，本教材编写采用了"项目驱动，任务导入"的模式安排相应的基本理论知识，贯彻最新国家标准，突出应用能力培养。在内容安排方面引入了大量的实际应用和工程实例，强调"理论够用、应用为主"的理念，注重理论联系实际。

本教材适用于高职高专院校机械类、近机类各专业教学用书，也可作为相关专业技术人员的参考用书。

本书由开封大学陈德林编写，在编写过程中，承蒙开封大学韩洪涛教授，开封黄河机床厂原总工王天顺高级工程师，开封柴油机厂时希权高级工程师的大力支持，在此表示衷心的感谢！

由于编者水平有限，书中错误和不足之处在所难免，恳请读者不吝赐教。

编　者

目　　录

绪论 ·· 001
  任务一　互换性 ·· 001
  任务二　标准化 ·· 003
  习题 ·· 005

项目一　圆柱体结合的极限与配合 ·· 006
  任务一　极限与配合的基本术语和定义 ··· 006
    1.1.1　有关尺寸的术语及定义 ·· 007
    1.1.2　有关偏差、公差的术语及定义 ··· 009
    1.1.3　有关配合的术语及定义 ·· 011
  随堂练习 ··· 013
  任务二　极限与配合国家标准的主要内容 ··· 013
    1.2.1　配合制 ·· 014
    1.2.2　标准公差 ·· 015
    1.2.3　基本偏差系列 ·· 017
    1.2.4　公差带与配合在图样上的标注 ··· 025
    1.2.5　一般、常用和优先的公差带与配合 ·· 025
    1.2.6　线性尺寸的一般公差 ··· 026
    1.2.7　标准温度 ·· 029
  随堂练习 ··· 030
  任务三　极限与配合的选择 ·· 030
    1.3.1　基准制的选择 ·· 030
    1.3.2　公差等级的选用 ·· 031
    1.3.3　配合种类的选择 ·· 034
    1.3.4　各类常用配合的特征及应用 ·· 037
    1.3.5　公差与配合选择综合示例 ··· 040
  随堂练习 ··· 042
  习题 ·· 043

项目二　测量技术基础 ··· 045
  任务一　测量技术的基本概念 ··· 045
    2.1.1　测量技术的概念、测量要素和检测 ·· 045
    2.1.2　长度单位、基准和长度量值传递系统 ··· 046
    2.1.3　量块及其使用 ·· 046

随堂练习	050
任务二　计量器具与测量方法	050
2.2.1　计量器具分类	050
2.2.2　计量器具的基本度量指标	050
2.2.3　测量方法分类	051
2.2.4　常用测量器具的测量原理、基本结构与使用方法	052
随堂练习	057
任务三　测量误差及数据处理	057
2.3.1　测量误差的概念与产生原因	057
2.3.2　测量误差的来源	058
2.3.3　测量误差的分类及处理方法	059
2.3.4　关于测量精度的几个概念	065
随堂练习	066
任务四　光滑工件尺寸的检测	066
2.4.1　概述	066
2.4.2　验收极限和安全裕度 A	067
2.4.3　计量器具的选择	068
2.4.4　计量器具选择示例	070
随堂练习	070
习题	070
项目三　形状和位置公差	**071**
任务一　概述	071
3.1.1　形位误差对零件使用性能的影响	071
3.1.2　形位公差项目与符号	072
3.1.3　形位公差的研究对象	072
3.1.4　形位公差的标注	073
3.1.5　形位公差的意义和特征	076
3.1.6　形位误差的评定原则——最小条件	077
3.1.7　基准	079
随堂练习	080
任务二　形状公差和形状误差检测	080
3.2.1　形状公差和形状公差带	081
3.2.2　轮廓度公差及其公差带	089
随堂练习	091
任务三　位置公差和位置误差检测	091
3.3.1　定向公差	091
3.3.2　定位公差	096
3.3.3　跳动公差	100
随堂练习	105

目录

  任务四 公差原则与公差要求 ………………………………………… 105
   3.4.1 有关术语及定义 ………………………………………………… 105
   3.4.2 独立原则 ………………………………………………………… 111
   3.4.3 相关要求 ………………………………………………………… 111
  任务五 形位公差的选用 …………………………………………………… 117
   3.5.1 形位公差特征项目的选择 …………………………………… 117
   3.5.2 形位公差值(或公差等级)的选择 …………………………… 118
   3.5.3 公差原则的选择 ……………………………………………… 121
   3.5.4 基准的选择 …………………………………………………… 123
   3.5.5 未注形位公差的规定 ………………………………………… 123
  任务六 形位公差标注应注意的问题 …………………………………… 124
  任务七 形位误差的检测原则 ……………………………………………… 126
  习题 …………………………………………………………………………… 128

项目四 表面粗糙度及检测 ……………………………………………………… 132

  任务一 概述 ………………………………………………………………… 132
  任务二 表面粗糙度的评定 ……………………………………………… 133
   4.2.1 主要术语和定义 ……………………………………………… 133
   4.2.2 表面粗糙度的评定参数 ……………………………………… 134
   4.2.3 表面粗糙度国家标准 ………………………………………… 136
  任务三 表面粗糙度的符号及标注 ……………………………………… 137
   4.3.1 表面粗糙度符号 ……………………………………………… 137
   4.3.2 表面粗糙度代号 ……………………………………………… 138
   4.3.3 表面粗糙度代(符)号在图样上的标注 …………………… 139
  随堂练习 ……………………………………………………………………… 142
  任务四 选用和检测表面粗糙度 ………………………………………… 142
   4.4.1 表面粗糙度参数的选用 ……………………………………… 142
   4.4.2 表面粗糙度的测量 …………………………………………… 144
  随堂练习 ……………………………………………………………………… 147
  习题 …………………………………………………………………………… 147

项目五 光滑极限量规 ……………………………………………………………… 149

  任务一 概述 ………………………………………………………………… 149
  任务二 工作量规设计 …………………………………………………… 150
   5.2.1 工作量规公称尺寸 …………………………………………… 150
   5.2.2 工作量规公差带 ……………………………………………… 151
   5.2.3 量规设计的原则及其结构 …………………………………… 152
   5.2.4 工作量规设计举例 …………………………………………… 155
   5.2.5 量规的其他技术要求 ………………………………………… 156
  习题 …………………………………………………………………………… 157

项目六　其他常用零件的检测 ... 158

任务一　滚动轴承的公差与配合 ... 158
6.1.1　滚动轴承的组成及分类 ... 158
6.1.2　滚动轴承的精度等级及应用 ... 159
6.1.3　滚动轴承内径、外径的公差带及其特点 ... 159
6.1.4　滚动轴承与轴颈和外壳孔的配合 ... 160
6.1.5　滚动轴承配合的选择 ... 160
6.1.6　配合表面及端面的形位公差和表面粗糙度 ... 164
随堂练习 ... 166

任务二　键与花键的公差与配合 ... 166
6.2.1　平键连接的公差与配合 ... 167
6.2.2　矩形花键连接 ... 168
6.2.3　键的检测 ... 173
随堂练习 ... 175

任务三　圆锥和角度的公差与配合 ... 175
6.3.1　圆锥配合的基本参数 ... 176
6.3.2　锥度、锥角系列与圆锥公差 ... 176
6.3.3　圆锥配合 ... 182
6.3.4　角度公差 ... 183
6.3.5　角度与锥度的检测 ... 184
随堂练习 ... 186

任务四　螺纹结合的公差与配合 ... 186
6.4.1　相关专业知识 ... 187
6.4.2　普通螺纹的公差与配合 ... 192
6.4.3　普通螺纹的标记 ... 195
6.4.4　螺纹的表面粗糙度要求 ... 196
6.4.5　应用举例 ... 196
6.4.6　普通螺纹的测量 ... 197
随堂练习 ... 199

任务五　圆柱齿轮传动精度与检测 ... 199
6.5.1　概述 ... 199
6.5.2　齿轮精度的评定指标及检测 ... 200
6.5.3　齿轮副和齿坯的精度 ... 207
6.5.4　渐开线圆柱齿轮精度标准及其应用 ... 210
6.5.5　齿轮在图样上的标注 ... 212
随堂练习 ... 212
习题 ... 212

参考文献 ... 214

绪 论

任务一 互 换 性

▶ 任务分析

互换性是什么？在工厂装配车间，工人师傅对同一规格的一批零、部件，可以不经过选择、修配或调整，任取一件都能装配在机器上，并能达到规定的使用性能要求。我们会问：这是为什么？这是因为零件具有互换性。例如，自行车有上百个零件，几分钟就装配到一辆车上（见图0-1）。可以想象，如果零件没有互换性，高效率的装配就无法实现。

图 0-1 自行车及配件

1. 互换性的含义

互换性是广泛用于机械制造、军品生产、机电一体化产品的设计与制造过程中的重要原则，且能取得巨大的经济效益和社会效益。

在机械制造行业中，零件的互换性是指在同一规格的一批零、部件中，可以不经过选择、修配或调整，任取一件都能装配在机器上，并能达到规定的使用性能要求。能够保证具有互换性的生产，称为遵守互换性原则的生产。

汽车、摩托车、拖拉机等行业就是运用互换性原则，形成规模经济，以取得最佳技术经济效益。

2. 互换性的分类

（1）互换性按其决定参数或使用要求可分为几何参数互换和功能性互换。

① 几何参数互换，是指规定几何参数（主要包括尺寸大小、几何形状以及形面间相互位置关系等）的极限，来保证成品的几何参数充分近似所达到的互换性；又称为狭义互换性，即通常所讲的互换性。本书主要讨论几何参数的互换性。

② 功能性互换，又称为广义互换性，是指规定功能参数的极限所达到的互换性。功能参数不仅包括几何参数，还包括其他一些参数，如机械性能，物理、化学性能等参数。

(2) 互换性按其实现方法及互换程度可分为完全互换和不完全互换。

① 完全互换，是指一批零、部件装配前不经选择，装配时也不需修配和调整，装配后即可满足预定的使用要求，如螺栓、圆柱销等标准件的装配大都属于此类情况。

② 不完全互换，是指一批零、部件装配前允许有附加的选择，装配时允许有附加的调整，但不允许修配，装配后可以满足预定的使用要求。例如，当装配精度要求很高时，若采用完全互换将使零件的尺寸公差很小，加工困难，成本很高，甚至无法加工。为了便于加工，这时可将其制造公差适当放大，在完工后，再用量仪将零件按实际尺寸分组，按组进行装配。如此，既保证装配精度与使用要求，又降低成本。此时，仅是组内零件可以互换，组与组之间不可互换，因此，叫不完全互换。

不完全互换只限于部件或机构制造厂内装配时使用，对厂外协作，则往往要求完全互换。一般大量生产和成批生产，如汽车、拖拉机厂大都采用完全互换法生产；精度要求很高的，如轴承行业，常采用分组装配，即不完全互换法；而小批和单件生产，如矿山、冶金等重型机器业，则常采用修配法或调整法。

3. 互换性技术的经济意义

按互换原则组织生产，是现代化生产的重要原则之一，其优点如下：

(1) 在设计方面：由于采用具有互换性的标准件、通用件，可使设计工作简化，缩短设计周期，并便于用计算机辅助设计。

(2) 在制造方面：当零件具有互换性时，可以采用分散加工，集中装配。这样有利于组织专业化协作生产，有利于使用现代化的工艺装备，有利于组织流水线和自动线等先进的生产方式。装配时，不需辅助加工和修配，既减轻工人的劳动强度，又缩短装配周期，还可使装配工作按流水作业方式进行，从而保证产品质量，提高劳动生产率和经济效益。

(3) 在使用、维修方面：当机器的零件损坏或需定期更换时，便可在最短时间内用备件加以替换，从而提高了机器的利用率，延长了整个机器的使用寿命。

综上所述，在机械工业中，遵循互换性原则，对产品的设计、制造和使用、维修等方面具有重要的技术经济意义。所以，它不仅适用于大批量生产，也适用于单件小批生产，是现代制造业中普遍遵守的原则。

4. 互换性生产的实现

具有互换性的零件，其几何参数是否必须制造得绝对精确呢？事实上，不但不可能，而且也不必要。

零件在加工过程中，由于机床系统误差、机床振动、刀具磨损等原因，其几何参数不可避免地会产生误差。例如，单个零件尺寸不可能制造得绝对准确，一批零件尺寸不可能完全一致等。具有互换性的零件，尺寸并不是完全一致。实践证明，只要将这些误差控制在一定的范围内，则零件的使用功能和互换性都能得到保证。换句话说，我们通过对零件的各个几何参数规定公差，加工时只要将零件产生的误差严格控制在公差范围内，零件就具有互换性。

公差是零件几何参数允许的变动量，它包括尺寸公差、形状公差、位置公差和表面粗糙度等。公差是用来控制误差，以保证零、部件的互换性，因此，研究几何量误差及其控制范围，需要建立公差标准，这是科研生产中的一个重要课题，是保证互换性的基础。

完工后的零件是否满足公差要求，要通过检测加以判断。通过检测，几何参数误差控制在规定的公差范围内,零件就合格,就能满足互换性要求。反之,零件就不合格,也就不能达到互换的目的。

综上所述,合理确定公差标准与正确进行检测是保证产品质量、实现互换性生产的两个必不可少的条件和手段。

任务二　标　准　化

任务分析

现代制造业的特点是规模大、分工细、零件互换性高。必须有一种手段使生产部门统一起来,标准化正是这种主要手段和途径。

1. 标准和标准化

标准是指为了在一定范围内获取最佳秩序,经协商一致指定并由公认机构批准,共同使用和重复使用的一种规范性文件。标准应以科学、技术和经验的综合成果为基础,以促进最佳的共同效益为目的。

标准分为国家标准、行业标准、地方标准和企业标准。

标准化是指以制定标准和贯彻标准为主要内容的全部活动过程。

在现代化生产中,标准化是一项重要的技术措施。因为一种机械产品的制造,往往涉及许多部门和企业,为了适应生产上相互联系的各个部门与企业之间在技术上相互协调的要求,必须有一个共同的技术标准,使独立的、分散的部门和企业之间保持必要的技术统一,使相互联系的生产过程形成一个有机的整体,以达到实现互换性生产的目的。为此首先必须建立对那些在生产技术活动中最基本的具有广泛指导意义的标准。由于高质量产品与公差的密切关系,所以要实现互换性生产必须建立公差与配合标准、形位公差标准、表面粗糙度等标准,先进的公差标准是实现互换性的基础。

2. 公差的标准化

公差与配合的标准化,对机电工业生产的组织和发展具有重要的作用。我国从适应国际贸易、技术交流的角度考虑,必须进一步与国际标准化接轨。

1959 年,我国颁布《公差与配合》国家标准。1979 年,我国根据国际标准化组织 1962 年发布的国际公差制,颁布了新的《公差与配合》国家标准。该标准采用的国际公差制具有概念清晰、明确、严密、规律、适用等特点,成为世界大多数国家广泛采用的一种公差制。1988 年,随着科学技术的发展及技术的进步,国际标准化组织发布了新的 ISO《极限与配合》国际标准。1997 年后,我国遵循积极采用国际标准的方针,结合《公差与配合》国家标准实施十多年的具体情况及反映出来的问题和意见,等效地采用 ISO《极限与配合》,陆续颁布了《极限与配合》新的国家标准。

3. 标准化过程中所应用的优先数和优先数系

在制定公差标准及设计零件的结构参数时,都需要通过数值来表示。

任一产品的参数数值不仅与自身的技术特性有关,而且还直接、间接地影响到与其配套的一系列产品的参数数值。例如,螺母直径数值,影响并决定螺钉的直径数值以及丝锥、螺纹塞规、钻头等一系列产品的直径数值。为了避免造成产品的数值杂乱无章、品种规格过于繁多,减少给组织生产、协作配套、供应、使用、维修和管理等所带来的困难,必须把实际应用的数值限制在较小范围内,并进行优选、协调、简化和统一。人们在生产实践中总结出了一种科学的统一数值标准,使产品参数的选择一开始就纳入标准化轨道,这就是国家标准《优先数和优先数系》(GB 321—2005)。凡在科学数值分级制度中被确定的数值,称为优先数;按一定公比由优先数所形成的等比级数系列,称为优先数系。

标准规定了五个等比数列,它们的公比分别为:$q_5 = \sqrt[5]{10} \approx 1.6$,$q_{10} = \sqrt[10]{10} \approx 1.25$,$q_{20} = \sqrt[20]{10} \approx 1.12$,$q_{40} = \sqrt[40]{10} \approx 1.06$,$q_{80} = \sqrt[80]{10} \approx 1.03$,并分别用 R5,R10,R20,R40 基本系列和 R80 补充系列表示。

优先数系基本系列的常用值见表 0-1。

表 0-1 优先数系基本系列的常用值(摘自 GB/T 321—2005)

R5	R10	R20	R40	R5	R10	R20	R40	R5	R10	R20	R40
1.00	1.00	1.00	1.00				2.24		5.00	5.00	5.00
			1.06				2.36				5.30
		1.12	1.12	2.50	2.50	2.50	2.50			5.60	5.60
			1.18				2.65				6.00
	1.25	1.25	1.25			2.80	2.80	6.30	6.30	6.30	6.30
			1.32				3.00				6.70
		1.40	1.40			3.15	3.15			7.10	7.10
			1.50				3.35				7.50
1.60	1.60	1.60	1.60			3.55	3.55		8.00	8.00	8.00
			1.70				3.75				8.50
		1.80	1.80	4.00	4.00	4.00	4.00			9.00	9.00
			1.90				4.25				9.50
	2.00	2.00	2.00				4.50	10.00	10.00	10.00	10.00
			2.12				4.75				

可知:(1) 优先数系中的任一数均为优先数,任意两项的积或商都为优先数,任意一项的整数乘方或开方也都为优先数。

(2) 从 R5,R10,R20,R40 前一数系的项值包含在后一数系之中。

(3) 表列以 1~10 为基础,所有大于 10 或小于 1 的优先数,均可用 10 的整数次幂乘以表 0-1 中数值求得,这样可以使该系列向两端无限延伸。

根据生产需要,亦可派生出变形系列,如派生系列。派生系列指从某一系列中按一定项差取值所构成的系列,如 R10/3 系列,即在 R10 数列中按每隔 3 项取 1 项的数列,其公比为:R10/3 = $(\sqrt[10]{10})^3 = 2$。如 1,2,4,8,…。

优先数系在各种公差标准中被广泛采用,公差标准表格中的数值,都是按照优先数系选定的。例如,《公差与配合》国家标准中 IT5～IT18 级的标准公差值主要是按 R5 系列确定的。

习　题

1. 什么是互换性?
2. 为什么要规定公差?
3. 什么是标准? 它与互换性有何联系? 我国技术标准分哪几级?
4. 什么是优先数和优先数系?
5. 加工误差、公差、互换性的关系是什么?
6. 下面各列数据属于哪种系列? 公比是多少?
(1) 家用灯泡 15～100 W 中的各种瓦数为 15,25,40,60,100。
(2) 某机床主轴转速为 50,63,80,100,125,…,单位为 r/min。

圆柱体结合的极限与配合

> **项目阅读**

图 1-1 是轴和轴及其孔装配图。$\phi 50 \text{g}6$ 和 $\phi 50 \text{H}7$ 体现了轴孔的尺寸精度;$\phi 50 \dfrac{\text{H}8}{\text{f}7}$ 体现了配合状态。掌握极限配合的专业基础知识和相关国家标准是本项目的主要任务。

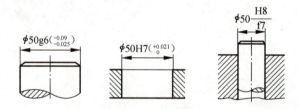

图 1-1 轴和轴及其孔装配图

圆柱体结合是机械产品最广泛采用的一种结合形式,通常指孔与轴的结合。为了满足使用要求保证互换性,应对尺寸公差与配合标准化。因此,圆柱体结合的极限与配合标准是一项最基本、最重要的标准。

本项目重点介绍《极限与配合》国家标准,主要涉及以下标准的有关内容:

(1) GB/T 1800.1—2009 产品几何技术规范(GPS)极限与配合　第 1 部分:公差、偏差和配合的基础。

(2) GB/T 1800.1—2009 产品几何技术规范(GPS)极限与配合　第 2 部分:标准公差等级和孔、轴极限偏差表。

(3) GB/T 1800.1—2009 产品几何技术规范(GPS)极限与配合　公差带和配合的选择。

(4) GB/T 1804—2000 一般公差　未注公差的线性和角度尺寸的公差。

任务一　极限与配合的基本术语和定义

> **任务分析**

为了满足互换性的要求,零件的几何参数必须保持在一定的精度范围内。加工精度的要求通常是由设计者按照国家标准,根据零件的功能要求标注在零件图样上。如图 1-2 所示。图中所标尺寸都有精度要求。

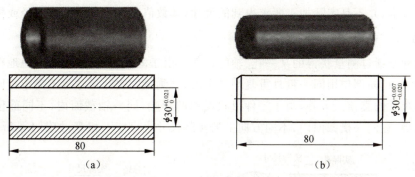

图 1-2 轴与轴套

1.1.1 有关尺寸的术语及定义

1. 孔和轴

孔指工件的圆柱形内表面,也包括非圆柱形内表面(如由两平行平面或切面形成的包容面)。轴指工件的圆柱形外表面,也包括非圆柱形外表面(如由两平行平面或切面形成的被包容面)。

标准中定义的孔、轴具有广泛的含义,对于像槽一类的两平行侧面也称为孔,而在槽内安装的滑块类零件的两平行侧面被称为轴。从装配的角度看,孔、轴分别具有包容面和被包容面的功能;从加工的角度看,孔的尺寸由小到大,轴的尺寸有大到小。如果两平行平面或切面既不能形成包容面,也不能形成被包容面,那么它们既不是孔,也不是轴。如阶梯形的零件,其每一级的两平行面便是这样。

例如,在图 1-3 所示的各表面中,由 D_1,D_2,D_3 和 D_4 尺寸确定的各组平行平面或切面所形成的是包容面,称为孔;由 d_1,d_2,d_3 和 d_4 尺寸确定的圆柱形外表面、平行平面或切面所形成的是被包容面,称为轴;由 L_1,L_2 和 L_3 尺寸确定的各平行平面或切面,既不是包容面也不是被包容面,故不称为孔或轴,可称为长度。

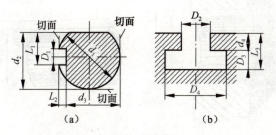

图 1-3 孔与轴

2. 尺寸

以特定单位表示线性尺寸值的数值。从尺寸的定义可知,尺寸由数字和特定单位组成;在机械零件上,尺寸值通常指两点之间的距离,如直径、半径、宽度、深度、高度和中心距等。机械图中标注的尺寸规定以毫米为单位表示,不必注出单位。

3. 公称尺寸(孔用 D,轴用 d 表示)

通过它应用上、下极限偏差可算出极限尺寸的尺寸。公称尺寸是在设计中根据强度、刚度、运动、工艺、结构等不同要求来确定的。公称尺寸是尺寸精度设计中用来确定极限尺寸和偏差的一个基准,并不是实际加工要求得到的尺寸,其数值应优先选用标准直径或标准长度。

4. 实际尺寸(D_a,d_a)

实际尺寸是通过测量获得的某一孔、轴的尺寸。由于测量过程中,不可避免地存在测量误差,同一零件的相同部位用同一量具重复测量多次,其测量的实际尺寸也不完全相同。因此实际尺寸并非尺寸的真值。另外,由于零件形状误差的影响,同一轴截面内,不同部位的实际尺寸不一定相等,在同一横截面内,不同方向上的实际尺寸也可能不相等,如图 1-4 所示。

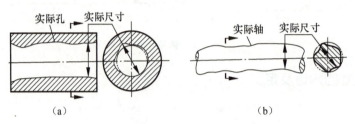

图 1-4 实际尺寸

5. 极限尺寸

极限尺寸是一个孔或轴允许尺寸的两个极端;也可以说是允许尺寸变化的两个界限值,如图 1-5 所示。通常,设计规定两个极限尺寸,允许的最大尺寸称为上极限尺寸(D_{max},d_{max});允许的最小尺寸称为下极限尺寸(D_{min},d_{min})。设计中规定极限尺寸是为了限制工件尺寸的变动不要超出指定范围,以满足预定的使用要求,如图 1-6 所示。完工后,零件的实际尺寸应位于其中,也可达到极限尺寸,用公式表示为

$$孔的尺寸合格条件:D_{min} \leqslant D_a \leqslant D_{max}$$

$$轴的尺寸合格条件:d_{min} \leqslant d_a \leqslant d_{max}$$

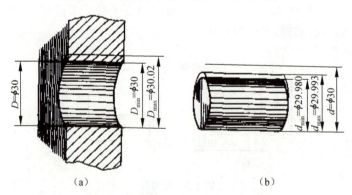

图 1-5 极限尺寸

(a) 孔的极限尺寸;(b) 轴的极限尺寸

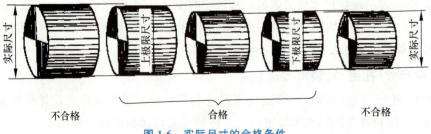

图 1-6 实际尺寸的合格条件

1.1.2 有关偏差、公差的术语及定义

1. 偏差(E,e)

某一尺寸(实际尺寸、极限尺寸等)减其公称尺寸所得的代数差。

1) 实际偏差:实际尺寸减其公称尺寸所得的代数差,用公式表示为

$$孔的实际偏差 \quad E_a = D_a - D \tag{1-1}$$

$$轴的实际偏差 \quad e_a = d_a - d \tag{1-2}$$

2) 极限偏差:极限尺寸减其公称尺寸所得的代数差。其中上极限尺寸与公称尺寸之差称为上极限偏差(ES,es);下极限尺寸与公称尺寸之差称为下极限偏差(EI、ei);上极限偏差和下极限偏差统称为极限偏差,用公式表示为

对孔:
$$ES = D_{\max} - D \tag{1-3}$$
$$EI = D_{\min} - D \tag{1-4}$$

对轴:
$$es = d_{\max} - d \tag{1-5}$$
$$ei = d_{\min} - d \tag{1-6}$$

偏差可以为正、负或零值,它们分别表示其尺寸大于、小于或等于公称尺寸。所以不等于零的偏差值,在其值前必须标上相应的"+"或"-"号,偏差为零时,"0"也不能省略。

在图样和技术文件上标注极限偏差时,标准规定:上极限偏差标在公称尺寸右上角;下极限偏差标在公称尺寸右下角。如 $\phi 20^{\ 0}_{-0.013}$,$\phi 35^{+0.025}_{+0.009}$,$\phi 50f6 \left({}^{-0.020}_{-0.033} \right)$ 或 $\phi 63j7 \left({}^{+0.018}_{-0.012} \right)$,当上、下极限偏差数值相等符号相反时,则标注为 $\phi 25 \pm 0.0065$。完工后零件尺寸的合格条件可以用偏差关系式表示为

$$孔的尺寸合格条件 \quad EI \leqslant E_a \leqslant ES$$
$$轴的尺寸合格条件 \quad ei \leqslant e_a \leqslant es$$

2. 尺寸公差(简称公差)

尺寸公差是上极限尺寸减去下极限尺寸之差,或上极限偏差减去下极限偏差之差,它是允许尺寸的变动量。孔、轴的公差分别用 T_D,T_d 表示。尺寸公差是一个没有符号的绝对值,用公式表示为

$$T_D = |D_{\max} - D_{\min}| = |ES + D - (EI + D)| = |ES - EI| \tag{1-7}$$

$$T_d = |d_{\max} - d_{\min}| = |es - ei| \tag{1-8}$$

极限尺寸、公差与偏差的关系,如图1-7所示。

尺寸误差是一批零件实际尺寸中最大减最小,即实际尺寸变化范围。尺寸误差与尺寸实际偏差是一对既有区别又有联系的概念,见表 1-1。

尺寸公差与尺寸极限偏差也是一对既有区别又有联系的概念,见表 1-2。

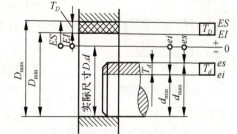

图 1-7 极限尺寸、公差与偏差的关系

表 1-1　尺寸误差与尺寸实际偏差

项　目		尺寸实际偏差	尺寸误差
区别	1	是对某一零件而言	是对一批零件而言
	2	表示对公称尺寸的偏离	与公称尺寸无关,只表示一批零件尺寸的一致程度
	3	是代数值,可以为正、负或者为零	是绝对值
联系		它们都是通过测量零件实际尺寸得到的	

表 1-2　尺寸极限偏差与尺寸公差

项　目		尺寸极限偏差	尺寸公差
区别	1	反映对公称尺寸的偏离要求,用以限制实际偏差	反映尺寸分布一致性的要求,用以限制尺寸误差
	2	决定加工零件时,刀具相对于工件的位置,与加工难度无关	反映对制造精度的要求,体现了加工的难易程度
	3	在公差带图中决定公差带的位置	决定公差带的大小
	4	影响配合的松紧程度	影响配合松紧程度的一致性
	5	可以用来判断零件尺寸的合格性	不能用来判断零件尺寸的合格性
	6	是代数值,可以为正、负或者为零	是没有符号的绝对值,不能为零
联系		它们都是设计时给定的尺寸,而且尺寸公差=上极限偏差－下极限偏差	

3. 尺寸公差带图(简称公差带图)

为了直观、方便,在研究公差和配合时,常用到公差带图这一非常重要的工具。公差带图由零线和公差带组成。由于公差或偏差的数值比公称尺寸的数值小得多,在图中不便用同一比例表示;同时为了简化,在分析有关问题时,不画出孔、轴的结构,只画出放大的孔、轴公差区域和位置,采用这种表达方法的图形称为公差带图,如图1-8所示。

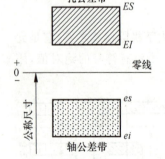

图 1-8　公差带图

零线:在公差带图中,表示公称尺寸的一条直线,以其为基准确定偏差和公差。通常零线沿水平方向绘制,正偏差位于其上,负偏差位于其下。公差带图中的偏差以 mm 为单位时,可省略不标;如用 μm 为单位,则必须注明。

公差带:在公差带图中,由代表上、下极限偏差的两平行直线所限定的区域。

例 1-1　作孔 $\phi 25 H7 \binom{+0.021}{0}$ 和轴 $\phi 25 f6 \binom{-0.020}{-0.033}$ 的公差带图。

解:作图步骤:

(1) 作零线,并在零线左端标上"0"和"＋""－"号,在其左下方画出单箭头的尺寸线并标上公称尺寸 $\phi 25$ mm。

(2) 选择合适比例(一般可选 500∶1,即 1 mm 代表 2 μm),按选定放大比例画出公差带。为了区别孔和轴的公差带,孔的公差带画上剖面线;轴的公差带涂黑,标上公差带代号(后述)。一般将极限偏差值直接标在公差带的附近,如图1-9所示。

在国家标准中,公差带图包括了"公差带大小"与"公差带位置"两个参数,前者由标准公差确定,后者由基本偏差确定。

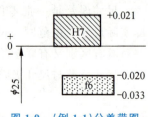

图 1-9　(例 1-1)公差带图

1.1.3 有关配合的术语及定义

1) 配合:公称尺寸相同的,相互结合的孔和轴公差带之间的关系。

2) 间隙或过盈:孔的尺寸减去相配合的轴的尺寸之差为正时,称为间隙,用 X 表示;孔的尺寸减去相配合的轴的尺寸之差为负时,称为过盈,用 Y 表示。

孔的实际尺寸 D_a 减去相配合的轴的实际尺寸 d_a 所得值,称为实际间隙 X_a 或实际过盈 Y_a,即 $X_a(Y_a) = D_a - d_a$(视其符号)。

设计给定了相互结合的孔、轴的极限尺寸(或极限偏差)以后,就形成了孔、轴的"配合",也就相应地确定了间隙或过盈变动的允许界限,称为极限间隙或极限过盈。极限间隙有最大间隙 $X_{\max}$ 和最小间隙 $X_{\min}$ 之分;极限过盈有最大过盈 $Y_{\max}$ 和最小过盈 $Y_{\min}$ 之分。它们与相配孔、轴的极限尺寸或极限偏差的关系如下(视最后结果的符号给出不同的名称):

$$X_{\max}(Y_{\min}) = D_{\max} - d_{\min} = ES - ei \tag{1-9}$$

$$X_{\min}(Y_{\max}) = D_{\min} - d_{\max} = EI - es \tag{1-10}$$

3) 配合的种类:

(1) 间隙配合:具有间隙(包括最小间隙等于零)的配合。此时,孔的公差带在轴的公差带之上,如图 1-10 所示。由于孔和轴的实际尺寸在各自的公差带内变动,因此装配后每对孔、轴间的间隙也是变动的。当孔制成上极限尺寸,轴制成下极限尺寸时,装配后得到最大间隙;当孔制成下极限尺寸,轴制成上极限尺寸时,装配后便得到最小间隙。即

$$\text{最大间隙} \quad X_{\max} = D_{\max} - d_{\min} = ES - ei \tag{1-11}$$

$$\text{最小间隙} \quad X_{\min} = D_{\min} - d_{\max} = EI - es \tag{1-12}$$

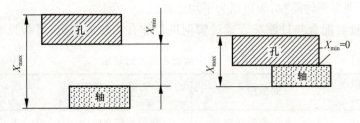

图 1-10 间隙配合

最大间隙 $X_{\max}$ 和最小间隙 $X_{\min}$ 统称为极限间隙,它们是间隙配合中反映配合性质的特征值。但在正常的生产中,出现 $X_{\max}$ 和 $X_{\min}$ 的机会是很少的。故有时用平均间隙来表示配合性质。

$$X_{av} = \frac{1}{2}(X_{\max} + X_{\min}) \tag{1-13}$$

(2) 过盈配合:指具有过盈(包括最小过盈等于零)的配合。此时,孔的公差带在轴的公差带之下,如图 1-11 所示。过盈配合的配合性质用最大过盈 $Y_{\max}$,最小过盈 $Y_{\min}$ 和平均过盈 Y_{av} 表示。

$$\text{最大过盈} \quad Y_{\max} = D_{\min} - d_{\max} = EI - es \tag{1-14}$$

$$\text{最小过盈} \quad Y_{\min} = D_{\max} - d_{\min} = ES - ei \tag{1-15}$$

平均过盈 $Y_{av} = \frac{1}{2}(Y_{max} + Y_{min})$ (1-16)

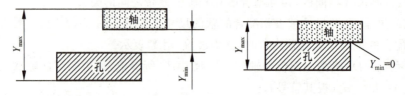

图 1-11 过盈配合

（3）过渡配合：指可能具有间隙或过盈的配合。此时，孔的公差带与轴的公差带相互交叠，如图 1-12 所示。过盈配合的配合性质用最大间隙 X_{max}、最大过盈 Y_{max} 和平均间隙 X_{av} 或平均过盈 Y_{av} 表示。

最大间隙 $X_{max} = D_1 - d_{min} = ES - ei$ (1-17)

最大过盈 $Y_{max} = D_{min} - d_{max} = EI - es$ (1-18)

平均间隙或平均过盈 $X_{av}(Y_{av}) = \frac{1}{2}(X_{max} + Y_{max})$ (1-19)

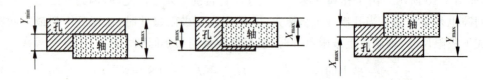

图 1-12 过渡配合

平均值为正则为平均间隙，为负则为平均过盈。

间隙配合、过盈配合与过渡配合通过实例进行综合比较的情况，可参见表 1-3。

表 1-3 三大类配合综合比较表

配合类型 项目	间隙配合	过盈配合	过渡配合
孔轴公差带关系	孔公差带在轴公差带之上	孔公差带在轴公差带之下	孔公差带与轴公差带交叠
实例	$\phi 30 \frac{H7(^{+0.021}_{0})}{g6(^{-0.007}_{-0.020})}$	$\phi 30 \frac{H7(^{+0.021}_{0})}{p6(^{+0.035}_{+0.022})}$	$\phi 30 \frac{H7(^{+0.021}_{0})}{k6(^{+0.015}_{+0.002})}$
尺寸公差带图	$\phi 30 \frac{H7}{g6}$	$\phi 30 \frac{H7}{p6}$	$\phi 30 \frac{H7}{k6}$

续表

项目\配合类型		间隙配合	过盈配合	过渡配合
配合松紧的特征参数	可能最紧配合状态下的极限盈隙	孔轴均处于最大实体尺寸：$D_{min} - d_{max} = EI - es$		
		$X_{min} = EI - es$ $= 0 - (-0.007)$ $= +0.007$	$Y_{max} = EI - es$ $= 0 - (+0.035)$ $= -0.035$	$Y_{max} = EI - es$ $= 0 - (+0.015)$ $= -0.015$
	可能最紧配合状态下的极限盈隙	孔轴均处于最小实体尺寸：$D_{max} - d_{min} = ES - ei$		
		$X_{max} = ES - ei$ $= +0.021 - (-0.020)$ $= +0.041$	$Y_{min} = ES - ei$ $= +0.021 - (+0.022)$ $= -0.001$	$X_{max} = ES - ei$ $= +0.021 - (+0.002)$ $= +0.019$
	平均间隙（或平均过盈）	$X_{av} = (X_{max} + X_{min})/2$	$Y_{av} = (Y_{max} + Y_{min})/2$	$X_{av}(Y_{av})$ $= (X_{max} + Y_{max})/2$
	配合公差 T_f	$\|X_{max} - X_{min}\|$	$\|Y_{min} - Y_{max}\|$	$\|X_{max} - Y_{max}\|$
			$T_f = T_D + T_d$	

4）配合公差：组成配合的孔、轴公差之和。它是允许间隙或过盈的变动量。配合公差反映配合的松紧变化程度；它和尺寸公差一样，是没有符号的绝对值。用公式表示为

$$\text{对于间隙配合} \quad T_f = |X_{max} - X_{min}| \tag{1-20}$$

$$\text{对于过盈配合} \quad T_f = |Y_{min} - Y_{max}| \tag{1-21}$$

$$\text{对于过渡配合} \quad T_f = |X_{max} - Y_{max}| \tag{1-22}$$

亦可表示为孔、轴公差之和，即 $T_f = T_D + T_d$

上式说明配合件的装配精度与零件的加工精度有关。若要提高装配精度，使配合后间隙或过盈的变化范围减小，则应减小零件的公差。即需要提高零件的加工精度。

▶ 随堂练习

1. 车削一轴，要求直径在 30.05 mm 与 30.02 mm 之间，而测量尺寸为 30 mm，问该轴是否合格？

2. 求出下列孔轴的公称尺寸、极限尺寸。

(1) $\phi 20_{-0.013}^{0}$ (2) $\phi 35_{+0.009}^{+0.025}$

任务二　极限与配合国家标准的主要内容

▶ 任务分析

为了实现互换性和满足各种使用要求，极限与配合国家标准对形成各种配合的公差带进

行标准化,它的基本组成包括"标准公差系列"和"基本偏差系列",前者确定公差带的大小,后者确定公差带的位置,二者结合构成了不同孔、轴公差带,而孔、轴公差带之间不同的相互关系则形成了不同的配合,如图 1-13 所示。

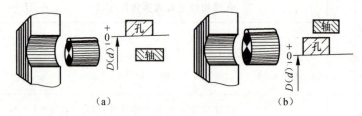

图 1-13 配合示意图

(a) 间隙配合;(b) 过盈配合

经标准化的公差与偏差制度称为极限制,它是一系列标准的孔、轴公差数值和极限偏差数值。配合制则是同一极限制的孔和轴组成配合的一种制度。极限与配合国家标准主要由配合制、标准公差和基本偏差等组成。

1.2.1 配合制

配合制是以两个相配合的零件中的一个零件为基准件,并对其选定标准公差带,将其公差带位置固定,而改变另一个零件的公差带位置,从而形成各种配合的一种制度。

国家标准规定了两种配合制,即基孔制和基轴制。

1) 基孔制:指基本偏差为一定的孔的公差带,与不同基本偏差的轴的公差带所形成各种配合的一种制度。

基孔制中的孔是基准件,称为基准孔,代号为 H,基本偏差为下极限偏差,且等于零,即 $EI=0$,其公差带偏置在零线上方。基孔制配合中的轴为非基准轴,轴的基本偏差不同,使它们的公差带和基准孔公差带形成不同的相对位置,根据不同的相对位置可以判断其配合类别,如图 1-14(a)所示。

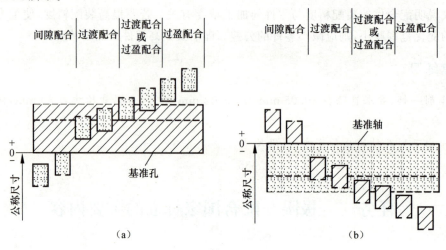

图 1-14 基准制

(a) 基孔制;(b) 基轴制

2) 基轴制：指基本偏差为一定的轴的公差带，与不同基本偏差的孔的公差带形成各种配合的一种制度。

基轴制中的轴是基准件，称为基准轴，代号为 h，基本偏差为上极限偏差，且等于零，即 $es=0$，其公差带偏置在零线下方。基轴制配合中的孔为非基准孔，不同基本偏差的孔和基准轴可以形成不同类别的配合，如图 1-14(b)所示。

1.2.2 标准公差

标准公差是用以确定公差带的大小的任一公差。GB/T 1800.2—2009 规定的一系列标准公差数值(见表 1-4)。由表可知，标准公差数值由公差等级和公称尺寸决定。

1. 公差等级

由于不同零件和零件上不同部位的尺寸对精确程度的要求往往不相同，为了满足生产的需要，GB/T 1800.4—1999 规定：公称尺寸在 0～500 设置了 IT01,IT0,IT1～IT18，共 20 个公差等级；在 500～3150 设置了 IT1～IT18 共 18 个公差等级。各级标准公差的代号为 IT01，IT0,IT1～IT18，其中 IT01 精度最高，其余依次降低，IT18 精度最低。同一公差等级(例如 IT7)对所有公称尺寸的一组公差被认为具有同等的精确程度。在公称尺寸相同的条件下，标准公差值随公差等级的降低而依次增大，见表 1-4。

在生产实践中，规定零件的尺寸公差时，应尽量按表 1-4 选用标准公差。

2. 公差单位和公差等级系数

表 1-4 所列的标准公差是按公式计算后，根据一定规则圆整尾数后而确定的。

从表 1-5 可见，常用公差等级 IT5～IT18，其计算公式可归纳为一般通式：

$$IT = ia \tag{1-23}$$

式中　IT——标准公差；

　　i——公差单位(标准公差因子)，μm；

　　a——公差等级系数。

1) 公差单位是确定标准公差的基本单位，它是公称尺寸 D 的函数，是制定标准公差值数值系列的基础。

常用尺寸段(公称尺寸至 500 mm)的标准公差计算公式可见表 1-5。

$$尺寸 \leqslant 500 \text{ 时} \quad i = 0.045\sqrt[3]{D} + 0.001D \tag{1-24}$$

$$尺寸 500 \sim 3\,150 \text{ 时} \quad i = 0.004D + 2.1 \tag{1-25}$$

式中　D——公称尺寸段的几何平均值，mm。

例 1-2　计算确定公称尺寸在 18～30 mm，7 级公差的标准公差值。

解：$D = \sqrt{18 \times 30} = 23.24 \text{ (mm)}$

$I = 0.045\sqrt[3]{D} + 0.001D$

$\quad = 1.31 \text{ (}\mu m\text{)}$

查表 1-5 得：$IT7 = 16i = 16 \times 1.31 \,\mu m = 20.96 \,\mu m \approx 21 \,\mu m$

表1-4 标准公差数值(摘自 GB/T 1800.2—2009)

公称尺寸/mm	公差等级																		
	/μm												/mm						
	IT01	IT0	IT1	IT2	IT3	IT4	IT5	IT6	IT7	IT8	IT9	IT10	IT11	IT12	IT13	IT14	IT15	IT16	IT17	IT18
≤3	0.3	0.5	0.8	1.2	2	3	4	6	10	14	25	40	60	0.10	0.14	0.25	0.40	0.60	1.0	1.4
>3～6	0.4	0.6	1	1.5	2.5	4	5	8	12	18	30	48	75	0.12	0.18	0.30	0.48	0.75	1.2	1.8
>6～10	0.4	0.6	1	1.5	2.5	4	6	9	15	22	36	58	90	0.15	0.22	0.36	0.58	0.90	1.5	2.2
>10～18	0.5	0.8	1.2	2	3	5	8	11	18	27	43	70	110	0.18	0.27	0.43	0.70	1.10	1.8	2.7
>18～30	0.6	1	1.5	2.5	4	6	9	13	21	33	52	84	130	0.21	0.33	0.52	0.84	1.30	2.1	3.3
>30～50	0.6	1	1.5	2.5	4	7	11	16	25	39	62	100	160	0.25	0.39	0.62	1.00	1.60	2.5	3.9
>50～80	0.8	1.2	2	3	5	8	13	19	30	46	74	120	190	0.30	0.46	0.74	1.20	1.90	3.0	4.6
>80～120	1	1.5	2.5	4	6	10	15	22	35	54	87	140	220	0.35	0.54	0.87	1.40	2.20	3.5	5.4
>120～180	1.2	2	3.5	5	8	12	18	25	40	63	100	160	250	0.40	0.63	1.00	1.60	2.50	4.0	6.3
>180～250	2	3	4.5	7	10	14	20	29	46	72	115	185	290	0.46	0.72	1.15	1.85	2.90	4.6	7.2
>250～315	2.5	4	6	8	12	16	23	32	52	81	130	210	320	0.52	0.81	1.30	2.10	3.20	5.2	8.1
>315～400	3	5	7	9	13	18	25	36	57	89	140	230	360	0.57	0.89	1.40	2.30	3.60	5.7	8.9
>400～500	4	6	8	10	15	20	27	40	63	97	155	250	400	0.63	0.97	1.55	2.50	4.00	6.3	9.7

表 1-5 标准公差的计算公式

公差等级	公 式	公差等级	公 式	公差等级	公 式
IT01	$0.3+0.008D$	IT6	$10i$	IT13	$250i$
IT0	$0.5+0.012D$	IT7	$16i$	IT14	$400i$
IT1	$0.8+0.020D$	IT8	$25i$	IT15	$640i$
IT2	$(IT1)(IT5/IT1)^{1/4}$	IT9	$40i$	IT16	$1000i$
IT3	$(IT1)(IT5/IT1)^{2/4}$	IT10	$64i$	IT17	$1600i$
IT4	$(IT1)(IT5/IT1)^{3/4}$	IT11	$100i$	IT 18	$2500i$
IT5	$7i$	IT12	$160i$		

2) 公差等级系数 a 是 IT5~IT18 各级标准公差所包含的公差单位数,在此等级内不论公称尺寸的大小,各等级标准公差都有一个相对应的 a 值,且 a 值是标准公差分级的唯一指标。从表 1-5 可见,a 的数值符合 R5 优先数系(IT5 基本符合)。所以表 1-4 中每个横行其标准公差从 IT5~IT18 是按公比 $q=\sqrt[5]{10}\approx1.6$ 递增。从 IT6 开始每增加 5 个等级,公差值增加到 10 倍。

高精度的 IT01,IT0,IT1,其标准公差与公称尺寸呈线性关系。

3. 尺寸分段

如按公式计算标准公差值,则每有一个公称尺寸 $D(d)$ 就有一个相对应的公差值。公称尺寸繁多,将使所编制的公差值表格庞大,且使用不方便。实际上,对同一公差等级,当公称尺寸相近,按公式所计算的公差值,相差甚微,此时取相同值对实用的影响很小。为此,标准将常用尺寸段分为 13 个主尺寸段,以简化公差表格。

分段后的标准公差计算公式中的公称尺寸 D 或 d 应按每一尺寸分段首尾两尺寸的几何平均值代入计算。实际工作中,标准公差用查表法确定。

1.2.3 基本偏差系列

基本偏差是指用以确定公差带相对于零线位置的两个极限偏差中的一个,一般是靠近零线的那个偏差(有个别公差带例外),原则上与公差等级无关。为了满足各种不同配合的需要,必须将孔和轴的公差带位置标准化。为此,国家标准(GB/T 1800.2—2009)对孔和轴各规定了 28 个公差带位置,分别由 28 个基本偏差来确定。

1. 基本偏差代号

基本偏差系列用拉丁字母及其顺序表示,大写表示孔,小写表示轴。在 26 个拉丁字母中去除容易与其他含义混淆的五个字母——I,L,O,Q,W(i,l,o,q,w),同时增加 7 个双字母代号 CD,EF,FG,JS,ZA,ZB,ZC(cd,ef,fg,js,za,zb,zc),还规定了在各公差等级中完全对称的偏差 JS(js),共计 28 个基本偏差代号,如图 1-15 所示。

在孔的基本偏差系列中,代号 A~H 的基本偏差为下极限偏差 EI,其绝对值逐渐减小,其中 A~G 的 EI 值为正值,H 的 EI=0,代号为 J~ZC 的基本偏差为上极限偏差 ES(除 J 外一般为负值),绝对值逐渐增大。代号为 JS 的公差带相对于零线对称分布,因此其基本偏差可以为上极限偏差 $ES=+\dfrac{IT}{2}$ 或下极限偏差 $EI=-\dfrac{IT}{2}$。

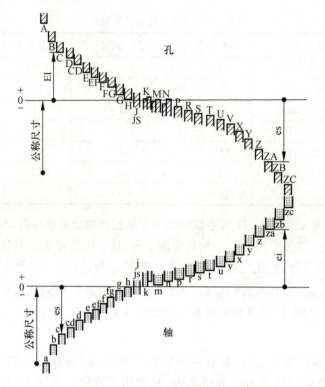

图 1-15　基本偏差系列图

在轴的基本偏差系列中,代号为 a~h 的基本偏差为上极限偏差 es,其绝对值也是逐渐减小,其中 a~g 的 es 值为负值,h 的 $es=0$,代号为 j~zc 的基本偏差为下极限偏差 ei(除 j 外,一般为正值),绝对值也逐渐增大。代号为 js 的公差带相对于零线对称分布,因此其基本偏差可以为上极限偏差 $es=+\dfrac{IT}{2}$ 或下极限偏差 $ei=-\dfrac{IT}{2}$。

在基本偏差系列图中,仅绘出公差带的一端(由基本偏差决定),而公差带的另一端取决于标准公差值的大小。因此,任何一个公差带代号都由基本偏差代号和公差等级代号联合表示,如孔的公差带代号 H7、G8,轴的公差带代号 h6、p7。

2. 基本偏差构成规律

1) 轴的基本偏差数值是以基孔制配合为基础,根据各种配合要求,在生产实践和大量试验的基础上,依据统计分析的结果整理出一系列经验公式计算出以后,再按一定规则将尾数圆整而得。

在基孔制中轴的基本偏差从 a~h,用于间隙配合,其基本偏差的绝对值正好等于最小间隙。a、b、c 3 种用于大间隙或者热动配合,基本偏差采用与直径成正比的关系计算。

d、e、f 主要用于一般润滑条件下的旋转运动,为了保证良好的液体摩擦,最小间隙应与直径成平方根关系,但考虑到表面粗糙度的影响,间隙应适当减小,所以计算式中 D 的指数略小于 0.5。

g 主要用于滑动、定心或半液体摩擦的场合,要求间隙小,所以 D 的指数更要减小。

cd、ef、fg 基本偏差的绝对值分别按 c 与 d、e 与 f、f 与 g 基本偏差的绝对值的几何平均值确定。

j~n 与基孔制形成过渡配合,基本偏差的数值基本上是根据经验与统计的方法确定,采用了与直径成立方根的关系。其中 j 目前主要用于与滚动轴承相配合的孔与轴。

p~zc 用于过盈配合,常按所需的最小过盈和相配基准制孔的公差等级来确定基本偏差值。其中系数符合优先数系增长,规律性好,便于应用。

归纳以上各经验计算式可得表 1-6,根据表 1-6 公式可计算出各种配合的轴的基本偏差。

表 1-6 公称尺寸≤500 mm 轴的基本偏差计算公式

基本偏差代号	适用范围	基本偏差 $es/\mu m$	基本偏差代号	适用范围	基本偏差 $ei/\mu m$
a	$D \leqslant 120$ mm	$-(265+1.3D)$	k	≤IT3 及 ≥IT8	0
	$D > 120$ mm	$-3.5D$		IT4~IT7	$0.6\sqrt[3]{D}$
b	$D \leqslant 160$ mm	$-(140+0.85D)$	m		(IT6~IT7)
	$D > 160$ mm	$-1.8D$	n		$+5D^{0.34}$
c	$D \leqslant 40$ mm	$-52D^{0.2}$	p		$+IT7+(0~5)$
	$D > 40$ mm	$-(95+0.8D)$	r		$+\sqrt{ps}$
cd		$-\sqrt{cd}$	s	$D \leqslant 50$ mm	$+IT8+(1~4)$
d		$-16D^{0.44}$		$D > 50$ mm	$+IT7+0.4D$
e		$-16D^{0.41}$	t		$+IT7+0.63D$
ef		$-\sqrt{ef}$	u		$+IT7+D$
f		$-5.5D^{0.41}$	v		$+IT7+1.25D$
fg		$-\sqrt{fg}$	x		$+IT7+1.6D$
g		$-2.5D^{0.34}$	y		$+IT7+2D$
h		0	z		$+IT7+2.5D$
j	IT5~IT8	经验数据	za		$+IT7+3.15D$
js		$es=+IT/2$ 或 $ei=-IT/2$	zb		$+IT9+4D$
			zc		$+IT10+5D$

在实际工作中,轴的基本偏差数值不必用公式计算,为方便使用,计算结果的数值已列成表,见表 1-7 所示,使用时可直接查表。当轴的基本偏差确定后,另一个极限偏差可根据轴的基本偏差和标准公差数值按下列关系式计算。

$$下极限偏差: ei = es - T_d \tag{1-26}$$

$$上极限偏差: es = ei + T_d \tag{1-27}$$

2) 孔的基本偏差数值是从同名轴的基本偏差数值换算得来的。换算原则:

(1) 同名配合,配合性质相同。

同名配合,如 $\phi 30 \frac{H8}{f8}$ 和 $\phi 30 \frac{F8}{h8}$,$\phi 45 \frac{P7}{h6}$ 和 $\phi 45 \frac{H7}{p6}$ 等。

应满足四个条件:ⓐ公称尺寸相同;ⓑ基孔制、基轴制互变;ⓒ同一字母 F⟷f;ⓓ孔、轴公差等级分别相等。

两者的配合性质完全相同,即应保证两者有相同的极限间隙或极限过盈。

例 1-3 查表确定 $\phi 30$H8/p8 和 $\phi 30$P8/h8 两种配合的孔、轴的极限偏差,计算极限盈隙。

解:① 查表确定孔和轴的标准公差。

查表 1-4 得 $T_D = T_d = $ IT8 $= 33\ \mu m$

② 查表确定轴的基本偏差。

查表 1-7 得:p 的基本偏差为下极限偏差 $ei = +22\ \mu m$,h 的基本偏差为上极限偏差 $es = 0$

③ 查表确定孔的基本偏差。

查表 1-8 得:H 的基本偏差为下极限偏差 $EI = 0$,P 的基本偏差为上极限偏差 $ES = -22\ \mu m$

表 1-7 公称尺寸 ≤ 500 mm 的轴的基本偏差数值(摘自 GB/T 1800.2—2009)

公称尺寸/mm		基本偏差/μm																										
		上极限偏差 es											下极限偏差 ei															
		所有标准公差等级											5~6	7	8	4~7	≤3 >7	所有标准公差等级										
大于	至	a	b	c	cd	d	e	ef	f	fg	g	h	js	j	j	j	k	k	m	n	p	r	s	t	u	v	x	y	z	za	zb	zc
—	3	−270	−140	−60	−34	−20	−14	−10	−6	−4	−2	0	偏差等于 ±IT/2	−2	−4	−6	0	0	+2	+4	+6	+10	+14	—	+18	—	+20	—	+26	+32	+40	+60
3	6	−270	−140	−70	−46	−30	−20	−14	−10	−6	−4	0		−2	−4	—	+1	0	+4	+8	+12	+15	+19	—	+23	—	+28	—	+35	+42	+50	+80
6	10	−280	−150	−80	−56	−40	−25	−18	−13	−8	−5	0		−2	−5	—	+1	0	+6	+10	+15	+19	+23	—	+28	—	+34	—	+42	+52	+67	+97
10	14	−290	−150	−95	—	−50	−32	—	−16	—	−6	0		−3	−6	—	+1	0	+7	+12	+18	+23	+28	—	+33	—	+40	—	+50	+64	+90	+130
14	18																										+39	+45	—	+60	+77	+108	+150
18	24	−300	−160	−110	—	−65	−40	—	−20	—	−7	0		−4	−8	—	+2	0	+8	+15	+22	+28	+35	—	+41	—	+54	+63	+73	+98	+136	+188
24	30																							+41	+48	+47	+64	+75	+88	+118	+160	+218
30	40	−310	−170	−120	—	−80	−50	—	−25	—	−9	0		−5	−10	—	+2	0	+9	+17	+26	+34	+43	+48	+60	+55	+80	+94	+112	+148	+200	+274
40	50	−320	−180	−130	—																			+54	+70	+68	+97	+114	+136	+180	+242	+325
50	65	−340	−190	−140	—	−100	−60	—	−30	—	−10	0		−7	−12	—	+2	0	+11	+20	+32	+41	+53	+66	+87	+81	+122	+144	+172	+226	+300	+405
65	80	−360	−200	−150	—																	+43	+59	+75	+102	+102	+146	+174	+210	+274	+360	+480
80	100	−380	−220	−170	—	−120	−72	—	−36	—	−12	0		−9	−15	—	+3	0	+13	+23	+37	+51	+71	+91	+124	+120	+178	+214	+258	+335	+445	+585
100	120	−410	−240	−180	—																	+54	+79	+104	+144	+146	+210	+256	+310	+400	+525	+690
120	140	−460	−260	−200	—	−145	−85	—	−43	—	−14	0		−11	−18	—	+3	0	+15	+27	+43	+63	+92	+122	+170	+172	+248	+300	+365	+470	+620	+800
140	160	−520	−280	−210	—																	+65	+100	+134	+190	+202	+280	+340	+415	+535	+700	+900
160	180	−580	−310	−230	—																	+68	+108	+146	+210	+228	+310	+380	+465	+600	+780	+1000
180	200	−660	−340	−240	—	−170	−100	—	−50	—	−15	0		−13	−21	—	+4	0	+17	+31	+50	+77	+122	+166	+236	+252	+350	+425	+520	+670	+880	+1150
200	225	−740	−380	−260	—																	+80	+130	+180	+258	+284	+385	+470	+575	+740	+960	+1250
225	250	−820	−420	−280	—																	+84	+140	+196	+284	+310	+425	+520	+640	+820	+1050	+1350

续表

公称尺寸/mm		基本偏差/μm																										
		上极限偏差 es													下极限偏差 ei													
		所有标准公差等级													5~6	7	8	4~7	≤3 >7	所有标准公差等级								
大于	至	a	b	c	cd	d	e	ef	f	fg	g	h	js	j	j	j	k	k	m	n	p	r	s	t	u	v	x	y	z	za	zb	zc
250	280	−920	−480	−300		−190	−110		−56		−17	0	偏差等于±IT/2	−16	−26	—	+4	0	+20	+34	+56	+94	+158	+218	+315	+385	+475	+580	+710	+920	+1200	+1550
280	315	−1050	−540	−330																		+98	+170	+240	+350	+425	+525	+650	+790	+1000	+1300	+1700
315	355	−1200	−600	−360		−210	−125		−62		−18	0		−18	−28	—	+4	0	+21	+37	+62	+108	+190	+268	+390	+475	+590	+730	+900	+1150	+1500	+1900
355	400	−1350	−680	−400																		+114	+208	+294	+435	+530	+660	+820	+1000	+1300	+1650	+2100
400	450	−1500	−760	−440		−230	−135		−68		−20	0		−20	−32	—	+5	0	+23	+40	+68	+126	+232	+330	+490	+595	+740	+920	+1100	+1450	+1850	+2400
450	500	−1650	−840	−480																		+132	+252	+360	+540	+660	+820	+1000	+1250	+1600	+2100	+2600

表 1-8 公称尺寸 ≤500 mm 的孔的基本偏差数值（摘自 GB/T 1800.2—2009）

公称尺寸/mm		基本偏差/μm																										Δ/μm						
		下极限偏差 EI										上极限偏差 ES																							
		所有的公差等级										≤8	>8	≤8	>8	≤8	>8	≤8*	>8*	≤7	P至ZC														
																													公差等级						
大于	至	A	B	C	CD	D	E	EF	F	FG	G	H	JS	J			K		M		N			P	R	S	T	U	V	X	Y	Z	ZA	ZB	ZC	3	4	5	6	7	8
														6	7	8																										
—	3	+270	+140	+60	+34	+20	+14	+10	+6	+4	+2	0	偏差等于±IT/2	+2	+4	+6	0	0	−2	−2	−4	−4	−4	−6	−10	−14	—	−18	—	−20	—	−26	−32	−40	−60	0	0	0	0	0	0
3	6	+270	+140	+70	+46	+30	+20	+14	+10	+6	+4	0		+5	+6	+10	−1+Δ		−4+Δ	−4	−8+Δ	0		−12	−15	−19	—	−23	—	−28	—	−35	−42	−50	−80	1	1.5	1	3	4	6
6	10	+280	+150	+80	+56	+40	+25	+18	+13	+8	+5	0		+5	+8	+12	−1+Δ		−6+Δ	−6	−10+Δ	0		−15	−19	−23	—	−28	—	−34	—	−42	−52	−67	−97	1	1.5	2	3	6	7
10	14	+290	+150	+95	—	+50	+32	—	+16	—	+6	0		+6	+10	+15	−1+Δ		−7+Δ	−7	−12+Δ	0		−18	−23	−28	—	−33	—	−40	—	−50	−64	−90	−130	1	2	3	3	7	9
14	18																												−39	−45	—	−60	−77	−108	−150						
18	24	+300	+160	+110	—	+65	+40	—	+20	—	+7	0		+8	+12	+20	−2+Δ		−8+Δ	−8	−15+Δ	0		−22	−28	−35	−41	−41	−47	−54	−63	−73	−98	−136	−188	1.5	2	3	4	8	12
24	30																											−48	−55	−64	−75	−88	−118	−160	−218						
30	40	+310	+170	+120	—	+80	+50	—	+25	—	+9	0		+10	+14	+24	−2+Δ		−9+Δ	−9	−17+Δ	0		−26	−34	−43	−48	−60	−68	−80	−94	−112	−148	−200	−274	1.5	3	4	5	9	14
40	50	+320	+180	+130																							−54	−70	−81	−95	−114	−136	−180	−242	−325						
50	65	+340	+190	+140	—	+100	+60	—	+30	—	+10	0		+13	+18	+28	−2+Δ		−11+Δ	−11	−20+Δ	0		−32	−41	−53	−66	−87	−102	−122	−144	−172	−226	−300	−405	2	3	5	6	11	16
65	80	+360	+200	+150																						−43	−59	−75	−102	−120	−146	−174	−210	−274	−360	−480						
80	100	+380	+220	+170	—	+120	+72	—	+36	—	+12	0		+16	+22	+34	−3+Δ		−13+Δ	−13	−23+Δ	0		−37	−51	−71	−91	−124	−146	−178	−214	−258	−335	−445	−585	2	4	5	7	13	19
100	120	+410	+240	+180																							−54	−79	−104	−144	−172	−210	−254	−310	−400	−525	−690						
120	140	+460	+260	+200	—	+145	+85	—	+43	—	+14	0		+18	+26	+41	−3+Δ		−15+Δ	−15	−27+Δ	0		−43	−63	−92	−122	−170	−202	−248	−300	−365	−470	−620	−800	3	4	6	7	15	23
140	160	+520	+280	+210																							−65	−100	−134	−190	−228	−280	−340	−415	−535	−700	−900						
160	180	+580	+310	+230																							−68	−108	−146	−210	−252	−310	−380	−465	−600	−770	−1000						

注：P至ZC 在大于7级的相应数值上增加一个Δ值。

项目一 圆柱体结合的极限与配合

续表

公称尺寸/mm		基本偏差 ES/μm																														Δ/μm						
		下极限偏差 EI												上极限偏差 ES																								
		所有的公差等级											JS	6	7	8	≤8	>8	≤8	>8	≤7	>7*	≤7	P至ZC													
大于	至	A	B	C	CD	D	E	EF	F	FG	G	H		J			K		M		N		P	R	S	T	U	V	X	Y	Z	ZA	ZB	ZC	3	4	5	6	7	8
180	200	+660	+340	+240	—	+170	+100	—	+50	—	+15	0	偏差等于±IT/2	+22	+30	+47	−4+Δ	−17+Δ	−31+Δ	0	同一直径比大于7级的增加一个Δ值	−50	−77	122	166	236	284	350	425	520	670	880	1150	3	4	5	9	17	26
200	225	+740	+380	+260	—																		−80	130	180	258	310	385	470	575	740	960	1250						
225	250	+820	+420	+280	—																		−84	140	196	284	340	425	520	640	820	1050	1350						
250	280	+920	+480	+300	—	+190	+110	—	+56	—	+17	0		+25	+36	+55	−4+Δ	−20+Δ	−34+Δ	0		−56	−94	158	218	315	385	475	580	710	920	1200	1550	4	4	7	9	20	29
280	315	+1050	+540	+330	—																		−98	170	240	350	425	525	650	790	1000	1300	1700						
315	355	+1200	+600	+360	—	+210	+125	—	+62	—	+18	0		+29	+39	+60	−4+Δ	−21+Δ	−37+Δ	0		−62	−108	190	268	390	475	590	730	900	1150	1500	1900	4	5	7	11	21	32
355	400	+1350	+680	+400	—																		−114	208	294	435	530	660	820	1000	1300	1650	2100						
400	450	+1500	+760	+440	—	+230	+135	—	+68	—	+20	0		+33	+43	+66	−5+Δ	−23+Δ	−40+Δ	0		−68	−126	232	330	490	595	740	920	1100	1450	1850	2400	5	5	7	13	23	34
450	500	+1650	+840	+480	—																		−132	252	360	540	660	820	1000	1250	1600	2100	2600						

④ 计算轴的另一个极限偏差。

p8 的另一个极限偏差 $es = ei + IT8 = (+22+33)\mu m = +55 \mu m$

h8 的另一个极限偏差 $ei = es - IT8 = (0-33)\mu m = -33 \mu m$

⑤ 计算孔的另一个极限偏差。

H8 的另一个极限偏差 $ES = EI + IT8 = (0+33)\mu m = +33 \mu m$

P8 的另一个极限偏差 $EI = ES - IT8 = (-22-33)\mu m = -55 \mu m$

⑥ 标出极限偏差。

$$\phi 30 \frac{H8\binom{+0.033}{0}}{p8\binom{+0.055}{+0.022}} \qquad \phi 30 \frac{P8\binom{-0.022}{-0.055}}{h8\binom{0}{-0.033}}$$

⑦ 计算极限盈隙。

对 $\phi 30 H8/p8$ $\quad Y_{max} = EI - es = 0 - (+0.055) = -0.055 \text{ (mm)}$

$\quad\quad\quad\quad\quad\quad X_{max} = ES - ei = +0.033 - (+0.022) = +0.011 \text{ (mm)}$

对 $\phi 30 P8/h8$ $\quad Y_{max} = EI - es = -0.055 - 0 = -0.055 \text{ (mm)}$

$\quad\quad\quad\quad\quad\quad X_{max} = ES - ei = -0.022 - (-0.033) = +0.011 \text{ (mm)}$

由于 $\phi 30H8/p8$ 和 $\phi 30P8/h8$ 是同名配合,所以配合性质相同,即极限盈隙相同。

(2) 满足工艺等价原则。由于较高精度的孔比轴难加工,因此国家标准规定,为使孔和轴在工艺上等价(孔、轴加工的难易程度基本相当),在较高精度等级(以 8 级为界)的配合中,孔比轴的公差等级低一级;在较低精度等级的配合中,孔与轴采用相同的公差等级。

为此,按轴的基本偏差换算成孔的基本偏差,就出现以下两种规则:

a. 通用规则。标准推荐:孔与轴采用相同的公差等级。用同一字母表示的孔、轴基本偏差绝对值相等,而其正负号相反。也就是说,孔的基本偏差是轴的基本偏差相对于零线的倒影。即

$$\text{当 A} \sim \text{H 时} \quad EI = -es \tag{1-28}$$

$$J \sim N > IT8, P \sim ZC > IT7 \text{ 时} \quad ES = -ei \tag{1-29}$$

b. 特殊规则。标准推荐:采用孔比轴公差等级低一级相配合。用同一字母的孔、轴基本偏差符号相反,而绝对值相差一个 Δ 值,即

$$\text{当 K,M,N} \leqslant IT8, P \sim ZC \leqslant IT7 \text{ 时}: ES = -ei + \Delta \tag{1-30}$$

$$\Delta = IT_n - IT_{n-1} = IT_D - IT_d$$

式中 Δ——补偿值;

$\quad\quad n$——孔的公差等级;

$\quad\quad n-1$——比孔高一级。

孔的公差等级在上述规定范围之内时,孔的基本偏差等于上述双变号基础加上 Δ 值,Δ 值可在表 1-8 中"Δ"栏中查出。

用上述公式计算出的孔的基本偏差按一定规则化整,编制出孔的基本偏差数值表,见表1-8。使用时可直接查表,不必计算。

孔的另一个极限偏差可根据下列公式计算:

$$ES = EI + T_D \tag{1-31}$$

$$EI = ES - T_D \tag{1-32}$$

1.2.4 公差带与配合在图样上的标注

孔、轴的公差带代号由基本偏差代号和公差等级数字组成,如图1-16所示。

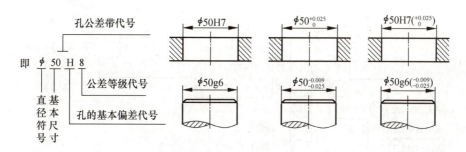

图1-16 孔、轴公差带在零件图上的标注

配合代号由相互配合的孔和轴的公差带以分数的形式组成,分子为孔公差带,分母为轴公差带。例如,$\phi 52H7/g6$ 或 $\phi 52\dfrac{H7}{g6}$。

零件图上,在公称尺寸之后标注公差带代号或标注上、下极限偏差数值,或同时标注公差带代号及上、下极限偏差数值。例如,孔尺寸 $\phi 50H7$,或 $\phi 50^{+0.025}_{0}$,或 $\phi 50H7(^{+0.025}_{0})$;轴尺寸 $\phi 50g6$,或 $50^{-0.009}_{-0.025}$,或 $\phi 50g6(^{-0.009}_{-0.025})$,如图1-16所示。

装配图上,在公称尺寸之后标注配合代号,例如,基孔制的间隙配合 $\phi 50H8/f7$,如图1-17所示。

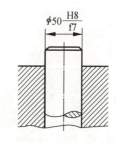

图1-17 孔、轴公差带在装配图上的标注

1.2.5 一般、常用和优先的公差带与配合

按照国家标准中提供的标准公差与基本偏差系列,可将任一基本偏差与任一标准公差组合,从而得到大小与位置不同的大量公差带。在公称尺寸≤500 mm范围内,孔的公差带有$(28-1) \times 20+3$(J仅保留J6~J8)$=543$个,轴的公差带有$(28-1) \times 20+4$(j仅保留j5~j8)$=544$个。而公差带数量多,势必会使定值刀具和量具规格繁多,使用时很不经济。为此GB/T 1800.2—2009规定了公称尺寸≤500 mm的一般用途轴的公差带119个和孔的公差带105个,再从中选出常用轴的公差带59个和孔的公差带44个,并进一步选出孔和轴的优先用途公差带各13个,见表1-9和表1-10。

选用公差带时,应按优先、常用、一般公差带的顺序选取。若一般公差带中也没有满足要求的公差带,则按GB/T 1800.2—2009中规定的标准公差和基本偏差组成的公差带来选取。

在上述推荐的孔、轴公差带的基础上,国家标准还推荐了孔、轴公差带的组合。对基孔制,规定有59种常用配合;对基轴制,规定有47种常用配合。在此基础上,又从中各选取了13种优先配合,如表1-11和表1-12所示。

表 1-9　孔的一般、常用、优先公差带

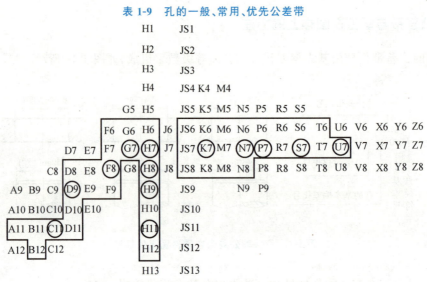

注：表中方框内的公差带为常用公差带，圆圈内的公差带为优先公差带。

表 1-10　轴的一般、常用、优先公差带

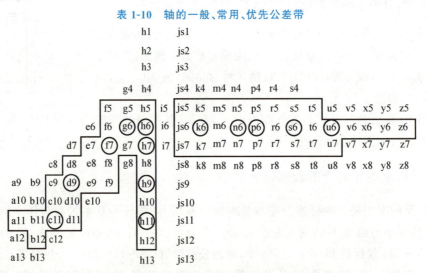

注：表中方框内的公差带为常用公差带，圆圈内的公差带为优先公差带。

1.2.6　线性尺寸的一般公差

一般公差是指在车间一般加工条件下可以保证的公差，是机床设备在正常维护操作情况下，能达到的经济加工精度。采用一般公差时，在该尺寸后不标注极限偏差或其他代号，所以也称"未注公差"。正常情况下，一般可不检验。除另有规定外，即使检验出超差，但若未达到损害其功能时，通常不应拒收。

零件图样应用一般公差后，可带来以下好处：

1）简化制图，使图样清晰。

2）节省设计时间，设计人员不必逐一考虑一般公差的公差值。

表 1-11 基孔制优先、常用配合

基准孔	a	b	c	d	e	f	g	h	js	k	m	n	p	r	s	t	u	v	x	y	z
	间隙配合								过渡配合				过盈配合								
H6						$\frac{H6}{f5}$	$\frac{H6}{g5}$	$\frac{H6}{h5}$	$\frac{H6}{js5}$	$\frac{H6}{k5}$	$\frac{H6}{m5}$	$\frac{H6}{n5}$	$\frac{H6}{p5}$	$\frac{H6}{r5}$	$\frac{H6}{s5}$	$\frac{H6}{t5}$					
H7						$\frac{H7}{f6}$▶	$\frac{H7}{g6}$▶	$\frac{H7}{h6}$▶	$\frac{H7}{js6}$	$\frac{H7}{k6}$▶	$\frac{H7}{m6}$	$\frac{H7}{n6}$	$\frac{H7}{p6}$▶	$\frac{H7}{r6}$	$\frac{H7}{s6}$▶	$\frac{H7}{t6}$	$\frac{H7}{u6}$▶	$\frac{H7}{v6}$	$\frac{H7}{x6}$	$\frac{H7}{y6}$	$\frac{H7}{z6}$
H8					$\frac{H8}{e7}$	$\frac{H8}{f7}$	$\frac{H8}{g7}$	$\frac{H8}{h7}$▶	$\frac{H8}{js7}$	$\frac{H8}{k7}$	$\frac{H8}{m7}$	$\frac{H8}{n7}$	$\frac{H8}{p7}$	$\frac{H8}{r7}$	$\frac{H8}{s7}$	$\frac{H8}{t7}$	$\frac{H8}{u7}$				
H8				$\frac{H8}{d8}$	$\frac{H8}{e8}$	$\frac{H8}{f8}$		$\frac{H8}{h8}$													
H9				$\frac{H9}{d9}$▶	$\frac{H9}{e9}$	$\frac{H9}{f9}$		$\frac{H9}{h9}$▶													
H9			$\frac{H9}{c9}$																		
H10			$\frac{H10}{c10}$	$\frac{H10}{d10}$				$\frac{H10}{h10}$													
H11			$\frac{H11}{c11}$▶	$\frac{H11}{d11}$				$\frac{H11}{h11}$▶													
H11	$\frac{H11}{a11}$	$\frac{H11}{b11}$																			
H12		$\frac{H12}{b12}$						$\frac{H12}{h12}$													

注：① $\frac{H6}{n5}$、$\frac{H7}{p6}$ 在公称尺寸小于或等于 3 mm 和 $\frac{H8}{r7}$ 在公称尺寸小于或等于 100 mm 时，为过渡配合。
② 带 ▶ 的配合为优先配合。

表 1-12 基轴制优先、常用配合

基准轴	孔																				
	A	B	C	D	E	F	G	H	JS	K	M	N	P	R	S	T	U	V	X	Y	Z
	间隙配合								过渡配合				过盈配合								
h5						$\frac{F6}{h5}$	$\frac{G6}{h5}$	$\frac{H6}{h5}$	$\frac{JS6}{h5}$	$\frac{K6}{h5}$	$\frac{M6}{h5}$	$\frac{N6}{h5}$	$\frac{P6}{h5}$	$\frac{R6}{h5}$	$\frac{S6}{h5}$	$\frac{T6}{h5}$					
h6						$\frac{F7}{h6}$	$\frac{G7}{h6}$	▶$\frac{H7}{h6}$	$\frac{JS7}{h6}$	▶$\frac{K7}{h6}$	$\frac{M7}{h6}$	▶$\frac{N7}{h6}$	▶$\frac{P7}{h6}$	$\frac{R7}{h6}$	$\frac{S7}{h6}$	$\frac{T7}{h6}$	▶$\frac{U7}{h6}$				
h7					$\frac{E8}{h7}$	▶$\frac{F8}{h7}$		▶$\frac{H8}{h7}$	$\frac{JS8}{h7}$	$\frac{K8}{h7}$	$\frac{M8}{h7}$	$\frac{N8}{h7}$									
h8				$\frac{D8}{h8}$	$\frac{E8}{h8}$	$\frac{F8}{h8}$		$\frac{H8}{h8}$													
h9				▶$\frac{D9}{h9}$	$\frac{E9}{h9}$	$\frac{F9}{h9}$		▶$\frac{H9}{h9}$													
h10				$\frac{D10}{h10}$				$\frac{H10}{h10}$													
h11	$\frac{A11}{h11}$	$\frac{B11}{h11}$	▶$\frac{C11}{h11}$	$\frac{D11}{h11}$				▶$\frac{H11}{h11}$													
h12		$\frac{B12}{h12}$						$\frac{H12}{h12}$													

注：标注▶的配合为优先配合。

3) 简化产品的检验要求。
4) 突出了图样上注出公差的重要因素,以便在加工和检验时引起重视。
5) 便于供需双方达成加工和销售协议,避免不必要的争议。

GB/T 1804—2000 对线性尺寸的一般公差规定了 4 个公差等级:精密级、中等级、粗糙级和最粗级,分别用字母 f,m,c 和 v 表示,而对尺寸也采用了大的分段,具体数值如表 1-13 所示。这 4 个公差等级分别相当于 IT12,IT14,IT16 和 IT17(旧国家标准 GB/T 1804—1979 的规定)。

由表 1-13 可见,不论孔和轴还是长度尺寸,其极限偏差的数值都采用对称分布的公差带,因而与旧国标相比,使用更方便,概念更清晰,数值更合理。标准同时也对倒圆半径与倒角高度尺寸的极限偏差的数值作了规定,如表 1-14 所示。

表 1-13　线性尺寸的未注极限偏差的数值　　　　　　　　　　　　mm

公差等级	尺寸分段							
	0.5~3	>3~6	>6~30	>30~120	>120~400	>400~1 000	>1 000~2 000	>2 000~4 000
精密 f	±0.05	±0.05	±0.1	±0.15	±0.2	±0.3	±0.5	—
中等 m	±0.1	±0.1	±0.2	±0.3	±0.5	±0.8	±1.2	±2
粗糙 c	±0.2	±0.3	±0.5	±0.8	±1.2	±2	±3	±4
最粗 v	—	±0.5	±1	±1.5	±2.5	±4	±6	±8

表 1-14　倒圆半径与倒角高度尺寸的极限偏差的数值　　　　　　　　mm

公差等级	尺寸分段			
	0.5~3	>3~6	>6~30	>30
精密 f	±0.2	±0.5	±1	±2
中等 m				
粗糙 c	±0.4	±1	±2	±4
最粗 v				

当采用一般公差时,在图样上只注公称尺寸,不注极限偏差,而应在图样的技术要求或有关技术文件中,用标准号和公差等级代号作出总的表示。例如,当选用中等级 m 时则表示为 GB/T 1804—m。

一般公差主要用于精度较低的非配合尺寸。当要素的功能要求比一般公差更小或允许更大的公差值,而该公差比一般公差更经济时,如装配所钻不通孔的深度,则在公称尺寸后直接注出极限偏差数值。

一般公差适用于金属切削加工以及一般冲压加工的尺寸。对于非金属材料和其他工艺方法加工的尺寸也可参照使用。

1.2.7　标准温度

标准规定的数值均为标准温度 20 ℃时的数值。当使用条件偏离标准温度而导致影响工作性能时,应予以修正。

> **随堂练习**

1. 判别孔 $\phi50F8$ 和轴 $\phi50h6$ 的配合性质及配合制,并计算极限间隙和配合公差。
2. 判别孔 $\phi60H8$ 和轴 $\phi60p7$ 的配合性质及配合制,并计算极限间隙和配合公差。

任务三　极限与配合的选择

> **任务分析**

正确的应用公差与配合是机械设计与制造中的一个重要环节,它是在公称尺寸已经确定的情况下进行的尺寸精度设计。极限与配合的选择是否恰当,对产品的性能、质量、互换性及经济性有着重要的影响。极限与配合的选择包括配合制的选择、公差等级的选择和配合种类的选择。选择的原则是在满足使用要求的前提下能获得最佳的经济效益。为此,除了正确选用公差与配合外,还要采取合理的工艺措施,这二者是不可分割的。通过本任务的学习使学生掌握公差等级和配合选择方法。

公差与配合的选用主要包括确定基准制、公差等级和配合3方面的内容。

1.3.1　基准制的选择

基准制的确定要从零件的加工工艺、装配工艺和经济性等方面考虑。也就是说所选择的基准制应当有利于零件的加工、装配和降低制造成本。

1. 优先选择基孔制

基孔制和基轴制是两种平行的配合制。基孔制配合能满足要求的,用同一偏差代号按基轴制形成的配合,也能满足使用要求。所以,基准制的选择主要从经济方面考虑,同时兼顾到功能、结构、工艺条件和其他方面的要求。一般优先选择基孔制。因为从工艺上看,加工中等尺寸的孔通常要用价格较贵的定尺寸刀具,而加工轴则用一把车刀或砂轮,就可加工不同的尺寸。因此,采用基孔制可以减少备用定尺寸刀具和量具的规格数量,降低成本,提高加工的经济性。对于尺寸较大的孔及低精度孔,虽然一般不采用定值刀、量具加工与检验,但从工艺上讲,采用基孔制或基轴制都一样,为了统一,也优先选用基孔制。

2. 选用基轴制的条件

1) 直接使用有一定公差等级(可达 IT8)而不再进行机械加工的冷拔钢材(这种钢材按基准轴的公差带制造)做轴。当需要各种不同的配合时,可选择不同的孔公差带位置来实现。这种情况主要应用于农业机械和纺织机械中。

2) 加工尺寸小于 1 mm 的精密轴比同级孔要困难,因此在仪表制造、钟表生产、无线电工程中,通常使用经过光轧成形的钢丝直接做轴,这时采用基轴制比较经济。

3) 根据结构上的需要,同一公称尺寸的轴上装配有不同配合要求的几个孔件时,应采用基轴制。如图 1-18(a)所示,柴油机的活塞销同时与连杆孔和活塞孔相配合,连杆要转动,故采用间隙配合,而与活塞孔可紧一些,采用过渡配合。如采用基孔制,则如图1-18(b)所示,活塞销需做成中间小、两头大的形状,这不仅对加工不利,同时装配也有困难,易拉毛连杆孔。改用基轴制如图1-18(c)所示,活塞销可尺寸不变,而连杆孔、活塞孔分别按不同要求加工,较经济合理且便于装配。

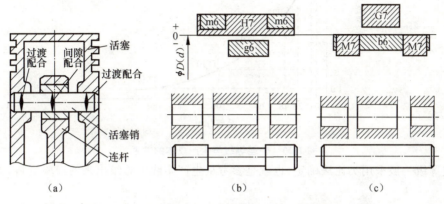

图1-18 活塞连杆机构
(a)活塞连杆机构;(b)基孔制配合;(c)基轴制配合

4)与标准件配合时,必须按标准件来选择基准制。

如图1-19所示,滚动轴承的外圈与壳体孔的配合必须采用基轴制,滚动轴承的内圈与轴颈的配合必须采用基孔制,此轴颈按 $\phi55j6$ 加工,外壳孔应按 $\phi100K7$ 加工。

5)为了满足配合的特殊需要,允许选用非基准制的配合。

非基准制的配合是指相配合的两零件既无基准孔H又无基准轴h的配合,当一个孔与几个轴相配合或一个轴与几个孔相配合,其配合要求各不相同时,则有的配合要出现非基准制的配合。如减速器某轴颈处的轴向定位套用来作轴向定位,它松套在轴颈上即可,但轴颈的公差带已确定为 $\phi55j6$,因此轴套与轴颈的间隙配合就不能采用基孔制配合,形成了任一孔、轴公差带组成的非基准制配合 $\phi55F9/j6$,来满足使用要求。另一处箱体孔与端盖定位圆柱面的配合和上述情况相似,考虑到端盖的拆卸方便,且允许配合的间隙较大,因此,选用非基准制配合 $\phi100K7/f9$,如图1-19所示。

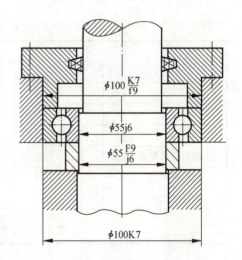

图1-19 减速器中箱体孔与端盖定位圆柱面的配合

1.3.2 公差等级的选用

合理地选用公差等级,就是为了更好地解决机械零、部件使用要求与制造工艺及成本之间的矛盾。因此选择公差等级的基本原则是:在满足使用要求的前提下,尽量选取低的公差等级。公差等级与生产成本的关系如图1-20所示。

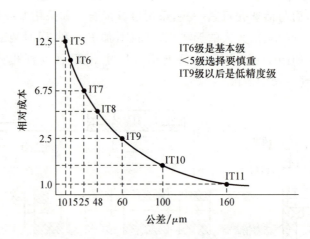

图 1-20 公差等级与生产成本的关系

公差等级一般采用类比法确定，也就是参考从生产实践中总结出来的经验资料，进行比较选择。

用类比法选择公差等级时，应熟悉各个公差等级的应用范围和各种加工方法所能达到的公差等级，具体参见表 1-15，表 1-16 和表 1-17。

表 1-15 公差等级的应用

应 用	公差等级(IT)																			
	01	0	1	2	3	4	5	6	7	8	9	10	11	12	13	14	15	16	17	18
量块	—	—	—																	
量规		—	—	—	—	—	—	—												
配合尺寸							—	—	—	—	—	—	—	—						
特别精密的配合				—	—	—	—													
非配合尺寸														—	—	—	—	—	—	—
原材料尺寸										—	—	—	—	—	—	—				

表 1-16 各种加工方法可能达到的公差等级

加工方法	公差等级(IT)																			
	01	0	1	2	3	4	5	6	7	8	9	10	11	12	13	14	15	16	17	18
研磨	—	—	—	—	—	—	—													
珩磨						—	—	—	—											
圆磨							—	—	—	—										
平磨							—	—	—	—										
金刚石车							—	—	—											
金刚石镗							—	—	—											
拉削							—	—	—	—										
铰孔								—	—	—	—	—								
车									—	—	—	—	—	—	—					
镗									—	—	—	—	—	—	—					

续表

加工方法	公差等级(IT)																			
	01	0	1	2	3	4	5	6	7	8	9	10	11	12	13	14	15	16	17	18
铣									—	—	—	—	—							
刨、插												—	—							
钻												—	—	—						
滚压、挤压										—	—	—								
冲压											—	—	—	—						
压铸													—	—						
粉末冶金成形								—	—	—										
粉末冶金烧结									—	—	—									
砂型铸造、气割																		—	—	—
锻造																	—	—	—	

注：表中画"—"为选用值。

表 1-17 常用公差等级的应用实例

公差等级	应 用
IT5(孔为 IT6)	主要用在配合公差、形状公差要求很小的地方，其配合性质稳定，一般在机床、发动机、仪表等重要部位应用。如与 5 级滚动轴承配合的外壳孔；与 6 级滚动轴承配合的机床主轴，机床尾架与套筒，精密机床及高速机械中轴颈，精密丝杠轴径等
IT6(孔为 IT7)	配合性质能达到较高的均匀性，如与 6 级滚动轴承相配合的孔、轴径；与齿轮、涡轮、联轴器、带轮、凸轮等连接的轴径，机床丝杠轴径；摇臂钻立柱；机床夹具导向件外径尺寸；6 级精度齿轮的基准孔，7 级、8 级精度齿轮基准轴
IT7	比 6 级精度稍低，应用条件与 6 级基本相似，在一般机械制造中应用较为普遍。如联轴器、带轮、凸轮等孔径；夹具中固定转套；7 级、8 级齿轮基准孔，9 级、10 级齿轮基准轴
IT8	在机械制造中属于中等精度。如轴承座衬套沿宽度方向尺寸，9~12 级齿轮基准孔；11~12 级齿轮基准轴
IT9,IT10	主要用于机械制造中轴套外径与孔；操纵件与轴；带轮与轴；单键与花键
IT11,IT12	配合精度很低，装配后，可能产生很大间隙，适用于基本上没有什么配合要求的场合。如机床上法兰盘与止口；滑块与滑移齿轮；加工中工序间尺寸；冲压加工的配合件；机床制造中的扳手孔与扳手座的连接

公差等级应用说明：

IT01~IT1：用于精密尺寸传递基准——量块的尺寸公差以及高精密测量工具。

IT1~IT7：用于检验 IT6~IT16 工作用的量规的尺寸公差。

IT2~IT12：用于配合尺寸，其公差等级范围很广，以适应各类不同机械的配合要求。其中 IT5~IT12 为常用公差等级，注意相配轴、孔公差等级一般应按标准推荐的选用。

IT2~IT4：用于特别精密的重要部位的配合。例如高精度机床主轴和 P4 级滚动轴承的配合，高精度齿轮基准孔或基准轴，精密仪器中特别精密的配合部位。

IT5～IT7：用于精密配合，在机械制造中应用较广。其中 IT5 的轴和 IT6 的孔用于机床、发动机等机械中特别重要的关键部位，例如机床主轴和 P6 级滚动轴承相配的主轴颈以及箱体孔；车床尾座孔和套筒配合处。IT6 的轴和 IT7 的孔应用更广泛，可用于机床、动力机械、机床夹具等的重要部位。例如一般传动轴和轴承，内燃机曲轴主轴颈和轴承，传动齿轮和轴的配合，机床夹具中的普通精度镗套以及钻模套的内、外径配合处，与普通精度滚动轴承相配的轴和外壳孔。

IT7～IT8：通常用于中等精度要求配合部位。例如一般通用机械的滑动轴承处，一般速度的皮带轮、联轴器和轴颈的配合。另外，也用于重型机械、纺织机械、农业机械等较重要的配合部位。

IT9～IT10：用于一般精度的配合部位，机床、发动机中次要的配合部位。例如轴套外径和孔，操纵件与轴、空转带轮和轴等配合部位；也用于重型、纺织机械中一般配合部位。

另外，平键和轴槽、轮毂槽的配合用 IT9。

IT11～IT12：用于不重要的配合部位或间隙较大，且允许有显著变动而不会引起严重后果的场合。例如机床上法兰盘止口和孔、滑块和滑移齿轮或凹槽。也用于农业机械、纺织机械粗糙的活动配合处，冲压加工件的配合。

IT12～IT18：主要用于非配合表面和未注公差的尺寸精度以及工序间尺寸公差。

应当指出，与滚动轴承相配的外壳孔和轴颈的公差等级、齿轮基准孔或基准轴的公差等级，取决于滚动轴承精度和齿轮精度等条件。实际选用时，应按后续项目有关规定查取。

用类比法选择公差等级时，应注意以下几个方面：

（1）联系工艺。在常用尺寸段内，对于较高精度等级的配合，孔比同级轴的加工困难，加工成本也要高一些，其工艺是不等价的。为了使相互配合的孔轴工艺等价，当公差等级＜IT8 时，孔比轴低一级（如 H7/n6，P6/h5）；当公差等级为 IT8 时，孔与轴同级或孔比轴低一级（如 H8/s8，F8/h7）；当公差等级＞IT8 时，孔、轴为同级（如 H9/e9，F8/h8）。

（2）联系配合。对过渡配合或过盈配合，一般不允许其间隙或过盈的变动太大，因此，公差等级不能太低，孔可选标准公差≤IT8，轴可选标准公差≤IT7。间隙配合可不受此限制。但间隙小的配合公差等级应较高，间隙大的配合公差等级可以低些。例如，选用 H6/g5 和 H11/a11 是可以的，而选 H11/g11 和 H6/a5 就不合理了。

（3）联系零部件的相关精度要求。在齿轮的基准孔与轴的配合中，该孔与轴的公差等级由相关齿轮精度等级确定。与滚动轴承相配合的外壳孔和轴颈的公差等级和相配合滚动轴承公差等级有关。

（4）联系加工成本。考虑到在满足使用要求的前提下降低加工成本，不重要的相配合件的公差等级可以低二三级。如图 1-19 所示，减速器中箱体孔与端盖定位圆柱面的配合为 $\phi100K7/f9$，轴套与轴颈的配合为 $\phi55F9/j6$。

1.3.3 配合种类的选择

前述基准孔和公差等级的选择，确定了基准孔或基准轴的公差带，以及相应的非基准轴或非基准孔公差带的大小，因此选择配合种类实质上就是确定非基准轴或非基准孔公差带的位置，也就是选择非基准轴或非基准孔的基本偏差代号。

设计时,通常多采用类比法选择配合种类。为此首先必须掌握各种配合的特征和应用场合,并了解它们的应用实例,然后再根据具体情况加以选择。

1. **配合种类**

配合分为三大类:间隙配合、过渡配合和过盈配合。(以基孔制为例)

1) 孔、轴之间有相对运动,或没有相对运动,但需要经常拆卸的场合,应采用间隙配合。用基本偏差 a~h,字母越往后,间隙越小。间隙量小时主要用于精确定心又便于拆卸的静连接,或结合件间只有缓慢移动或转动的动连接。如结合件要传递力矩,则需加键、销等紧固件。间隙量较大时主要用于结合件间有转动、移动或复合运动的动连接。工作温度高,对中性要求低、相对运动速度高等情况,应使间隙增大。

2) 既需要对中性好,又要便于拆卸时,应采用过渡配合。用基本偏差 j~n(n 与高精度的基准孔形成过盈配合),字母越往后,获得过盈的机会越多。过渡配合可能具有间隙,也可能具有过盈,但不论是间隙量还是过盈量都很小,主要用于精确定心,结合件间无相对运动,可拆卸的静连接。如需要传递力矩,则加键、销等紧固件。

3) 当需要不用紧固件就能保证孔轴之间无相对运动,且需要靠过盈来传递载荷,不经常拆装(或永久性连接)的场合,应采用过盈配合。用基本偏差 p~zc(p 与低精度的基准孔形成过渡配合),字母越往后,过盈量越大,配合越紧。当过盈量较小时,只作精确定心用,如需传递力矩,需加键、销等紧固件。过盈量较大时,可直接用于传递力矩。采用大过盈的配合,容易将零件挤裂,很少采用。具体选择配合类别时可参考表 1-18。

表 1-18 配合类别选择

			不可拆卸	过盈配合
无相对运动	要传递力矩	精确定心	可拆卸	过渡配合或基本偏差为 H(h) 的间隙配合加键、销紧固件
		不需精确定心		间隙配合加键、销紧固件
	不需传递力矩			过度配合或过盈量较小的过盈配合
有相对运动	缓慢转动或移动			基本偏差为 H(h)、G(g) 等间隙配合
	转动、移动或复合运动			基本偏差为 D~F(d~f) 等间隙配合

2. **配合种类选择的基本方法**

配合种类选择的基本方法有三种:计算法、试验法和类比法。

计算法就是根据理论公式,计算出使用要求的间隙或过盈大小来选定配合的方法。如根据液体润滑理论,计算保证液体摩擦状态所需要的最小间隙。在依靠过盈来传递运动和负载的过盈配合时,可根据弹性变形理论公式,计算出能保证传递一定负载所需要的最小过盈和不使工作损坏的最大过盈。用计算法选择配合时,关键在于确定所需的极限间隙或极限过盈。计算法随着科学技术的发展,计算机的广泛应用,将会日趋完善和逐渐增多。

试验法就是用试验的方法确定满足产品工作性能的间隙或过盈范围。该方法主要用于对产品性能影响大而又缺乏经验的场合。试验法比较可靠,但周期长、成本高,应用比较少。

类比法就是参照同类型机器或机构中经过生产实践验证的配合的实际情况,再结合所设计产品的使用要求和应用条件来确定配合。

在实际工作中,大多采用类比法来选择公差与配合。因此,必须了解和掌握一些在实践生产中已被证明成功的极限与配合的实例。同时,也要熟悉和掌握各个基本偏差在配合方面的特征和应用。明确标准规定的各种配合,特别是优先配合的性质,这样,在充分分析零件使用要求和工作条件的基础上,考虑结合件工作时的相对运动状态、承受负载情况、润滑条件、温度变化以及材料的物理力学性能等对间隙或过盈的影响,就能选出合适的配合类型。

表 1-19 为尺寸 1~500 mm 基孔制常用和优先配合的特征及应用场合。

表 1-19　尺寸 1~500 mm 基孔制常用和优先配合的特征及应用

配合类别	配合特征	配合代号	应 用
间隙配合	特大间隙	$\dfrac{H11}{a11}\ \dfrac{H11}{b11}\ \dfrac{H12}{b12}$	用于高温或工作时要求大间隙的配合
	很大间隙	$\left(\dfrac{H11}{c11}\right)\dfrac{H11}{d11}$	用于工作条件较差、受力变形或为了便于装配而需要大间隙的配合和高温工作的配合
	较大间隙	$\dfrac{H9}{c9}\ \dfrac{H10}{c10}\ \dfrac{H8}{d8}\ \left(\dfrac{H9}{d9}\right)\dfrac{H10}{d10}\ \dfrac{H8}{e7}\ \dfrac{H8}{e8}\ \dfrac{H9}{e9}$	用于高速重载的滑动轴承或大直径的滑动轴承,也可以用于大跨距或多支点支承的配合
	一般间隙	$\dfrac{H6}{f5}\ \dfrac{H7}{f6}\ \left(\dfrac{H8}{f7}\right)\dfrac{H8}{f8}\ \dfrac{H9}{f9}$	用于一般转速的配合。当温度影响不大时,广泛应用于普通润滑油润滑的支承处
	较小间隙	$\left(\dfrac{H7}{g6}\right)\dfrac{H8}{g7}$	用于精密滑动零件或缓慢间隙回转的零件的配合部位
	很小间隙和零间隙	$\dfrac{H6}{g5}\ \dfrac{H6}{h5}\ \left(\dfrac{H7}{h6}\right)\dfrac{H8}{h7}\ \dfrac{H8}{h8}\ \dfrac{H9}{h9}\ \dfrac{H10}{h10}\ \left(\dfrac{H11}{h11}\right)\dfrac{H12}{h12}$	用于不同精度要求的一般定位件的配合和缓慢移动和摆动零件的配合
过渡配合	绝大部分有微小间隙	$\dfrac{H6}{js5}\ \dfrac{H7}{js6}\ \dfrac{H8}{js7}$	用于易于装拆的定位配合或加紧固件后可传递一定静载荷的配合
	大部分有微小间隙	$\dfrac{H6}{k5}\ \left(\dfrac{H7}{k6}\right)\dfrac{H8}{k7}$	用于稍有振动的定位配合。加紧固件可传递一定载荷。装拆方便可用木槌敲入
	绝大部分有较小过盈	$\dfrac{H6}{m5}\ \dfrac{H7}{m6}\ \dfrac{H8}{m7}$	用于定位精度较高而且能够抗振的定位配合。加键可传递较大载荷。可用铜锤敲入或小压力压入
	大部分有微小过盈	$\left(\dfrac{H7}{n6}\right)\dfrac{H8}{n7}$	用于精确定位或紧密组合件的配合。加键能传达大力矩或冲击性载荷。只在大修时拆卸

续表

配合类别	配合特征	配合代号	应用
过盈配合	绝大部分有较小过盈	$\dfrac{H8}{p7}$	加键后能传递很大力矩,且能承受振动或冲击的配合。装配后不再拆卸
	轻型	$\dfrac{H6}{n5} \dfrac{H6}{p5} \left(\dfrac{H7}{p6}\right) \dfrac{H7}{r5} \dfrac{H7}{r6} \dfrac{H8}{r7}$	用于精确的定位配合。一般不能靠过盈传递力矩。要传递力矩尚需要加紧固件
	中型	$\dfrac{H6}{s5} \left(\dfrac{H7}{s6}\right) \dfrac{H8}{s7} \dfrac{H6}{t5} \dfrac{H7}{t6} \dfrac{H8}{t7}$	不需要加紧固件就能传递较小力矩和轴向力。加紧固件后能承受较大载荷和动载荷
	重型	$\left(\dfrac{H6}{u5}\right) \dfrac{H8}{u7} \dfrac{H7}{v6}$	不需要加紧固件就可传递和承受大的力矩和动载荷的配合。要求零件材料有高强度
	特重型	$\dfrac{H7}{x6} \dfrac{H7}{y6} \dfrac{H7}{z6}$	能传递和承受很大力矩和动载荷的配合,需要经过试验后方可应用

注:① 括号内的配合为优先配合。
② 国标规定的 44 种基轴制配合的应用与本表中的同名配合相同。

1.3.4 各类常用配合的特征及应用

1. 间隙配合

属于间隙配合一类的基本偏差代号为 a～h(或 A～H),共有 11 种,其中与轴 a 组成的配合间隙最大,与轴 h 组成的配合间隙最小,其最小间隙为 0。

1) H/a、H/b、H/c 配合为特大间隙配合,应用不广泛,一般用于需要大间隙配合的场合,如管道法兰的配合连接,如图 1-21 所示,推荐的配合为 H12/b12。其较高等级的配合 H8/c7 适用于轴在高温下工作的紧密配合,如内燃机气门导杆与衬套的配合,如图 1-22 所示。

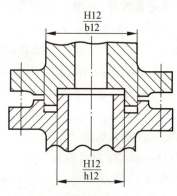

图 1-21 管道法兰的配合连接

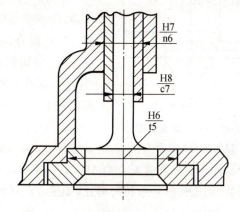

图 1-22 内燃机气门导杆与衬套的配合

2) H/d 配合一般用于 IT7～IT11 级。这种配合间隙较大,适用于较松的配合,如密封盖、滑轮、空转带轮等与轴的配合。也适用于大直径滑动轴承配合,如球磨机、轧钢机等其他重型机械中的一些滑动轴承的配合。推荐的配合为 H9/d9,用于自由转动或只有滑动的配合,如滑轮与轴的配合,如图 1-23 所示。

3) H/e 配合多用于 IT7～IT9 级,通常适用于要求有明显间隙,易于转动的支承配合,如大跨距或多支点支承等的配合。高等级的 e 轴适用于大直径、高速、重载支承,如涡轮发电机、大电动机的支承以及内燃机主要轴承、凸轮轴轴承等的配合。内燃机轴承的配合,如图 1-24 所示。

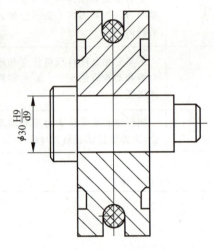

图 1-23 滑轮与轴的配合

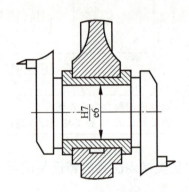

图 1-24 内燃机轴承的配合

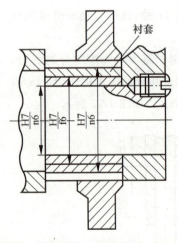

图 1-25 C616 床头箱主轴与衬套的配合

4) H/f 配合多用于 IT6～IT8 级的一般转动配合。当温度影响不大时,被广泛用于普通润滑油(或润滑脂)润滑的支承,如齿轮箱、小电动机、泵等的转轴与滑动轴承的配合。推荐的配合为 H7/f6,如 C616 床头箱 x 轴与衬套的配合,如图 1-25 所示。

5) H/g 配合多用于 IT5～IT7 级,配合间隙很小,制造成本高,除承受很轻负荷的精密装置外,一般不推荐用于轴转动配合。该配合最适合不回转的精密滑动配合,也用于插销等的定位配合,如精密连杆轴承、活塞及滑阀等。推荐的配合为 H7/g6,如凸轮机构中导杆与衬套的配合,如图 1-26 所示;精密机床的主轴与轴承、分度头轴颈与轴承的配合等。

6) H/h 配合多用于 IT4～IT11 级。广泛用于无相对传动零件,作为一般的定位配合。若无温度、变形的影响,也用于精密滑动配合。推荐的配合为 H7/h6,H8/h7,H9/h9,H11/h11,均为间隙定位配合,零件可自由拆装,而工作时一般相对静止,如定心凸缘的配合,如图 1-27 所示。

2. 过渡配合

属于过渡配合一类的基本偏差代号主要是 js,j,k,m,n(或 JS,J,K,M,N),适用于 IT4～IT7 级。这类配合一般根据经验确定,选用时应该考虑孔与轴的定心要求、装拆的经常性和方

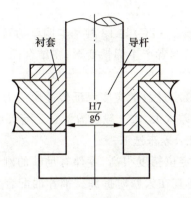

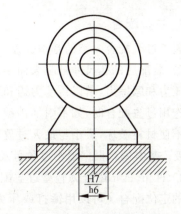

图 1-26 凸轮机构中导杆与衬套的配合   图 1-27 定心凸缘的配合

便性、承受荷载的大小和类型。对于定心要求较高而不经常拆卸的,选用较紧的配合;定心要求不高而又经常拆卸的以及易损部件,选用较松的配合;承受大转矩或动载荷的结合部位,选用较紧的配合;而在拆卸不方便处,可选用较松的配合。过渡配合常常附加联结件(键、销等),以提高传递载荷的能力。

1) H/js 和 H/j 配合为平均稍有间隙的过渡配合。用于要求间隙比 h 轴小并且允许略有过盈的定位配合,附加联结件可传递一定的静载荷,可用木槌敲击的方法进行装配。推荐的配合为 H7/js6。用于较精密的定位,如带轮与轴的配合,如图 1-28 所示。

2) H/k 配合为平均间隙接近于 0 的过渡配合。可用于稍有振动的定位配合,附加联结件可传递一定的载荷,一般用木槌进行装配。推荐的配合为 H7/k6,用于精确定位,如刚性联轴器的配合,如图 1-29 所示。

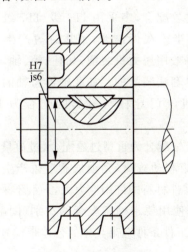

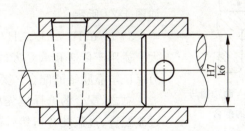

图 1-28 带轮与轴的配合   图 1-29 刚性联轴器的配合

3) H/m 配合为平均具有很小过盈的过渡配合。用于能抗振的精确定位,加键能传递较大的载荷,一般可用木槌来装配,但在最大过盈时,要求有相当的压入力。如发动机活塞与活塞销的配合为 M6/h5,如图 1-18 所示。

4) H/n 配合的平均过盈比 m 轴稍大,通常用于精确定位或精密组件配合,加键能传递大转矩或冲击性载荷,一般大修时才拆卸,用锤或压力机装配。如内燃机气门导杆衬套与座的配合 H7/n6,如图 1-22 所示。

3. 过盈配合

属于过盈配合一类的基本偏差代号为 p～zc(或 P～ZC)共 12 种基本偏差,其特点是由于有过盈,装配后的孔尺寸被胀大而轴的尺寸被压小,两者产生弹性变形,在结合面上产生一定的正压力和摩擦力,借以传动力矩和紧固零件。

选用过盈配合时,如不附加销键等紧固件,则最小过盈量应能保证传递所需力矩,最大过盈应不使材料破坏,最小与最大过盈量一般不能相差太大,故一般过盈配合公差等级为 IT5～IT7 级。基本偏差根据最小过盈量及结合件的标准公差来选取。

1) H/p、H/r 配合为轻型过盈配合,主要用于定位精度很高,零件有足够的刚性、受冲击载荷的定位配合。可以用锤打或压力机装配,只适宜在大修时拆卸。推荐的配合为 H7/p6,如卷扬机的绳轮与齿轮的配合,如图 1-30 所示;连杆小头孔与衬套的配合,如图 1-31 所示。

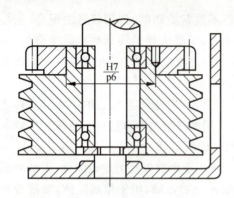

图 1-30 卷扬机的绳轮与齿轮的配合　　图 1-31 连杆小头孔与衬套的配合

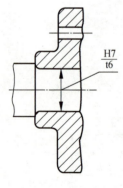

图 1-32 联轴器与轴的配合

2) H/s、H/t 配合为中型过盈配合,多采用 IT6 级、IT7 级。主要用于钢或铁制零件的永久性或半永久性结合,依靠过盈产生的结合力,可以直接传递中等负荷。一般用压力机装配,如柱、销、轴、套等压入孔中的配合,也有用冷轴或热套法装配的。如联轴器与轴的配合为 H7/t6,如图 1-32 所示;内燃机气门导杆与衬套的配合为 H6/t5,如图 1-22 所示。

3) H/u、H/v、H/x、H/y、H/z 配合为重型过盈配合,过盈量依次增大。适用于传递和承受大的转矩和动载荷,完全依靠过盈产生的结合力保证牢靠联结的配合。要求零件材料的许用应力大,一般不采用。

总之,配合的选择应先根据使用要求确定配合的类别(间隙配合、过渡配合、过盈配合),然后再按工件条件选出具体的公差带代号。

1.3.5　公差与配合选择综合示例

例 1-4　已知某孔、轴的公称尺寸 $\phi40$ mm,已确定配合间隙要求在 0.022～0.066 mm,试确定孔、轴的公差等级和配合种类(计算法)。

解:(1) 配合制的选择:一般情况下优先选择基孔制。

(2) 选公差等级:由式 $T_f = |X_{max} - X_{min}| = (66-22)\mu m = 44\ \mu m$

$(T_f = |X_{max} - Y_{max}|\ T_f' = |Y_{min} - Y_{max}|)$

从满足使用要求,所选轴、孔的公差应满足
$$T_f = T_D + T_d \leqslant T_f$$
设 $T_D = T_d = Tf/2 = 22\ \mu m$,查表 1-4 得知:

介于 6～7 级,IT6=16 μm,IT7=25 μm。

根据工艺等价性原则,一般孔比轴低一级,故选择孔 IT7 级,轴 IT6 级。

$T_f = T_D + T_d = (25 + 16)\ \mu m = 41\ \mu m < T_f = 44\ \mu m$,符合使用要求。

由于采用基孔制,故孔的公差带为 $\phi 40 H7(^{+0.025}_{0})$ mm。

(3) 选择配合种类,即选择轴的基本偏差代号,条件是孔和轴组成配合的最大间隙和最小间隙要求在 0.022～0.066 mm。

$$A \sim h \quad es \qquad 间隙配合$$
$$j \sim n \quad ei \qquad 过渡配合$$
$$p \sim zc \quad ei \qquad 过盈配合$$

间隙配合:$X_{max} = ES - ei$
$\qquad\qquad X_{min} = EI - es$

过渡配合:$X_{max} = ES - ei$
$\qquad\qquad Y_{max} = EI - es$

过盈配合:$Y_{max} = EI - es$
$\qquad\qquad Y_{min} = ES - ei$

因为题目要求形成的是间隙配合,所以就要利用 X_{min} 有目的地求轴的 es。

由式 $X_{min} = EI - es$,因 $EI = 0$,故 $es = -X_{min} = -22\ \mu m$,且 es 是轴的基本偏差。查表 1-7 轴的基本偏差表,$-22\ \mu m$ 介于 $-25\ \mu m$(f)和 $-9\ \mu m$(g)之间,根据上述条件,只有选取 f($es = -25\ \mu m$)才能保证配合最小间隙 $X_{min} = +25\ \mu m$ 在规定的配合间隙 0.022～0.066 mm,故轴为 $\phi 40 f6(^{-0.025}_{-0.041})$ mm;舍去了 $\phi 40 g6$。

(4) 验算结果:所选配合为 $\phi 40 \dfrac{H7(^{+0.025}_{0})}{f6(^{-0.025}_{-0.041})}$,计算得

$$X_{max} = ES - ei = [+25 - (-41)] = +66\ \mu m = +0.066\ mm$$
$$X_{min} = EI - es = [0 - (-25)] = +25\ \mu m = +0.025\ mm$$

均在 0.022～0.066 mm,所选配合既符合国家标准又满足使用要求。

例 1-5 选择车床尾座顶尖套筒和尾座体的配合,如图 1-33 所示(类比法)。

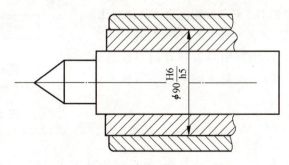

图 1-33 选择车床尾座顶尖套筒和尾座体的配合

尾座在车床上的作用是与主轴顶尖共同支持工件,承受切削力,该组配件的配合要求主要

是:顶尖轴线应该与车床主轴同轴,并在工作时不允许晃动。又知,工作时套筒与尾座体之间相对静止,而套筒调整时要在孔中缓慢轴向移动,对润滑要求不高。因此,应选用定心性好、配合间隙小以及公差等级高的间隙配合。无特殊情况,应优先选用基孔制。由表1-19可知,可优先选用H/h配合,为提高配合精度,可选用ϕ90H6/h5配合。

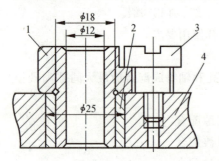

图1-34 钻模上的钻模板、衬套与钻套

1—快换钻套;2—衬套
3—钻套螺钉;4—钻模板

例1-6 如图1-34所示为钻模的一部分。钻模板4上有衬套2,快换钻套1在工作中要求能迅速更换,当快换钻套1以其铣成的缺边对正钻套螺钉3后可以直接装入衬套2的孔中,再顺时针旋转一个角度,钻套螺钉3的下端面就盖住快换钻套1的另一缺面。这样钻削时,快换钻套1便不会因为切屑排出产生的摩擦力而使其退出衬套2的孔外,当钻孔后更换快换钻套1时,可将快换钻套1逆时针旋转一个角度后直接取下,换上另一个孔径不同的快换钻套而不必将钻套螺钉3取下。

钻模现需加工工件上的ϕ12 mm孔时,试选衬套2与钻模板4的公差配合、钻孔时快换钻套1与衬套2以及内孔与钻头的公差配合(类比法)。

解:(1) 基准制的选择:对衬套2与钻模板4的配合以及快换钻套1与衬套2的配合,因为结构无特殊要求,按国标规定,应优先选用基孔制。

(2) 公差等级的选择:参看表1-15,钻模夹具各元件的连接,可以按照用于配合尺寸的IT5~IT8级选用。

参看表1-15,重要的配合尺寸,对轴可以选择IT6,对孔可以选择IT7。本例中钻模板4的孔、衬套2的孔、钻套的孔统一按照IT7选用。而衬套2的外圆、钻套1的外圆则按照IT6选用。

(3) 配合种类的选择:衬套2与钻模4的配合,要求连接牢靠,在轻微冲击和负荷下不用连接件也不会发生松动,即使衬套内孔磨损了,需要更换时拆卸的次数也不多。因此选择平均过盈率大的过渡配合n,本例配合选为ϕ25H7/n6。

快换钻套1与衬套2的配合,经常用手更换,故需要一定间隙保证更换迅速,但是因为又要求有准确的定心,间隙不能过大,选H7/g6到GB 2263—1980(夹具标准),为了统一钻套内孔与衬套内孔的公差带,规定了统一选用F7,以利于制造。所以,在衬套2内孔公差带为F7的前提下,选相当于H7/g6类配合的F7/k6非基准制配合。具体对比如图1-35所示,从图上可见,两者的极限间隙基本相同。

至于快换钻套1内孔,因要引导旋转着的刀具进给,既要保证一定的导向精度,又要防止间隙过小而被卡住。根据表1-17内孔选用F7。

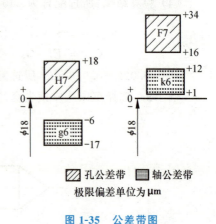

图1-35 公差带图

🔷 随堂练习

1. 设有一公称尺寸为ϕ110 mm的配合,为保证连接可靠,经计算确定其过盈不得小于40 μm;为保证装配后不发生塑性变形,其过盈不得大于110 μm。若已决定采用基轴制,试确定此配合的孔、轴公差带代号。

2. 公称尺寸为 $\phi 45$ mm 的基孔制配合,孔的公差等级 7 级,轴的基本偏差代号 g,公差等级 6 级,写出其配合代号并判断其配合性质。

习　题

1-1　判断题(正确的在括号内打"√",错误的打"×")。

( )1. 加工尺寸愈靠近公称尺寸就愈精确。

( )2. 偏差数值可以为正、负或零,公差也是。

( )3. 靠近零线的那个偏差一定是基本偏差。

( )4. 过渡配合可能具有间隙或过盈,因此过渡配合可能是间隙配合或是过盈配合。

( )5. 某孔的实际尺寸小于与其结合的轴的实际尺寸,则形成过盈配合。

( )6. 同一公差等级的孔和轴的标准公差数值一定相等。

( )7. 公称尺寸不同的零件,只要它们的公差等级相同,虽然公差数值不同,但认为它们具有相同的尺寸精确程度。

( )8. 配合公差的数值愈小,则相互配合的孔、轴的公差等级愈高。

( )9. 配合 H7/g6 比 H7/s6 要紧。

( )10. 工作时孔温高于轴温,设计时配合的过盈量应加大。

1-2　加工一批尺寸为 $\phi 60 \text{p}6 \left({}^{+0.051}_{+0.032} \right)$ 的轴,完工后,测得其中最大的轴尺寸为 $\phi 60.030$ mm,最小尺寸为 $\phi 60.014$ mm,试问这批轴的尺寸公差为多少?其实际尺寸的变动范围是多大?这批轴是否合格?为什么?

1-3　按下表给出的数值,计算表中空格的数值,并将计算结果填入相应的空格内(表中数值单位为 mm)。

孔或轴	上极限尺寸	下极限尺寸	上极限偏差	下极限偏差	公差	尺寸标注
孔 $\phi 28$	$\phi 28.041$	$\phi 28.020$				
孔 $\phi 50$				-0.026	0.025	
轴 $\phi 60$		$\phi 60.00$			0.046	
轴 $\phi 30$						$\phi 30^{-0.007}_{-0.028}$
轴 $\phi 120$	$\phi 120.140$			0		

1-4　根据下表给出的数据求空格中的数据,并填入空格内(单位:mm)。

公称尺寸	孔			轴			X_{max} 或 Y_{min}	X_{min} 或 Y_{max}	X_{av} 或 Y_{av}	T_f
	ES	EI	T_D	es	ei	T_d				
$\phi 25$		0				0.021	$+0.074$		$+0.057$	
$\phi 16$		0				0.010		-0.012	$+0.025$	
$\phi 50$			0.025		0			-0.050	-0.0295	

1-5　画出下列三对孔、轴配合的尺寸公差带图,并分别计算出它们的极限间隙(X_{max}、X_{min})或过盈(Y_{max}、Y_{min})、平均间隙 X_{av} 或过盈 Y_{av} 及配合公差 T_f(单位:mm)。

1. 孔 $\phi25^{+0.021}_{0}$ 　轴 $\phi25^{-0.040}_{-0.053}$ mm

2. 孔 $\phi50^{+0.024}_{-0.015}$ 　轴 $\phi50^{0}_{-0.039}$ mm

3. 孔 $\phi35^{+0.025}_{0}$ 　轴 $\phi35^{+0.089}_{+0.050}$ mm

1-6　说明下列配合符号所表示的基准制、孔、轴的公差等级和配合类别(间隙、过盈或过渡配合),查表并计算极限偏差、极限间隙或过盈,画尺寸公差带图。

1. $\phi30H8/g7$
2. $\phi42R7/h6$
3. $\phi70JS7/f9$
4. $\phi50S8/h8$

1-7　查表并计算确定下列孔、轴的极限偏差。然后将这些基孔制(轴)配合改换成相同性的基轴制(孔)配合,再查表并计算改变后的各配合的极限偏差。

1. $\phi30H9/d9$
2. $\phi55F7/h6$
3. $\phi70R7/h6$
4. $\phi80H7/u6$

1-8　已知表中的配合,试将查表和计算结果填入表中。

公差带	基本偏差	标准公差	极限间隙(或过盈)	配合公差	配合类别
$\phi80S7$					
$\phi80h6$					

1-9　已知公称尺寸为 $\phi150$ mm,基孔制的孔轴同级配合,$T_d = 0.063$ mm,$Y_{max} = -0.085$ mm,求孔、轴的上、下极限偏差。

1-10　已知两根轴,第一根轴直径 $\phi10$ mm,公差值 22 μm,第二根轴直径 $\phi70$ mm,公差 30 μm,试比较两根轴加工的难易程度。

1-11　若已知某孔轴配合的公称尺寸为 $\phi30$ mm,最大间隙 $X_{max} = +23$ μm,$Y_{max} = -10$ μm,孔的尺寸公差 $T_D = 20$ μm,轴的上极限偏差 $es = 0$,试确定孔、轴的尺寸。

1-12　某孔、轴配合,公称尺寸为 35 mm,孔公差为 IT8,轴公差为 IT7,已知轴的下极限偏差为 -0.025 mm,要求配合的最小过盈是 -0.001 mm,试写出该配合的公差带代号。

1-13　某孔、轴配合,公称尺寸为 $\phi30$ mm,孔的公差带代号为 N8,已知 $X_{max} = +0.049$ mm,$Y_{max} = -0.016$ mm,试确定轴的公差带代号。

1-14　已知基孔制配合的公称尺寸和使用要求,允许的极限间隙或过盈如下:

1. 公称尺寸 $\phi35$mm,$X_{max} = +0.120$ mm,$X_{min} = +0.050$ mm
2. 公称尺寸 $\phi60$ mm,$X_{max} = +0.050$ mm,$Y_{max} = -0.032$ mm
3. 公称尺寸 $\phi65$ mm,$Y_{max} = -0.085$ mm,$Y_{min} = -0.034$ mm

计算结合查表确定孔、轴的公差等级,选择合适的配合代号。

1-15　已知滚动轴承外径和箱体孔配合的公称尺寸 $\phi110$ mm,箱体孔采用 J8,现在要求轴承盖与箱体孔之间允许间隙在 0.050~0.130 mm,试选择轴承盖的公差带代号。

1-16　已知公称尺寸为 $\phi35$ mm 的某孔与轴配合,允许其间隙和过盈的数值在 $+0.023$~-0.018 mm 范围内变动,试按基孔制配合确定适当的孔与轴的公差带,并画尺寸公差带图。

项目二

测量技术基础

> **项目阅读**

几何量检测是组织互换性生产必不可少的重要措施。因此,应按照公差标准和检测技术要求对零部件的几何量并行检测。只有几何量合格,才能保证零部件在几何方面的互换性。

检测的目的不仅仅在于判断工件合格与否,还有积极的一面,就是根据检测的结果,分析产生废品的原因,以便设法减少和防止废品。

机械制造中的测量技术,主要研究对零件几何参数进行测量和检验的问题,是贯彻质量标准的技术保证。零件几何量合格与否,需要通过测量或检验方能确定。学生通过学习后要达到如下目的和要求:

(1)掌握测量的基本概念、量块的基本知识,了解测量精度和检验的概念。
(2)熟悉长度基准,了解长度量值传递系统。
(3)了解计量器具与测量方法的分类、测量器具与测量方法的主要度量指标。
(4)掌握测量误差的概念,熟悉测量误差的分类及其处理方法。
(5)掌握常用计量器具的选择方法,会确定验收极限。

任务一 测量技术的基本概念

> **任务分析**

通过本任务的学习,学生了解了测量技术的基本概念,为现场测量打下理论基础。

2.1.1 测量技术的概念、测量要素和检测

所谓测量,就是把被测量(如长度、角度等)与具有计量单位的标准量进行比较,从而确定被测几何量是计量单位的倍数或分数的过程。用公式表示为

$$L = qE \tag{2-1}$$

式中 L——被测值;

q——比值;

E——计量单位。

机械制造中的测量技术属于度量学的范畴。一个完整的几何量测量过程应包括被测对象、计量单位、测量方法及测量精度四个要素。

（1）被测对象：指几何量，即长度（包括角度）、表面粗糙度、形状和位置误差及螺纹、齿轮的各个几何参数等。

（2）计量单位：在几何量计量中，长度单位有米（m）、毫米（mm）、微米（μm）。角度单位为度（°）、分（′）、秒（″）。

（3）测量方法：指在进行测量时所采用的测量原理、测量方法、计量器具和测量条件的综合。测量条件是测量时零件和测量器具所处的环境，如温度、湿度、振动和灰尘等。根据被测对象的特点，如精度、大小、轻重、材质、数量等来确定所用的计量器具，确定合适的测量方法。

（4）测量精度：指测量结果与零件真值的接近程度。与之相对应的概念即测量误差。由于各种因素的影响，任何测量过程总不可避免地会出现测量误差。测量误差大，说明测量结果与真值的接近程度低，则测量精度低；测量误差小，则测量精度高。

对测量技术的基本要求是：合理地选用计量器具与测量方法，保证一定的测量精度，具有高的测量效率、低的测量成本，通过测量分析零件的加工工艺，积极采取预防措施，避免废品的产生。

检验是指确定被测几何量是否在规定的极限范围内，从而判断零件是否合格，而不一定得出具体的量值。

检验与测量是相近似的一个概念，它的含义比测量更广一些。例如，表面锈蚀的检验，金属内部缺陷的检查等，在这些情况下，就不能用测量的概念。

2.1.2 长度单位、基准和长度量值传递系统

为了进行长度测量，必须建立统一可靠的长度单位基准。我国颁布的法定计量单位是以国际单位制的基本长度单位"米"为基本单位。在机械制造中常用的测量单位有毫米（mm）和微米（μm）。

$$1 \text{米（m）} = 1\,000 \text{毫米（mm）}; 1 \text{毫米（mm）} = 1\,000 \text{微米（μm）}。$$

1983年第十七届国际计量大会审议并批准了"米"的新定义，即1米是光在真空中，在$1/299\,792\,458$ s的时间间隔内所经过的距离。

在生产实践中，不可能直接利用光波波长进行长度尺寸的测量，通常经过中间基准将长度基准逐级传递到生产中使用的各种计量器具上，这就是量值的传递系统。我国长度量值传递系统如图2-1所示，从最高基准谱线开始，通过两个平行的系统向下传递。

2.1.3 量块及其使用

量块又名块规，它是一种没有刻度的平面平行端面量具，在机械制造厂和各级计量部门中应用较广。它除了作为量值传递的媒介以外，还可用于计量器具、机床、夹具的调整以及工件的测量和检验。

1. 量块的材料、形状和尺寸

量块用特殊合金钢（常用铬锰钢）制成，其线膨胀系数小、性能稳定、不易变形且耐磨性好。量块的形状为长方形六面体，它有两个相互平行的测量面和四个非测量面，如图2-2所示。测量面上要求平面度很高而且非常光洁，两测量面之间具有精确的尺寸。量块上测量面的中点

和与其另一测量面相研合的辅助体表面之间的垂直距离,称为量块的中心长度。量块上标出的尺寸称为量块的标称长度(或名义尺寸)。

2. 量块的精度等级

为了满足各种不同的应用场合,国家标准对量块规定了若干精度等级。GB/T 6093—2001《量块》对量块的制造精度规定了五级:0,1,2,3 和 K 级。"级"主要是根据量块长度极限偏差、量块长度变动量、量块测量面的平面度、量块测量面的粗糙度以及量块测量面的研合性等指标来划分的。其中 0 级最高,精度依次降低,3 级最低,K 级为校准级。

在各级计量部门中,量块常按检定后的尺寸使用。因此,国家计量局对量块的检定精度规定了 1,2,3,4,5 等,其中,1 等精度最高,依次降低。"等"主要依据量块中心长度测量不确定度和长度变动量最大允许值来划分的。

量块按"级"使用时,以量块的标称长度为工作尺寸,该尺寸包含了量块的制造误差,并将被引入到测量结果中。由于不需要加修正值,故使用较方便。

按"等"使用时,必须以检定后的实际尺寸作为工作尺寸,该尺寸不包含制造误差,但包含了检定时的测量误差;就同一量块而言,检定时的测量误差要比制造误差小得多。所以,量块按"等"使用时其精度比按"级"使用要高。例如,标称长度为 30 mm 的 0 级量块,其长度的极限偏差为 ±0.000 20 mm,若按"级"使用,不管该量块的实际尺寸如何,均按 30 mm 计,则引起的测量误差为 0.000 20 mm。但是,若该量块经检定后,确定为三等,其实际尺寸为 30.000 12 mm,测量极限误差为 ±0.000 15 mm。显然,按"等"使用,即按尺寸 30.000 12 mm 使用的测量极限误差为 ±0.000 15 mm,比按"级"使用测量精度高。

量块的"级"和"等"是从成批制造和单个检定两种不同的角度出发,对其精度进行划分的两种形式。量块的精度指标见表 2-1 和表 2-2。

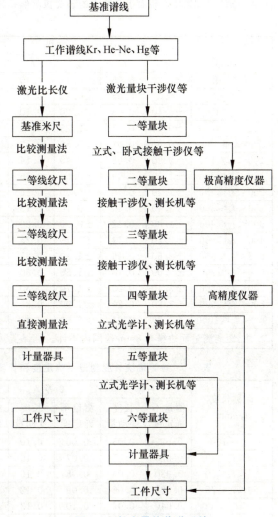

图 2-1 长度量值传递系统

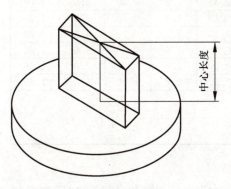

图 2-2 量块及其中心长度

表 2-1 量块测量面上任意点的长度极限偏差和长度变动量最大允许值(摘自 JJG 146—2011)

μm

标称长度 l_n/mm	K 级		0 级		1 级		2 级		3 级	
	t_e	t_v	t_e	t_v	t_e	t_v	t_e	t_v	t_e	t_v
$l_n \leq 10$	±0.20	0.05	±0.12	0.10	±0.20	0.16	±0.45	0.30	±1.0	0.50
$10 < l_n \leq 25$	±0.30	0.05	±0.14	0.10	±0.30	0.16	±0.60	0.30	±1.2	0.50
$25 < l_n \leq 50$	±0.40	0.06	±0.20	0.10	±0.40	0.18	±0.80	0.30	±1.6	0.55
$50 < l_n \leq 75$	±0.50	0.06	±0.25	0.12	±0.50	0.18	±1.00	0.35	±2.0	0.55
$75 < l_n \leq 100$	±0.60	0.07	±0.30	0.12	±0.60	0.20	±1.20	0.35	±2.5	0.60
$100 < l_n \leq 150$	±0.80	0.08	±0.40	0.14	±0.80	0.20	±1.6	0.40	±3.0	0.65
$150 < l_n \leq 200$	±1.00	0.09	±0.50	0.16	±1.00	0.25	±2.0	0.40	±4.0	0.70
$200 < l_n \leq 250$	±1.20	0.10	±0.60	0.16	±1.20	0.25	±2.4	0.45	±5.0	0.75
$250 < l_n \leq 300$	±1.40	0.10	±0.70	0.18	±1.40	0.25	±2.8	0.50	±6.0	0.80
$300 < l_n \leq 400$	±1.80	0.12	±0.90	0.20	±1.80	0.30	±3.6	0.50	±7.0	0.90
$400 < l_n \leq 500$	±2.20	0.14	±1.10	0.25	±2.20	0.35	±4.4	0.60	±9.0	1.00
$500 < l_n \leq 600$	±2.60	0.16	±1.30	0.25	±2.6	0.40	±5.0	0.70	±11.0	1.10
$600 < l_n \leq 700$	±3.00	0.18	±1.50	0.30	±3.0	0.45	±6.0	0.70	±12.0	1.20
$700 < l_n \leq 800$	±3.40	0.20	±1.70	0.30	±3.4	0.50	±6.5	0.80	±14.0	1.30
$800 < l_n \leq 900$	±3.80	0.20	±1.90	0.35	±3.8	0.50	±7.5	0.90	±15.0	1.40
$900 < l_n \leq 1000$	±4.20	0.25	±2.00	0.40	±4.2	0.60	±8.0	1.00	±17.0	1.50

注：距离测量面边缘 0.8mm 范围内不计。

表 2-2 各等量块长度测量不确定度和长度变动量最大允许值(摘自 JJG 146—2011) μm

标称长度 l_n/mm	1 等		2 等		3 等		4 等		5 等	
	测量不确定度	长度变动量	测量不确定度	长度变动量	测量不确定度	长度变动量	测量不确定度	长度变动量	测量不确定度	长度变动量
$l_n \leq 10$	0.022	0.05	0.06	0.10	0.11	0.16	0.22	0.30	0.6	0.50
$10 < l_n \leq 25$	0.025	0.05	0.07	0.10	0.12	0.16	0.25	0.30	0.6	0.50
$25 < l_n \leq 50$	0.030	0.06	0.08	0.10	0.15	0.18	0.30	0.30	0.8	0.50
$50 < l_n \leq 75$	0.035	0.06	0.09	0.12	0.18	0.18	0.35	0.35	0.9	0.55
$75 < l_n \leq 100$	0.040	0.07	0.10	0.12	0.20	0.20	0.40	0.35	1.0	0.60
$100 < l_n \leq 150$	0.05	0.08	0.12	0.14	0.25	0.20	0.5	0.40	1.2	0.65
$150 < l_n \leq 200$	0.06	0.09	0.15	0.16	0.30	0.25	0.6	0.40	1.5	0.70
$200 < l_n \leq 250$	0.07	0.10	0.18	0.16	0.35	0.25	0.7	0.45	1.8	0.75
$250 < l_n \leq 300$	0.08	0.10	0.20	0.18	0.40	0.25	0.8	0.50	2.0	0.80
$300 < l_n \leq 400$	0.10	0.12	0.25	0.20	0.50	0.30	1.0	0.50	2.5	0.90
$400 < l_n \leq 500$	0.12	0.14	0.30	0.25	0.60	0.35	1.2	0.60	3.0	1.00
$500 < l_n \leq 600$	0.14	0.16	0.35	0.25	0.7	0.40	1.4	0.70	3.5	1.10
$600 < l_n \leq 700$	0.16	0.18	0.40	0.30	0.8	0.45	1.6	0.70	4.0	1.20
$700 < l_n \leq 800$	0.18	0.20	0.45	0.30	0.9	0.50	1.8	0.80	4.5	1.30
$800 < l_n \leq 900$	0.20	0.20	0.50	0.35	1.0	0.50	2.0	0.90	5.0	1.40
$900 < l_n \leq 1000$	0.22	0.25	0.55	0.40	1.1	0.60	2.2	1.00	5.5	1.50

注：
1. 距离测量面边缘 0.8mm 范围内不计。
2. 表内测量不确定度置信概率为 0.99。

3. 量块的特性与使用

量块的基本特性除稳定性和准确性外,还有一个重要特性——研合性(黏合性)。所谓研合性,是指量块的测量面与另一个量块的测量面或经过精密加工的类似的平面,通过分子吸力作用而黏附在一起的性能。每块量块只有一个确定的工作尺寸,为了满足一定尺寸范围内的不同测量尺寸的要求,量块可以组合使用。

研合量块组时,首先用优质汽油将选用的各块量块清洗干净,用洁布擦干,然后以大尺寸量块为基础,顺次将小尺寸量块研合上去。量块研合方法如图2-3所示。

根据GB/T 6093—2001规定,我国生产的成套量块有91块、83块、46块、38块等17种规格。表2-3列出了其中三套量块的尺寸系列。

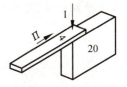

图2-3 量块研合方法

表2-3 成套量块尺寸表(摘自GB/T 6093—2001)

套 别	总块数	级 别	尺寸系列/mm	间隔/mm	块 数
1	91	0,1	0.5		1
			1	0.001	1
			1.001,1.002,…,1.009	0.01	9
			1.01,1.02,…,1.49	0.1	49
			1.5,1.6,…,1.9	0.5	5
			2.0,2.5,…,9.5	10	16
			10,20,…,100		10
2	83	0,1,2	0.5		1
			1		1
			1.005		1
			1.01,1.02,…,1.49	0.01	49
			1.5,1.6,…,1.9	0.1	5
			2.0,2.5,…,9.5	0.5	16
			10,20,…,100	10	10
4	38	0,1,2	1		1
			1.005		1
			1.01,1.02,…,1.09	0.01	9
			1.5,1.6,…,1.9	0.1	9
			2,3,…,9	1	8
			10,20,…,100	10	10

量块的组合原则:

(1) 从所给尺寸的最后一位数字入手,每选一块,至少使尺寸的位数减少一位。

(2) 应尽量减少量块组的块数。一般不超过4块。

例2-1 从83块一套的量块中组合尺寸为38.935 mm的量块组,所组量块的竖式和横式如下:

$$
\begin{array}{rl}
38.935 & 需要组合出的量块尺寸 \\
-)1.005 & 选用第一块量块尺寸1.005 \text{ mm} \\
\hline
37.93 & 剩余尺寸 \\
-)1.43 & 选用第二块量块尺寸1.43 \text{ mm} \\
\hline
36.5 & 剩余尺寸 \\
-)6.5 & 选用第三块量块尺寸6.5 \text{ mm} \\
\hline
30 & 剩余尺寸
\end{array}
$$

$1.005+1.43+6.5+30=38.935$ mm

> **随堂练习**

量块分等、分级的依据是什么？按"级"使用和按"等"使用量块有何不同？

任务二 计量器具与测量方法

> **任务分析**

计量器具和测量方法是实施测量过程和获得精确测量结果的重要手段。通过本任务的学习使学生具有选择和使用计量器具，并应用正确的测量方法进行测量的技能。

2.2.1 计量器具分类

计量器具是量具、量规、量仪和其他用于测量目的的测量装置的总称。

1. 计量器具的基本分类

计量器具包括量具和量仪两大类。

1) 量具——使用时，以固定形式复现一给定量的一个或多个已知值的一种测量器具，如量块、游标卡尺等。

2) 量仪——将被测的或有关的量转换成指示值或等效信息的一种测量器具，如光学比较仪等。

2. 按计量器具结构特点和用途分类

1) 标准量具：测量中用做标准的量具。它是按基准复制出来的一个代表固定尺寸的量具或量仪，在测量中体现标准量。

2) 极限量规：一种没有刻度的专用检验工具。用这种工具不能得到被检验工件的具体尺寸，但能确定被检验工件是否合格，如光滑极限量规、螺纹量规等。

3) 通用计量器具：有刻度并能量出具体数值的量具或量仪。一般分为以下几种：

① 游标量具，如游标卡尺、游标高度尺以及游标量角器等。

② 螺旋测微量具，如外径千分尺、内径千分尺等。

③ 机械量仪，如百分表、千分表、杠杆比较仪、扭簧比较仪等。

④ 光学量仪，如光学计、测长仪、投影仪、干涉仪等。

⑤ 气动量仪，如压力式气动量仪、流量计式气动量仪等。

⑥ 电学量仪，如电感比较仪、电容比较仪、电动轮廓仪等。

⑦ 激光量仪，如激光准直仪、激光干涉仪等。

⑧ 光学电子量仪，如光栅测长机、光纤传感器等。

4) 检测装置：量具、量仪和定位元件等组成的组合体，是一种专用的检验工具。如检验夹具、主动测量装置和坐标测量机等。它使测量工作更为迅速、方便和可靠。

2.2.2 计量器具的基本度量指标

1) 标尺刻度间距 a：指刻度尺或刻度盘上两相邻刻线中心的距离。为了便于目力估计，一般标尺间距为 1～2.5 mm。

2) 分度值 i：指刻度尺上两相邻刻线间的距离所代表的被测量的量值。如千分表的分度值为 0.001 mm，百分表的分度值为 0.01 mm。对于数显式仪器，其分度值称为分辨率。一般说来，分度值越小，计量器具的精度越高。

3) 测量范围：指计量器具所能测量零件的最小值到最大值的范围。如某一千分尺的测量范围为 25～50 mm。某一光学比较仪的测量范围为 0～180 mm。选择计量器具时，被测值必须在其测量范围内。

4) 标尺示值范围：指计量器具刻度标尺或刻度盘内全部刻度所代表的范围。如光学比较仪的标尺示值范围为 ±0.1 mm。

5) 灵敏度 K：指计量器具的指针对被测量的变化的反应能力。对一般长度量仪，灵敏度又称为放大比(放大倍数)，它等于刻度间距 a 与分度值 i 之比，$K=a/i$。一般地说，分度值越小，灵敏度就越高。

6) 测量力：指测量过程中测量仪器测头与被测工件之间的接触力。测量力将引起测量器具和被测件的弹性变形，影响测量精度。

7) 示值误差：指计量器具上的示值与被测量真值的代数差。可以用修正值进行修正。

8) 修正值：为消除系统误差用代数法加到测量结果上的值，其值与示值误差的大小相等，符号相反。

9) 示值变动：指在相同测量条件下，对同一个被测量进行多次重复测量(一般 5～10 次)所得示值中的最大差值。

10) 回程误差：指在相同的条件下，对同一被测量进行往返两个方向测量时，计量器具示值的最大变动量。

11) 不确定度：指由于测量误差的存在而对被测量值不能肯定的程度。它是综合指标，包括了示值误差、回程误差等，不能修正，只能用来估计测量误差的范围。例如，分度值为 0.01 mm 的千分尺在车间条件下，测量 0～50 mm 的尺寸时，其不确定度为 ±0.004 mm，说明测量结果与被测真值之间的差值最大不会大于 +0.004 mm，最小不会小于 -0.004 mm。

2.2.3 测量方法分类

测量方法可以从不同角度进行分类。

1) 按实测量是否为被测量，测量方法可分为直接测量与间接测量。

直接测量，指直接从计量器具上获得被测量的量值的测量方法。如用游标卡尺、外径千分尺测量零件的直径或长度。

间接测量，指测量与被测量有一定函数关系的量，然后通过函数关系算出被测量的测量方法。如测量大型圆柱零件时，可先测出圆周长度 L，然后通过 $D=L/\pi$ 计算被测零件的直径 D。

2) 按示值是否为被测几何量的整个量值，测量方法可分为绝对测量和相对测量(比较测量)。

绝对测量，指计量器具显示或指示的示值是测几何量的整个量值。如用游标卡尺、千分尺测量零件的直径。

相对测量，指从计量器具上仅读出被测量对已知标准量的偏差值，而被测量的量值为计量器具的示值与标准量的代数和。如用比较仪测量时,先使量块调整仪器零位,然后测量轴径,所获得示值就是被测量相对于量块尺寸的偏差。

3) 按零件上同时被测参数的多少,测量方法可分为综合测量与单项测量。

综合测量,指同时测量工件上的几个有关参数,综合地判断工件是否合格。其目的在于保证被测工件在规定的极限轮廓内,以达到互换性的要求,例如,用花键塞规检验花键孔、用齿轮动态整体误差测量仪测量齿轮等。

单项测量,指单个地彼此没有联系地测量工件的单项参数。例如,分别测量螺纹的螺距或半角等。

4) 按被测工件表面与测量仪之间是否有机械作用的测量力,测量方法可分为接触测量与非接触测量。

接触测量,指仪器的测量头与被测零件表面直接接触,并有机械作用的测量力存在。

非接触测量,指仪器的传感部分与被测零件表面间不接触,没有机械测量力存在。例如,光学投影测量、气动量仪测量等。

5) 按测量在机械加工过程中所处的地位,测量方法可分为在线测量与离线测量。

在线测量,指零件在加工中进行的测量,此时测量结果直接用来控制零件的加工过程,它能及时防止和消灭废品。

离线测量,指零件加工完后在检验站进行的测量。此时测量结果仅限于发现并剔除废品。

6) 按被测量或零件在测量过程中所处的状态,测量方法可分为静态测量与动态测量。

静态测量,指被测表面与测量头相对静止,没有相对运动。例如,千分尺测量零件的直径。

动态测量,指被测表面与测量头之间有相对运动,它能反映被测参数的变化过程。例如,用激光丝杠动态检查仪测量丝杠。

7) 按决定测量结果的全部因素或条件是否改变,分为等精度测量和不等精度测量。

等精度测量,指决定测量精度的全部因素或条件都不变的测量。如同一测量者,同一计量器具,同一测量方法,同一被测几何量,所进行的测量。

不等精度测量,指在测量过程中,有一部分或全部因素或条件发生改变。

一般情况下都采用等精度测量。不等精度测量的数据处理比较麻烦,只运用于重要的科研实验中的高精度测量。

以上对测量方法的分类是从不同的角度考虑的,但对一个具体的测量过程,可能同时兼有几种测量方法的特性。例如,用三坐标测量机对工件的轮廓进行测量,则同时使用直接测量、接触测量、在线测量、动态测量等。因此,测量方法的选择应考虑被测对象的结构特点、精度要求、生产批量、技术条件和经济效益等。

测量技术的发展方向是动态测量和在线测量,因为只有将加工和测量紧密结合起来的测量方式才能提高生产效率和产品质量。

2.2.4 常用测量器具的测量原理、基本结构与使用方法

1. 游标卡尺

游标卡尺是利用游标读数原理制成的一种常用量具,它具有结构简单、使用方便、测量范围大等特点。

1) 普通游标卡尺结构,如图 2-4 所示。游标量具的主体是一个刻有刻度的尺身,沿着尺身滑动的尺框上装有游标,游标量具的分度值有 0.02 mm、0.1 mm 和 0.05 mm 三种。

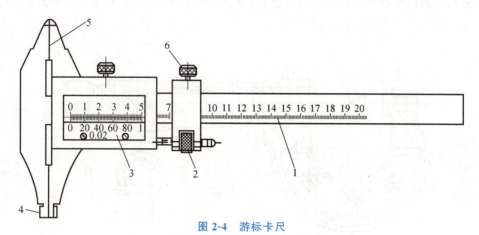

图 2-4　游标卡尺

1—尺身;2—微动螺母;3—尺框(游标);
4—内、外尺寸测量爪;5—外尺寸测量爪;6—锁紧螺钉

2) 游标的读数原理,是利用尺身刻度间距与游标刻度间距之差进行小数读数。以分度值为 0.02 mm 的游标卡尺为例,尺身刻度间距为 1 mm,游标尺的刻度间距为 0.98 mm。当两量爪合并,即游标零线与尺身零线对准时,除游标的最后一根(第 50 格)刻线与尺身(第 49 格)刻线对准外,游标的其他刻线都不与尺身刻度对准,如图 2-5(a)所示。游标的第一根刻线与尺身刻线相差 0.02 mm,游标的第二根刻线与尺身刻线相差 0.04 mm,依此类推。这样就利用尺身刻度间距与游标刻度间距之差,将 1 mm 分成了 50 份,每份 0.02 mm,若将游标向右移动 0.02 mm,则游标的第一根刻线与尺身刻线对准;若向右移动 0.1 mm,则游标的第五根刻线与尺身刻线对准,这时 0.02×5=0.1,为了读数方便,在游标第五根的下方写有数字 10,在第十根的下方写有数字 20,依此类推。

3) 游标的读数方法。

(1) 读出游标零刻线左边所指示的尺身上的刻线,为整数部分。

(2) 观察游标上零刻线右边第几根刻线与尺身刻线对准,用游标刻线的序号乘上分度值,即为小数部分的读数。

(3) 将整数与小数部分相加,即得被测工件的测量尺寸。

读数举例:如图 2-5(b)所示。

整数部分 40 mm;小数部分 0.02×6=0.12 mm;零件尺寸 40+0.12=40.12 mm。

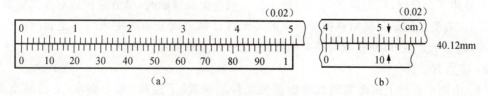

图 2-5　游标卡尺的读数方法

(a) 零位示值;(b) 读数举例

2. 千分尺

千分尺是利用螺旋传动原理制成的量具,分为外径千分尺、内径千分尺与深度千分尺。

1) 外径千分尺的结构,如图 2-6 所示。

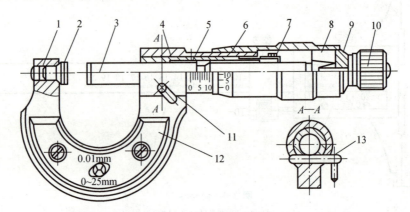

图 2-6　外径千分尺

1—尺架;2—固定测砧;3—活动测砧;4—螺纹轴套;5—固定套筒;6—微分筒;
7—调节螺母;8—接头;9—棘轮旋柄;10—测力装置;11—锁紧手把;12—绝缘板;13—锁紧轴

2) 读数原理。千分尺是应用螺旋副的传动原理,将角位移转变为直线位移。测微螺杆的螺距为 0.5 mm 时,固定套筒上的标尺间距(一般分在两侧)也是 0.5 mm,微分筒的圆锥面上刻有 50 等分的圆周刻线。将微分筒旋转一圈时,测微螺杆轴向位移 0.5mm;当微分筒转过一格时,测微螺杆轴向位移 $0.5×1/50=0.01$ mm,这样,可由微分筒上的刻度精确地读出测微螺杆轴向位移的小数部分。因此,千分尺的分度值为 0.01 mm。

常用的外径千分尺的测量范围有 0～25 mm、25～50 mm、50～75 mm。以至几米以上,但测微螺杆的测量位移一般均为 25 mm。外径千分尺的读数如图 2-7 所示。

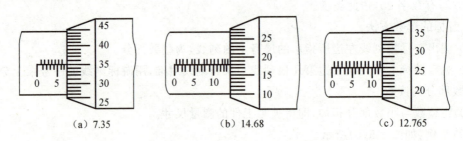

(a) 7.35　　　　　　　　(b) 14.68　　　　　　　　(c) 12.765

图 2-7　外径千分尺读数举例

在使用千分尺时,应先对准"0"位,即千分尺两测量面接触时,微分筒棱边对准固定套管零刻线,固定套管上的纵刻线对准微分筒上的零刻线。如果微分筒的零线与固定套筒的中线没有对准,可记下差数,以便在测量结果中除去;也可在测量前加以调整。

3) 读数方法。

(1) 由固定套管上露出的刻线读出被测工件的整数(下边格)和半毫米(上边格出来,加 0.5 mm)数。

(2) 在微分筒上由固定套管纵刻线所对准的刻线读出被测工件的小数部分;不足一格的数,由估读法确定。

(3) 将整数和小数部分相加,即为被测工件尺寸,如图 2-7 所示。

3. 百分表

百分表是一种应用最广的机械量仪,其外形及传动如图 2-8 所示。

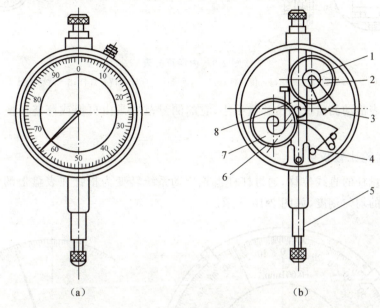

图 2-8　百分表

1—小齿轮;2,7—大齿轮;3—中间齿轮;4—弹簧;5—测量杆;6—指针;8—游丝

从图 2-8 可以看到,当切有齿条的测量杆 5 上下移动时,带动与齿条相啮合的小齿轮 1 转动,此时与小齿轮固定在同一轴的大齿轮 2 也跟着转动。通过大齿轮即可带动中间齿轮 3 及与中间齿轮固定在同一轴上的指针 6。这样通过齿轮传动系统就可将测量杆的微小位移经放大转变为指针的偏转,并由指针在刻度盘上指示出相应的数值。

为了消除齿轮传动系统中由于齿侧间隙而引起的测量误差,在百分表内装有游丝 8,由游丝产生的扭转力矩作用在大齿轮 7 上,大齿轮 7 也与中间齿轮 3 啮合,这样可保证齿轮在正反转时都在同一齿侧面啮合。弹簧 4 是用来控制百分表测量力的。

百分表的分度值为 0.010 mm,表盘圆周刻有 100 条等分刻线。因此,百分表的齿轮传动系统应使测量杆移动 1 mm,指针回转一圈。百分表的示值范围有 0～3 mm、0～5 mm、0～10 mm 三种。

4. 内径百分表

内径百分表是一种用相对测量法测量孔径的常用量仪,它可测量 6～1 000 mm 的内尺寸,特别适合于测量深孔。内径百分表的结构如图 2-9 所示,它由百分表和表架等组成。

百分表 6 的测量杆与传动杆 4 始终接触,弹簧 5 是控制测量力的,并经传动杆 4、杠杆 7 向外顶着活动测量头 8。测量时,活动测量头 8 的移动使杠杆 7 回转,通过传动杆 4 推动百分表 6 的测量杆,使百分表指针偏转。由于杠杆 7 是等臂的,当活动测量头移动 1 mm 时,传动杆也移动 1 mm,推动百分表指针同转一圈。所以,活动测量头的移动量可以在百分表上读出来。

定位装置 9 起找正直径位置的作用,因为可换测量头 1 和活动测量头 8 的轴线实为定位装置的中垂线,此定位装置保证了可换测量头和活动测量头的轴线位于被测孔的直径位置上。

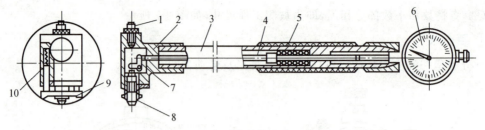

图 2-9　内径百分表

1—可换测量头；2—测量套；3—测杆；4—传动杆；5,10—弹簧；6—百分表；7—杠杆；8—活动测量头；9—定位装置

内径百分表活动测量头的位移量很小，它的测量范围是由更换或调整可换测量头的长度来达到的。

5. 杠杆齿轮比较仪

它是将测量杆的直线位移，通过杠杆齿轮传动系统转变为指针在表盘上的角位移。表盘上有不满一周的均匀刻度，如图 2-10 所示。

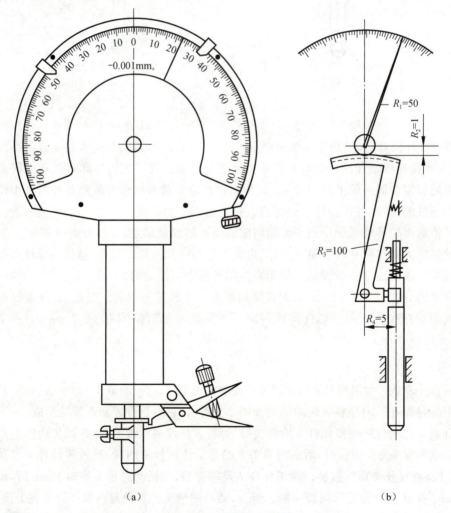

图 2-10　杠杆齿轮比较仪

(a) 外形图；(b) 传动示意图

当测量杆移动时,使杠杆绕轴转动,并通过杠杆短臂 R_4 和长臂 R_3 将位移放大,同时,扇形齿轮带动与其啮合的小齿轮转动,这时小齿轮分度圆半径 R_2 与指针长度 R_1 又起放大作用,使指针在标尺上指示出相应的测量杆的位移值。

K 为杠杆齿轮比较仪的灵敏度,其计算公式为

$$K = \frac{R_1}{R_2}\frac{R_3}{R_4} = \frac{50}{1} \times \frac{100}{5} = 1\,000$$

杠杆齿轮比较仪的分度值为 0.001 mm,标尺示值范围为 ±0.1 mm。

6. 新技术的应用

随着科学技术的发展,测量技术已从应用机械原理、几何光学原理发展到应用更多的、新的物理原理,应用最新的技术成就,如光栅、激光、感应同步器、磁栅及射线技术等。

> **随堂练习**

1. 试述常用计量器具的使用方法。
2. 若用标称尺寸为 20 mm 的量块将百分表调零后,测量某零件的尺寸,百分表读数为 +30 μm,经检定量块实际尺寸为 20.006 mm。试计算:
   (1) 百分表的零位误差和修正值。
   (2) 被测零件的实际尺寸(不计百分表的示值误差)。

任务三　测量误差及数据处理

> **任务分析**

误差分析和测量数据处理是减少和避免误差的理论基础,通过本任务的学习,使学生具有分析误差和数据处理的能力。

2.3.1　测量误差的概念与产生原因

在测量过程中,总存在着测量误差。任何测量结果都不可能绝对精确,只是近似地接近真值。测量误差就是测量结果与被测量的真值之差。即

$$\delta = l - u \tag{2-2}$$

式中　δ——测量误差;
　　　l——测得值;
　　　u——被测量的真值。

1) 绝对误差 δ:是指测得值 χ 与其真值 x_0 之差的绝对值,即

$$\delta = |\chi - x_0| \tag{2-3}$$

由于测得值 χ 可能大于或小于真值 x_0,所以测量误差 δ 可能是正值也可能是负值。因此,真值可用下式表示:

$$x_0 = \chi \pm \delta \tag{2-4}$$

上式说明,可用测得值 χ 和测量误差 δ 来估算真值 x_0 所在的范围。测量误差的绝对值越小,

说明测得值越接近真值,因此测量精度就高。反之,测量精度就低。

用绝对误差表示测量精度,适用于评定或比较大小相同的被测量的测量精度。对于大小不同的被测量,则需要用相对误差来评定或比较它们的测量精度。

2) 相对误差 f:测量的绝对误差与被测量的真值之比的绝对值。由于真值不知道,实践中常用测量结果代替;相对误差是一个无量纲的数据,常用百分数表示,即

$$f = \frac{|\chi - \chi_0|}{\chi_0} \times \% = \frac{|\delta|}{\chi_0} \times \% \approx \frac{|\delta|}{\chi} \times 100\% \tag{2-5}$$

例如,测量某两个轴颈尺寸分别为 20 mm 和 200 mm,它们的相对误差分别为 $f_1 = 0.02/20 = 0.1\%$,$f_2 = 0.02/200 = 0.01\%$,故后者的测量精度高。

3) 极限误差 $\delta_{\lim}$:绝对误差的变化范围。即在一定置信概率下,所求真值 χ_0 位于测得值 χ 附近的最小范围。

$$\chi - \delta_{\lim} \leqslant \chi_0 \leqslant \chi + \delta_{\lim}$$

或

$$\chi_0 = \chi \pm \delta_{\lim}$$

2.3.2 测量误差的来源

产生测量误差的因素很多,主要有以下几个方面:

1. 计量器具的误差

计量器具的误差是指计量器具本身所具有的误差,包括计量器具的设计、制造和使用过程中的各项误差,这些误差的综合反映可用计量器具的示值精度或确定度来表示。

此外,相对测量时使用的标准量,如量块、线纹尺等误差,也将直接反映到测量结果中。

2. 测量方法误差

测量方法误差是指测量方法不完善所引起的误差。包括计算公式不准确、测量方法选择不当、测量基准不统一、工件安装不合理以及测量力等引起的误差。例如测量大圆柱的直径 D,先测量周长 L,再按 $D = L/\pi$ 计算直径,若取 $\pi = 3.14$,则计算结果会带入 π 取近似值的误差。

3. 测量环境误差

测量环境误差是指测量时的环境条件不符合标准条件所引起的误差。环境条件是指湿度、温度、振动、气压和灰尘等。其中,温度对测量结果的影响最大。例如,测量时,由于被测零件与标准件的温度偏离标准温度(20 ℃)而引起的测量误差,可按下式进行计算:

$$\Delta L = L[a_2(t_2 - 20) - a_1(t_1 - 20)] \tag{2-6}$$

式中 ΔL——测量误差;

L——被测尺寸;

t_1,t_2——计量器具和被测工件的温度,单位为℃;

a_1,a_2——计量器具和被测工件的线膨胀系数。

为了减少温度引起的测量误差,一般高准确度测量均在恒温条件下进行,并要求被测工件与计量器具温度一致。

4. 人员误差

人员误差是指测量人员的主观因素所引起的误差。例如,测量人员技术不熟练、视觉偏差、估读判断错误等引起的误差。

总之,造成测量误差的因素很多,测量时应采取相应的措施,设法减小或消除它们对测量结果的影响,以保证测量的精度。

2.3.3 测量误差的分类及处理方法

1. 测量误差的分类及特性

测量误差按其性质可分为系统误差、随机误差和粗大误差。

1) 系统误差:指在相同条件下,多次重复测量同一量时,其误差的大小和符号保持不变或按一定规律变化的误差。前者称为定值系统误差,后者称为变值系统误差。例如,用千分尺测量零件时,千分尺零位调整不正确对各次测量结果的影响是相同的。因此引起的测量误差为定值系统误差。又如指示表的刻度盘与指针回转轴偏心所引起的按正弦规律周期变化的测量误差,属于变值系统误差。

2) 随机误差:指在相同条件下,多次测量同一量值时,其误差的大小和符号以不可预见的方式变化的误差。随机误差是测量过程中许多独立的、微小的、随机的因素引起的综合结果。如计量器具中机构的间隙、运动件间的摩擦力变化、测量力的不恒定和测量温度、湿度的波动等引起的测量误差都属于随机误差。在同一测量条件下,重复进行的多次测量中,不可避免会产生随机误差,随机误差既不能用实验方法消除,也不能修正。就某一次具体测量而言,随机误差的大小和符号是没有规律的,但对同一被测量进行连续多次重复测量而得到一系列测得值(简称测量列)时,它们的随机误差的总体存在着一定的规律性。大量实验表明,随机误差通常服从正态分布规律。因此,可以利用概率论和数理统计的一些方法来掌握随机误差的分布特性,估算误差范围,对测量结果进行处理。

(1) 随机误差的分布规律及特性。

设用立式光学计对同一零件的某一部位用同一方法进行 150 次重复测量,然后将 150 个测得值按尺寸大小分组列入表 2-4 中。从 7.131~7.141 mm 每隔 0.001 mm 为一组,共分 11 组。每组尺寸范围如表中第二列所示。每组出现次数 n_i(频数)列于表第四列。若零件总的测量次数用 N 表示,则可算出各组的相对出现次数 n_i/N(频率),见表第五列。将这些数据画成图表,横坐标表示测得值 X_i,纵坐标表示出现的频率 n_i/N,得到图 2-11(a) 所示的图形,称频率直方图。连接每个小方图的上部中点得到一折线,称为实际分布曲线,如果测量次数足够多且分组足够细,则会得到一条光滑曲线,即正态分布曲线,如图 2-11(b) 所示。从大量实际分布曲线中,可看出多数随机误差的统计规律。

随机误差通常服从正态分布规律,具有如下四个基本特性:

① 单峰性绝对值小的误差比绝对值大的误差出现的次数多。

② 对称性绝对值相等,符号相反的误差出现的次数大致相等。

③ 有界性在一定测量条件下,随机误差绝对值不会超过一定的界限。

④ 抵偿性对同一量在同一条件下进行重复测量,其随机误差的算术平均值随测量次数的增加而趋于零。

表 2-4 测得值的分布

组别	测量值范围/mm	测量中值 X_i/mm	出现次数 n_i	相对出现次数 n_i/N/%
1	7.130 5～7.131 5	$X_1=7.131$	$n_1=1$	0.007
2	7.131 5～7.132 5	$X_2=7.132$	$n_2=3$	0.020
3	7.132 5～7.133 5	$X_3=7.133$	$n_3=8$	0.054
4	7.133 5～7.134 5	$X_4=7.134$	$n_4=18$	0.120
5	7.134 5～7.135 5	$X_5=7.135$	$n_5=28$	0.187
6	7.135 5～7.136 5	$X_6=7.136$	$n_6=34$	0.227
7	7.136 5～7.137 5	$X_7=7.137$	$n_7=29$	0.193
8	7.137 5～7.138 5	$X_8=7.138$	$n_8=17$	0.113
9	7.138 5～7.139 5	$X_9=7.139$	$n_9=9$	0.060
10	7.139 5～7.140 5	$X_{10}=7.140$	$n_{10}=2$	0.013
11	7.140 5～7.141 5	$X_{11}=7.141$	$n_{11}=1$	0.007

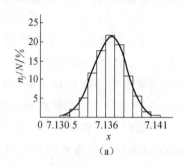
(a)

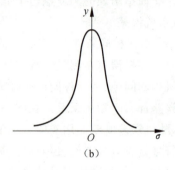
(b)

图 2-11 频率直方图和正态分布曲线

(2) 随机误差的评定指标。

由概率论可知,正态分布曲线可用其分布密度进行描述,即

$$y = \frac{1}{\sigma\sqrt{2\pi}} e^{-\frac{(x-x_0)^2}{2\sigma^2}} = \frac{1}{\sigma\sqrt{2\pi}} e^{-\frac{\delta^2}{2\sigma^2}} \tag{2-7}$$

式中　y——随机误差的概率分布密度;

　　　x——随机变量;

　　　x_0——数学期望(作为真值);

　　　δ——随机误差;

　　　σ——标准偏差;

　　　e——自然对数的底($e=2.718\,28$)。

从上式可以看出,概率密度 y 与随机误差 δ 及标准偏差 σ 有关,当 $\delta=0$ 时,y 最大,即 $y_{\max}=\frac{1}{\sigma\sqrt{2\pi}}$。不同的 σ 对应不同形状的正态分布曲线,σ 越小,$y_{\max}$ 值越大,曲线越陡,随机误差分布越集中,即测得值分布越集中,测量的精密度越高。反之,σ 越大,曲线越平坦,随机误差分布越分散,即测得值分布越分散,测量的精密度越低,如图 2-12 所示。图中 $\sigma_1<\sigma_2<\sigma_3$,而 $y_{1\max}>y_{2\max}>y_{3\max}$。

根据误差理论,随机误差的标准偏差 σ 的数学表达式为

$$\sigma = \sqrt{\frac{\delta_1^2 + \delta_2^2 + \cdots + \delta_n^2}{n}} = \sqrt{\frac{\sum_{i=1}^{n} \delta_i^2}{n}} \quad (2\text{-}8)$$

式中　n——测量次数;

δ_i——随机误差,即各次测得值与其真值之差。

(3) 随机误差的极限值。

由随机误差的有界性可知,随机误差不会超出某一范围。随机误差的极限值是指测量极限误差,也就是测量误差可能出现的极限值。

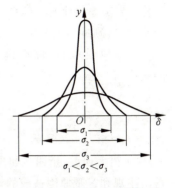

图 2-12　标准偏差对随机差

若把整个误差曲线下包围的面积看做是所有随机误差出现的概率之和 P,便可得到下式:

$$P = \int_{-\infty}^{+\infty} y \mathrm{d}\delta = \int_{-\infty}^{+\infty} \frac{1}{\sigma \sqrt{2\pi}} \mathrm{e}^{-\frac{\delta^2}{2\sigma^2}} \mathrm{d}\delta = 1$$

研究随机误差出现在正、负无穷大区间的概率是没有实际意义的。在计量工作实践中,要研究的是随机误差出现在 $\pm\delta$ 范围内的概率 P,于是便有

$$P = \frac{1}{\sigma \sqrt{2\pi}} \int_{-\infty}^{+\infty} \mathrm{e}^{-\frac{\delta^2}{2\sigma^2}} \mathrm{d}\delta$$

将上式进行变量置换,设 $t = \delta/\sigma$,则有

$$\mathrm{d}t = \frac{\mathrm{d}\delta}{\sigma}$$

将其代入上式可得

$$P = \frac{1}{\sqrt{2\omega}} \int_{-t}^{+t} \mathrm{e}^{-\frac{t^2}{2}} \mathrm{d}t = \frac{2}{\sqrt{2\pi}} \int_{0}^{t} \mathrm{e}^{-\frac{t^2}{2}} \mathrm{d}t$$

又写成如下形式

$$P = 2\Phi(t)$$

$\Phi(t)$ 称为拉普拉斯函数,也称概率积分。只要给出 t 值便可算出概率。不同的 t 值对应的概率可从有关手册中查得,为了使用方便,表 2-5 列出了四个不同 t 值对应的概率。

表 2-5　四个不同 t 值对应的概率

t	$\delta = t\sigma$	不超出 $|\delta|$ 的概率 $P = 2\phi(T)$	超出 $|\delta|$ 的概率 $P' = 1 - P$
1	1σ	0.682 6	0.317 4
2	2σ	0.954 4	0.065 6
3	3σ	0.997 3	0.002 7
4	σ	0.999 36	0.000 64

从表 2-5 中 t 与概率的数值关系上可以发现,随着 t 的增大,概率并没有明显的增大。当 $t=3$ 时,随机误差 δ 在 $\pm 3\sigma$ 范围内的概率为 99.73%,超出 $\pm 3\sigma$ 的概率只有 0.27%。可以近似地认为超出 $\pm 3\sigma$ 的可能性为零。

因此,在估计测量结果的随机误差时,往往把 $\pm 3\sigma$ 作为随机误差的极限值,即测量极限误差为

$$\delta_{\lim} = \pm 3\sigma \quad (2\text{-}9)$$

称 t 为误差估计的置信系数,把 t 对应的概率称为置信概率。按 $\delta_{\lim}=\pm3\sigma$ 式估计随机误差的意义是:测量结果中包含的随机误差不超过 $\delta_{\lim}=\pm3\sigma$ 的可信赖程度达到 99.73%。

简单地说就是,标准偏差 σ 确定后,在 δ/σ 一定时,利用正态分布曲线,求随机误差的概率。

$$\delta=\pm\sigma \quad P=68.26\%$$
$$\delta=\pm2\sigma \quad P=95.44\%$$
$$\delta=\pm3\sigma \quad P=99.73\%$$

3) 粗大误差:指明显超出规定条件下预期的误差。它明显地歪曲了测量结果。粗大误差是由主观和客观原因造成的,主观原因如测量人员疏忽造成读数误差和记录误差。客观原因如外界突然振动引起的误差等。

对系统误差应设法消除或减小其对测量结果的影响;对随机误差需经计算确定其对测量结果的影响;对粗大误差应剔除。

2. 测量结果的数据处理

对测量结果进行处理是为了找出被测量最可信的数值以及评定这一数值所包含的误差。在相同的测量条件下,对同一被测量进行连续测量,得到一测量列。测量列中可能同时存在系统误差、随机误差和粗大误差,因此必须对这些误差进行处理。

1) 系统误差的发现和消除。

系统误差一般通过标定的方法获得。从数据处理的角度出发,发现系统误差的方法有多种,直观的方法是"残差观察法",即根据测量值的残余误差,列表或作图进行观察。若残差大体正负相同,无显著变化规律,则可认为不存在系统误差;若残差有规律地递增或递减,则存在线性系统误差;若残差有规律地逐渐由负变正或由正变负,则存在周期性系统误差。当然这种方法不能发现定值系统误差。

发现系统误差后需采取措施加以消除。若已知测量结果(即未修正的结果)中包含的系统误差大小和符号,则可用测量结果减去已知的系统误差值,从而获得不含(或少含)系统误差的测量结果(已修正结果)。也可将已知系统误差取相反的符号,变为修正值,并用代数法将此修正值与未修正测量结果相加,从而计算出已修正的结果。

用简式表示为

$$测量结果=读数-修正值(初始值)$$

还可以用两次读数方法消除系统误差等。例如,测量螺纹参数时,可以分别测出左右牙面螺距,然后取平均值,则可减小安装不正确引起的系统误差。

2) 测量列随机误差的处理。

为了正确地评定随机误差,在测量次数有限的情况下,必须对测量列进行统计处理。

(1) 测量列的算术平均值 $\bar{x}$:在评定有限测量次数测量列的随机误差时,必须获得真值,但真值是不知道的,因此,只能从测量列中找到一个接近真值的数加以代替,这就是测量列的算术平均值。

在同一条件下,对同一个量进行多次(n)重复测量,由于测量误差的影响,将得到一系列不同的测得值 $x_1,x_2,\cdots,x_n$,这些量的算术平均值为

$$\bar{x} = \frac{x_1 + x_2 + \cdots + x_n}{n} = \frac{\sum\limits_{i=1}^{n} x_i}{n} \tag{2-10}$$

如果在消除了系统误差的前提下,对某一量进行无数次等精度测量,所有测得值的算术平均值就等于真值。

证明如下:由 $\delta = \chi - \chi_0$ 得 $\quad \delta_1 = \chi_1 - x_0$

$$\delta_2 = \chi_2 - x_0$$

$$\cdots$$

$$\delta_n = \chi_n - x_0$$

各式相加得 $\quad \sum\limits_{i=1}^{n} \delta_i = \sum\limits_{i=1}^{n} \chi_i - n\chi_0$

由随机误差特性(抵偿性)可知,当 $n \to \infty$ 时,$\dfrac{\sum\limits_{i=1}^{n} \delta_i}{n} \to 0$,所以

$$\bar{x} = \frac{\sum\limits_{i=1}^{n} \chi_i}{n} = x_0$$

事实上,做无数次测量是不可能的,在进行有限次测量,仍可证明各次测得值的算术平均值 $\bar{x}$ 最接近真值 x_0。所以,当测量列中没有系统误差和粗大误差时,一般取全部测得值的算术平均值 $\bar{x}$ 作为测量结果。

(2)残差及其应用。

残差是指测量列中的一个测得值 x_i 和该测量列的算术平均值 $\bar{x}$ 之差,记作 ν_i。

$$\nu_i = x_i - \bar{x} \tag{2-11}$$

由符合正态分布规律的随机误差的分布特性可知残差具有两个特性:

① 残差的代数和等于零,即 $\sum\limits_{i=1}^{n} \nu_i = 0$。

② 残差的平方和为最小,即 $\sum\limits_{i=1}^{n} \nu_i^2 = \min$。

实际应用中,常用 $\sum\limits_{i=1}^{n} \nu_i = 0$ 来验证数据处理中求得的 $\bar{x}$ 与 ν_i 是否正确。

对于有限测量次数的测量列,由于真值未知,所以其随机误差 δ_i 也是未知的,为了方便评定随机误差,在实际应用中,常用残差 ν_i 代替 δ_i 计算总体标准偏差,此时所得之值称为总体标准偏差 σ 的估计值。用下式表示为

$$S = \sqrt{\frac{\sum\limits_{i=1}^{n} \nu_i^2}{n-1}} \tag{2-12}$$

总体标准偏差 σ 的估计值 S 称为实验标准偏差,简称标准差。当将一列 n 次测量作为总体取样时,可用 S 代替评定总体标准偏差。

由式(2-7)估算出 S 后,便可取 $\pm 3S$ 代替作为单次测量的极限误差。即

$$\delta_{\lim} = \pm 3S \tag{2-13}$$

③ 测量列算术平均值的标准偏差 $\sigma_{\bar{x}}$。

如前所述,当重复测量次数 $n \to \infty$ 时,测得值的算术平均值 $\bar{x}$ 比任何一个测得值 x_i 都接近真值 x_0。但实际测量的次数总是有限的,算术平均值本身也是一个随机变量,且都围绕着真值变动,但重复测量的算术平均值的变动范围比单次测得值的变动范围小,有理由认为重复测量的算术平均值精度比单次测量的精度高。因此,其精度指标也要用相应的算术平均值的标准偏差 $\sigma_{\bar{x}}$ 来表示。

σ 表示测量列中单次测得值 x_i 对真值 x_0 的分散程度。$\sigma_{\bar{x}}$ 表示平均值 $\bar{x}$ 对真值 x_0 的分散程度。根据误差理论,算术平均值的标准偏差 $\sigma_{\bar{x}}$ 与测量列中单次测量的标准偏差 σ 有如下关系(公式推导略):

$$\sigma_{\bar{x}} = \frac{\sigma}{\sqrt{n}} \tag{2-14}$$

式中 n——每组的测量次数。

由式(2-11)可知,增加测量次数,算术平均值的标准偏差 $\sigma_{\bar{x}}$ 将减小,即测量精度可提高。但当 S 一定时,$n>10$ 以后,$\sigma_{\bar{x}}$ 减小缓慢,故在实际生产中,一般情况下取 $n \leqslant 10$。

测量列算术平均值的测量极限误差可表示为

$$\delta_{\lim(\bar{x})} = \pm 3\sigma_{\bar{x}} \tag{2-15}$$

测量列的测量结果可表示为

$$x_0 = \bar{x} \pm \delta_{\lim(\bar{x})} = \bar{x} \pm 3\sigma_{\bar{x}} = \bar{x} \pm 3 \frac{\sigma}{\sqrt{n}} \tag{2-16}$$

这时的置信概率:$P = 99.73\%$。

3) 粗大误差的处理。

粗大误差的特点是数值比较大,对测量结果产生明显的歪曲,对它的处理原则是:按一定规则从测量数据中将其剔除。判断粗大误差常用拉依达准则,又称 3σ 准则。

当测量列服从正态分布时,在 $\pm 3\sigma$ 外的残差的概率仅有 0.27%,即在连续 370 次测量中只有一次测量的残差超出 $\pm 3\sigma$($370 \times 0.0027 \approx 1$),而实际上连续测量的次数绝不会超过 370 次,测量列中就不应该有超过 $\pm 3\sigma$ 的残差。因此,在有限次测量时,凡残余误差超过 $3S$ 时,即

$$|\nu_i| > 3S$$

则认为该残差对应的测得值含粗大误差,应予以剔除。

当测量次数小于或等于 10 次时,不能使用拉依达准则。

例 2-2 用立式光学计对一个直径为 $\phi 25_{-0.006}^{\ 0}$ 的轴,在某一截面上做等精度测量,重复测量 10 次,测得值 χ_i 列于下表中;假设系统误差已消除,粗大误差已剔除,试确定测量结果。

解:(1) 计算测量列的算术平均值 $\bar{x}$。

$$\bar{x} = \frac{\sum_{i=1}^{n} \chi_i}{n} = \frac{249.997}{10} = 24.9997 \text{ mm}$$

所以轴的直径可靠值为 ϕ24.999 7 mm。

(2) 列表计算残差 ν。

序号	系列测得值 χ_i/mm	残余误差 v_i/μm $\nu_i = \chi_i - \bar{x}$	残余误差的平方 ν_i^2/μm
1	24.999 4	−0.3	0.09
2	24.999 9	+0.2	0.04
3	24.999 9	+0.2	0.04
4	24.999 4	−0.3	0.09
5	24.999 9	+0.2	0.04
6	24.999 8	+0.1	0.01
7	24.999 6	−0.1	0.01
8	24.999 8	+0.1	0.01
9	24.999 8	+0.1	0.01
10	24.999 5	−0.2	0.04
	算术平均值 $\bar{x}$ = 24.999 7 mm	$\sum_{i=1}^{n}\nu_i = 0$（无系统误差）	$\sum_{i=1}^{n}\nu_i^2 = 0.38$ μm²

(3) 计算测量列单次测量的标准偏差 σ。

$$\sigma \approx S = \sqrt{\frac{\sum_{i=1}^{n}\nu_i^2}{n-1}} = \sqrt{\frac{0.38}{9}}\ \mu m = 0.21\ \mu m$$

(4) 计算算术平均值的标准偏差 $\sigma_{\bar{x}}$。

$$\sigma_{\bar{x}} = \frac{\sigma}{\sqrt{n}} = \frac{0.21}{\sqrt{10}}\ \mu m = 0.066\ 4\ \mu m$$

(5) 测量列单次测量的极限误差 $\delta_{\lim}$。

$$\delta_{\lim} = \pm 3\sigma = \pm 3S = \pm 3 \times 0.21 = \pm 0.63\ \mu m \approx \pm 0.000\ 6\ mm$$

(6) 测量列算术平均值的极限误差 $\delta_{\lim(\bar{x})}$。

$$\delta_{\lim(\bar{x})} = \pm 3\sigma_{\bar{x}} = \pm 3 \times 0.066\ 4 = \pm 0.199\ \mu m \approx \pm 0.000\ 2\ mm$$

(7) 测量结果。

① 用平均值表示：$\chi = \bar{x} \pm 3\sigma_{\bar{x}} = 24.999\ 7 \pm 0.000\ 2$ mm

② 还可用单次测得值表示（如第7次测得值）：$\chi_7' = 24.999\ 6 \pm 0.000\ 6$ mm

24.999 7（24.999 6）是测量结果，±0.000 2（±0.000 6）是随机误差可能存在的范围。比较两式可以看出，单次测量结果的误差大，测量可靠性差；因此，精密测量中常用重复测量的测得值的算术平均值作为测量结果，用算术平均值的标准偏差或算术平均值的极限误差评定算术平均值的精密度。

2.3.4 关于测量精度的几个概念

测量精度是指测得值与其真值的接近程度。测量精度和测量误差从两个不同的角度说明了同一个概念。测量精度越高，则测量误差就越小，反之，测量误差就越大。

由于在测量过程中存在系统误差和随机误差，从而有以下概念：

1) 正确度：在规定的条件下测量结果与真值的符合程度。它表示测量结果中系统误差对测量结果的影响程度。若系统误差小,则正确度高。

2) 精密度:在一定条件下进行多次测量时,各测得值彼此之间的一致性程度。它表示随机误差对测量结果的影响程度。若随机误差小,则精密度高。

3) 准确度(精确度):表示测量结果与真值的一致程度。它是系统误差和随机误差综合影响的程度。若系统误差和随机误差都小,则准确度高。

一般说来,精密度高而正确度不一定高,但精确度高时,精密度和正确度必定都高。

以射击打靶为例加以说明,如图2-13(a)所示,表示打靶精密度高而正确度低,即随机误差小而系统误差大;图2-13(b)中,表示打靶正确度高而精密度低,即系统误差小而随机误差大;图2-13(c)中,表示打靶准确度高,即系统误差和随机误差都小;图2-13(d)中,表示打靶准确度低,即系统误差和随机误差都大。

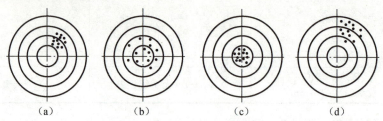

图 2-13　精密度、正确度和准确度
(a) 精密度高;(b) 正确度高;(c) 准确度高;(d) 准确度低

▶ 随堂练习

举例说明随机误差、系统误差和粗大误差的特性和不同。当测量中产生随机误差、系统误差和粗大误差时应如何进行处理?

任务四　光滑工件尺寸的检测

▶ 任务分析

通过对一些光滑工件尺寸的检测,使学生具有利用测量尺寸来判断工件尺寸是否合格和正确选择计量器具的能力。

2.4.1　概述

工件尺寸的检测是使用普通计量器具来测量尺寸,并按规定的验收极限判断工件尺寸是否合格,是兼有测量和检验两种特性的一个综合鉴别过程。

由于存在测量误差,测量孔和轴所得的实际尺寸并非真实尺寸,即

$$真实尺寸 = 测得的实际尺寸 \pm 测量误差$$

在生产中,特别是在批量生产时,一般不可能采用多次测量取平均值的办法来减小随机误差以提高测量精度,也不会对温度、湿度等环境因素引起的测量误差进行修正,通常只进行一次测量来判断工件尺寸是否合格。因此,若根据实际尺寸是否超出极限尺寸来判断其合格性,即以孔、轴的极限尺寸作为孔、轴尺寸的验收极限,则当测得值在工件上、下极限尺寸附近时,

就有可能将真实尺寸处于公差带之内的合格品判为废品,称为误废,或将真实尺寸处于公差带之外的废品判为合格品,称为误收,误收会影响产品质量,误废会造成经济损失。因此,在测量工件尺寸时,必须正确确定验收极限。

为了保证产品质量,国家标准 GB/T 3177—2009《光滑工件尺寸的检验》对验收原则、验收极限、检验尺寸用的计量器具的选择以及仲裁等作出了规定,以保证验收合格的尺寸位于根据零件功能要求而确定的尺寸极限内。该标准适用于车间使用的普通计量器具(如各种千分尺、游标卡尺、比较仪、指示计等)、公差等级 IT6~IT18 以及一般公差(未注公差)尺寸的检验。

2.4.2 验收极限和安全裕度 A

GB/T 3177—2009 规定的验收原则是:所有验收方法应只接收位于规定的尺寸极限之内的工件。即允许有误废而不允许有误收。为了保证零件既满足互换性要求,又将误废减至最少,国家标准规定了验收极限。

1. 验收极限

验收极限是指检验工件尺寸时判断其尺寸合格与否的尺寸界限。国家标准规定了两种验收极限方式,并明确了相应的计算公式。

方式一:内缩的验收极限

内缩的验收极限是从规定的上极限尺寸和下极限尺寸分别向工件公差带内移动一个安全裕度(A)来确定,如图 2-14 所示。

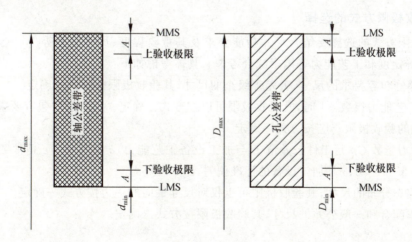

图 2-14 验收极限的配置

安全裕度 A,即测量不确定度(由于测量误差的存在而使被测量值不能肯定的程度)的允许值。测量不确定度,由测量器具的不确定度 u_1($u_1=0.9A$)和温度、工件形位误差与压陷效应及测量方法误差等因素所引起的不确定度 u_2($u_2=0.45A$)两部分组成,其误差合成为 $\sqrt{u_1^2+u_2^2}=\sqrt{(0.9A)^2+(0.45A)^2}\approx 1A$。$A$ 值选择得大,易于保证产品质量,但生产公差减小过多,误废率相应增大,加工的经济性差。A 值选择得小,加工经济性好,但为了保证较小的误收率,就要提高对计量器具精度的要求,带来计量器具选择的困难。因此国家标准规定 A 值按工件公差的 1/10 确定,其数值见表 2-6。

表 2-6　安全裕度 A 及测量器具不确定度允许值 u_1　　　　　　mm

工件公差		安全裕度 A	测量器具不确定度允许值 u_1	工件公差		安全裕度 A	测量器具不确定度允许值 u_1
大于	小于			大于	小于		
0.009	0.018	0.001	0.000 9	0.180	0.320	0.018	0.016
0.018	0.032	0.002	0.001 8	0.320	0.580	0.032	0.029
0.032	0.058	0.003	0.002 7	0.580	1.000	0.060	0.054
0.058	0.100	0.006	0.005 4	1.000	1.800	0.100	0.090
0.100	0.180	0.0101	0.009	1.800	3.200	0.180	0.160

工件上验收极限＝上极限尺寸－A

工件下验收极限＝下极限尺寸＋A

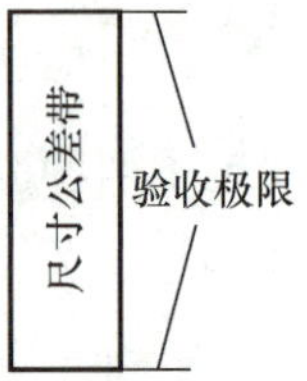

由于验收极限向工件的公差带内移动,为了保证验收时合格,在生产时工件不能按原来的极限尺寸加工,应按由验收极限所确定的范围生产,这个范围称为"生产公差"。

生产公差 ＝ 上验收极限 － 下验收极限

方式二:不内缩的验收极限

不内缩的验收极限等于规定的上极限尺寸和下极限尺寸,即 A 值等于零,如图 2-15 所示。

图 2-15　不内缩的验收极限

2. 验收极限方式的选择

验收极限方式的选择要结合尺寸功能要求及其重要程度、尺寸公差等级、测量不确定度和工艺能力等因素综合考虑。具体考虑如下:

1) 对遵守包容要求的尺寸、公差等级小的尺寸,其验收极限按方式一确定。

2) 当工艺能力指数≥1 时,其验收极限可以按方式二确定。但对遵守包容要求的尺寸,最大实体极限的验收极限仍应按方式一确定。

工艺能力指数 Cp 是工件公差值 T 与加工设备工艺能力 $c\sigma$ 之比值。c 是常数,工件尺寸遵循正态分布时 $c=6$;σ 是加工设备的标准偏差,$Cp=T/6\sigma$。

3) 对偏态分布的尺寸,其验收极限可以仅对尺寸偏向的一边按方式一确定。

4) 对非配合和一般公差的尺寸,其验收极限按方式二确定。

2.4.3　计量器具的选择

1. 检验条件的要求

1) 工件尺寸是否合格一般只按一次测量结果来判断。

2) 考虑到普通计量器具的特点(即两点法测量),一般只用来测量尺寸,不用来测量工件上可能存在的形位误差。

3) 对偏离测量的标准条件(温度 20 ℃,测量力为零)所引起的误差以及测量器具和标准器具不显著的系统误差等一般不进行修正。

2. 测量器具的选择原则

1）选择计量器具应与被测工件的外形、位置、尺寸的大小及被测参数特性相适应，使所选计量器具的测量范围能满足工件的要求。

2）选择计量器具应考虑工件的尺寸公差，使所选计量器具的测量不确定度值既能保证测量精度要求，又能符合经济性要求。

检验国家标准规定：按照计量器具的测量不确定度允许值 u_1 选择计量器具。应使所选用的计量器具的测量不确定度 u'_i 小于或等于标准规定的 u_1，即 $u'_i \leqslant u_1$。

表 2-7、表 2-8 给出了车间常用的千分尺、游标卡尺、比较仪的测量不确定度。

表 2-7　千分尺和游标卡尺的不确定度 u'_i　　　　　　　　　　　　　　　mm

尺寸范围		计量器具类型			
		分度值0.01 外径千分尺	分度值0.01 内径千分尺	分度值0.02 游标千分尺	分度值0.01 游标千分尺
大于	至	测量不确定			
0	50	0.004	0.008	0.20	0.050
50	100	0.005			
100	150	0.006			
150	200	0.007	0.013		
200	250	0.008			
250	300	0.009			0.100
300	350	0.010			
350	400	0.010	0.020		
400	450	0.012			
450	500	0.013	0.025		

表 2-8　比较仪的不确定度 u'_i　　　　　　　　　　　　　　　　　mm

工件尺寸范围		所使用的测量器具			
		分度值0.000 5 （相当于放大 倍数2 000倍） 的比较仪	分度值0.001 （相当于放大 倍数1 000倍） 的比较仪	分度值0.002 （相当于放大 倍数400倍） 的比较仪	分度值0.005 （相当于放大 倍数250倍） 的比较仪
大于	至	测量不确定			
0	25	0.000 6	0.001 0	0.001 7	0.003 0
25	40	0.000 7			
40	65	0.000 8	0.001 1	0.001 8	
65	90	0.000 8			
90	115	0.000 9	0.001 2	0.001 9	
115	165	0.001 0	0.001 3		
165	215	0.001 2	0.001 4	0.002 0	
215	265	0.001 4	0.001 6	0.002 1	0.003 5
265	315	0.001 6	0.001 7	0.002 2	

2.4.4 计量器具选择示例

例 2-3 被测工件尺寸为 $\phi 40 \text{h8}(_{-0.039}^{0})$,试选择测量器具并确定验收极限。

解:(1)确定安全裕度 A 和测量器具不确定度允许值 u_1。已知工件公差 IT=0.039,由表 2-6 中查得 安全裕度 $A=0.003$

测量器具不确定度允许值 $u_1=0.0027$

(2)选择测量器具 工件尺寸为 $\phi 40$ mm,由表 2-8 中查得分度值 $i=0.002$ mm,放大倍数为 400 倍的比较仪的不确定度 $u_i'=0.0018$ mm $<u_1==0.0027$ mm,满足使用要求,并且经济合理。

(3)确定验收极限。

$$上验收极限 = MMS - A = d_{\max} - A = [(d+es) - A]$$
$$= [(40+0) - 0.003] \text{ mm} = 39.997 \text{ mm}$$
$$下验收极限 = LMS + A = d_{\min} + A = [(d+ei) + A]$$
$$= [(40-0.039) + 0.003] \text{ mm} = 39.964 \text{ mm}$$

> **随堂练习**

某轴的尺寸为 $\phi 20\text{f}10$,试选择测量器具并确定验收极限。

习 题

2-1 测量的实质是什么?机械制造中测量技术有哪几个问题?

2-2 根据 GB/T 6093—2001 规定的 83 块成套量块,选择组成 $\phi 42\text{n}6$ 的两个极限尺寸的量块组。

2-3 对某一尺寸进行 15 次等精度测量,各次的测得值按顺序记录如下(单位:mm):

10.013 10.011 10.010 10.012 10.014 10.011 10.010
10.011 10.015 10.012 10.013 10.010 10.013 10.012 10.014

(1)判断有无粗大误差。
(2)确定测量列有无系统误差。
(3)求出测量列任一测得值的标准偏差。
(4)求出测量列总体算术平均值的标准偏差。
(5)分别求出算术平均值表示的测量结果和第 8 次测得值表示的测量结果。

2-4 某主轴箱锁紧块(相当于轴)的尺寸为 $\phi 35_{-0.089}^{-0.050}$ mm,试选择测量器具,并确定验收极限。

项目三

形状和位置公差

》项目阅读

机器、仪器和其他机电产品的使用功能是由组成产品的零件的功能来保证的,而零件的使用功能(如零件的工作精度、固定件的连接强度和密封性、活动件的润滑性和耐磨性、运动平稳性和噪声等)受零件形位精度的影响。因此,设计零件时,必须根据零件的功能要求,综合考虑制造经济性,对零件的形位误差加以限制。也就是说,在图样上规定出合理的形状和位置公差(简称形位公差),图 3-1 所示为减速器输出轴的零件图。是位置公差,是形状公差。

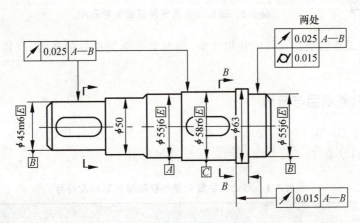

图 3-1 减速器输出轴(一)

任务一 概 述

》任务分析

在零件的设计、制造过程中,技术人员要清楚形位公差项目含义、特征。通过本任务的学习,使学生具有理解形位公差项目的能力。

3.1.1 形位误差对零件使用性能的影响

零件在加工过程中,机床—夹具—刀具组成的工艺系统本身的误差,以及加工中工艺系统的受力变形、振动、磨损等因素,都会使加工后的零件的形状及其构成要素之间的位置与理想的形状和位置存在一定的差异,这种差异即是形状误差和位置误差,简称形位误差。零件的形位误差直接影响零件的使用性能,主要表现在以下几个方面。

1) 影响零件的配合性质。例如圆柱表面的形状误差,在有相对运动的间隙配合中,会使间隙大小沿结合面长度方向分布不均,造成局部磨损加剧,从而降低运动精度和零件的寿命;在过盈配合中,会使结合面各处的过盈量大小不一,影响零件的连接强度。

2) 影响零件的功能要求。例如机床导轨的直线度误差,会影响运动部件的运动精度;变速箱中的两轴承孔的平行度误差,会使相互啮合的两齿轮的齿面接触不良,降低承载能力。

3) 影响零件的可装配性。例如在孔轴结合中,轴的形状误差和位置误差都会使孔轴无法装配,如图 3-2 所示。

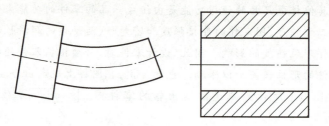

图 3-2 形位误差对零件装配性的影响

可见,形位误差影响着零件的使用性能,进而会影响到机器的质量,所以必须采用相应的公差进行限制。

3.1.2 形位公差项目与符号

按国家标准 GB/T 1182—2008《几何公差形状、方向、位置和跳动公差标注》的规定,形位公差特征项目共有 14 项,各项目的名称及符号如表 3-1 所列。

表 3-1 形位和位置公差特征项目的名称及符号

公差		特征	符号	有或无基准要求	公差		特征	符号	有或无基准要求
形状	形状	直线度	—	无	位置	定向	平行度	∥	有
		平面度	▱	无			垂直度	⊥	有
		圆度	○	无			倾斜度	∠	有
		圆柱度	⌭	无		定位	位置度	⌖	有或无
形状或位置	轮廓	线轮廓度	⌒	有或无			同轴(同心)度	◎	有
		面轮廓度	⌓	有或无			对称度	═	有
						跳动	圆跳动	↗	有
							全跳动	↗↗	有

3.1.3 形位公差的研究对象

各种零件尽管几何特征不同,但都是由点、线、面所构成。构成零件几何特征的点、线、面称为零件的几何要素,简称要素,如图 3-3 所示。形位公差研究的对象就是上述零件的几何要素之间的位置精度问题。

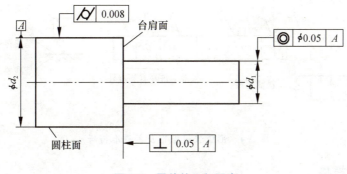

图 3-3 零件的几何要素

零件的几何要素可按不同的方式来分。

1. 按存在的状态分

1) 实际要素。零件上实际存在的要素,通常用测得要素来代替。由于存在测量误差,测得要素并非是实际要素的真实体现。

2) 理想要素。具有几何学意义的要素。例如几何学上的直线、平面、圆、圆柱面、圆锥面、球面等。它们都是没有误差的理想的几何图形。

2. 按所处的地位分

1) 被测要素:零件设计图样上给出了形状或位置公差要求的要素,即需要检测的要素。图样上形位公差框格指引线箭头所指的要素,如图 3-3 中的 ϕd_2 圆柱面、ϕd_1 圆柱轴线和台肩面。

2) 基准要素:用来确定被测要素方向和(或)位置的要素,图样上基准代号所指的要素,如图 3-3 中的 ϕd_2 的轴线。

3. 按结构特征分

1) 轮廓要素:构成零件外形的点、线、面各要素。图样上形位公差框格指引线与尺寸线错开的要素,如图 3-3 中的 ϕd_2 圆柱面(轮廓面)、台肩面。

2) 中心要素:轮廓要素对称中心所表示的点、线、面各要素。图样上形位公差框格指引线与尺寸线对齐的要素,如图 3-3 中 ϕd_1 圆柱面的轴线。

4. 按功能关系分

1) 单一要素:仅对其本身给出形状公差要求的要素。图样上形位公差框格中无基准字母的要素,如图 3-3 中 ϕd_2 的圆柱面。

2) 关联要素:对其他要素有功能关系的要素,或给出位置公差要求的要素。图样上形位公差框格中有基准字母的要素,如图 3-3 中的 ϕd_1 的轴线和台肩面。

3.1.4 形位公差的标注

对零件的几何要素有形位公差要求时,应在设计图样上,按 GB/T 1182—2008 的规定,用形位公差框格、基准符号和指引线进行标注,如图 3-4 所示。

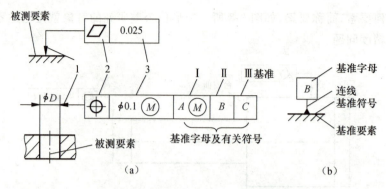

图 3-4 形位公差框格及其基准符号

1. 形位公差框格

如图 3-5 所示,形位公差框格由二至五格组成。形状公差一般为两格,位置公差可为二至五格。在零件图样上只能沿水平或垂直放置。框格中从左到右或从下到上依次填写下列内容:

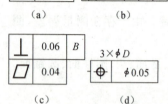

图 3-5 形位公差框格

第一格:形位公差特征项目符号。

第二格:形位公差值及附加要求。

第三格:基准字母(没有基准的形状公差框格只有前两格)。

填写公差框格应注意以下几点:

(1) 形位公差值均以 mm 为单位的线性值表示,根据公差带的形状不同,在公差值前加注不同的符号或不加符号,如图 3-5(b)、图 3-5(d)或图 3-5(a)、图 3-5(c)所示。

(2) 多个被测要素有相同的形位公差要求时,应在框格上方注明被测要素的数量,如图 3-5(d)所示。

(3) 对同一被测要素有两个或两个以上的公差项目要求时,允许将一个框格放在另一个框格的下方,如图 3-5(c)所示。

(4) 对被测要素的形状在公差带内有进一步的限定要求时,应在公差值后面加注相应的符号,见表 3-2。

表 3-2 形位公差标注中的有关符号

含 义	符号	举 例	含 义	符号	举 例
只许中间向材料内凹下	(−)	— t(−)	只许从左至右减小	(▷)	⌀ t(▷)
只许中间向材料外凸起	(+)	▱ t(+)	只许从右至左减小	(◁)	⌀ t(◁)

2. 被测要素的标注

用带箭头的指引线将公差框格与被测要素相连来标注被测要素。指引线与框格的连接可采用图 3-6(a)、图 3-6(b)、图 3-6(c)所示的方法,指引线由框格中部引出,也可采用图 3-6(d)所示的方法。

指引线从形位公差框格引出指向被测要素,中间可以弯折,但不得多于两次,指引线箭头方向应垂直于被测要素,即与公差带的宽度或直径方向相同,该方向也是形位误差的测量方向。不同的被测要素,箭头的指示位置也不同。

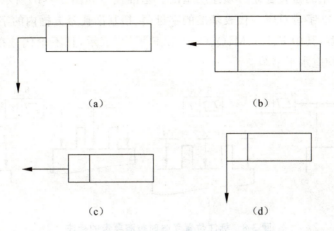

图 3-6　指引线与形位公差框格的连线

(1) 被测要素为轮廓要素时,箭头应直接指向被测要素或其延长线,并且与相应轮廓的尺寸线明显错开,如图 3-7(a)所示。

(2) 被测要素为某要素的局部要素,而且在视图上表现为轮廓线时,可用粗点画线表示出被测范围,箭头指向点画线,如图 3-7(b)所示。

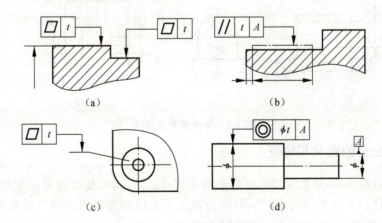

图 3-7　被测要素的标注

(3) 被测要素为视图上的局部表面时,可用带圆点的参考线指明被测要素(圆点应在被测表面上),而将指引线的箭头指向参考线,如图 3-7(c)所示。

(4) 被测要素为中心要素时,箭头应与相应轮廓尺寸线对齐,如图 3-7(d)所示。

(5) 对几个表面有同一数值的公差要求,其表示法可按图 3-8(a)、(b)所示。

(6) 用同一公差带控制几个被测要素时,应在公差框格上注明"共面"或"共线"如图 3-8(c)、(d)所示。值得注意的是,图 3-8(a)、(b)和图 3-8(c)、(d)所表示的意义是不同的。前者表示三个被测表面的形位公差要求相同,但有各自独立的公差带;后者表示三个被测表面的形位公差要求相同,而且有公共公差带。

3. 基准要素的标注

对关联被测要素的位置公差必须注明基准。基准代号如图 3-9(b)所示,方框内的字母应与公差框格中的基准字母对应。代表基准的字母(包括基准代号方框内的字母)用大写的英文字母(为不引起误解,其中 E、I、J、M、Q、O、P、L、F 不用)表示,且不论代号在图样中的方向如何,方框内的字母均应水平书写。

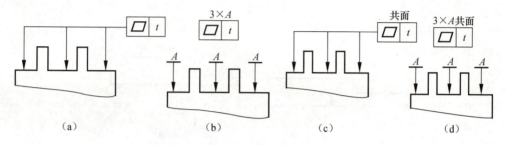

图 3-8　标注位置受限时被测要素的标注

当以轮廓要素为基准时,基准符号应靠近基准要素的轮廓线或其延长线,且与轮廓的尺寸线明显错开,如图 3-9(a)所示。当以中心要素为基准时,基准连线应与相应的轮廓要素的尺寸线对齐,如图 3-9(b)所示。

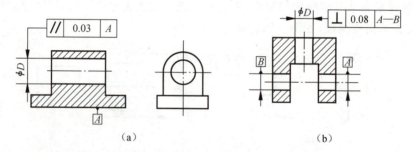

图 3-9　基准要素的标注

3.1.5　形位公差的意义和特征

随使用场合的不同,形位公差通常具有两个意义。其一,形位公差是一个数值,零件合格的条件是:误差(f)≤公差(t)。其二,形位公差是一个以理想要素为边界的平面或空间区域(形位公差带),要求实际要素处处不得超出该区域。

形位公差带是用来限制被测实际要素变动的区域,具有形状、大小、方向和位置四个要素,只要被测实际要素完全落在给定的公差带内,就表示其形状和位置符合设计要求。形位公差带的形状由被测要素的理想形状和给定的公差特征所决定,其形状有如图 3-10 所示的几种。形位公差带的大小由形位公差值 t 确定,指的是公差带的宽度或直径等。

形位公差带的方向和位置有两种情况:公差带的方向或位置可以随实际被测要素的变动而变动,没有对其他要素保持一定几何关系的要求,这时公差带的方向或位置是浮动的;若形位公差带的方向或位置必须和基准保持一定的几何关系,则称为是固定的。定位公差带的方向和位置是固定的,形状公差带的方向和位置是浮动的。

判断形位公差带位置固定或浮动的方法是:如果公差带与基准之间由理论正确尺寸定位的,则公差带位置固定;若由尺寸公差定位的,则公差带位置在尺寸公差带内浮动。

对形位公差带四特征的正确理解,是进行合理的设计、制造、检测和验收的基础。

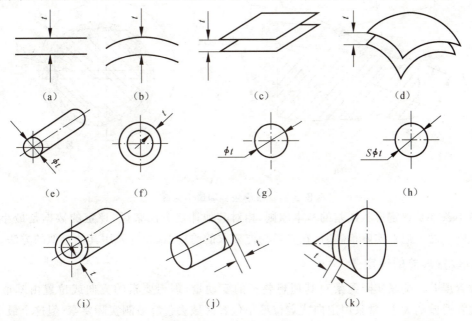

图 3-10 形位公差带的形状

(a) 两平行直线;(b) 两等距曲线;(c) 两平行平面;(d) 两等距曲面;(e) 圆柱面;(f) 两同心圆;
(g) 一个圆;(h) 一个球;(i) 两同心圆柱面;(j) 一段圆柱面;(k) 一段圆锥面

3.1.6 形位误差的评定原则——最小条件

形位误差与尺寸误差不同,尺寸误差是两点间距离对标准值之差,形位误差是实际要素偏离理想状态,并且在要素上各点的偏离量又可以不相等。用公差带虽可以将整个要素的偏离控制在一定区域内,但怎样知道实际要素被公差带控制住了呢? 有时就要测量要素的实际状态,并从中找出对理想要素的变动量,再与公差值比较。

1. 形状误差的评定

评定形状误差须在实际要素上找出理想要素的位置。这要求遵循一条原则,即使理想要素的位置符合最小条件。如图 3-11(a)所示,实际轮廓不直,评定它的误差可用 A_1B_1、A_2B_2、A_3B_3 三对平行的理想直线包容实际要素,它们的距离分别为 h_1、h_2、h_3。理想直线的位置还可以作出无限个,但其中必有一条对平行直线之间的距离最小。如图 3-11(a)中的 h_1,这时就说 A_1B_1 的位置符合最小条件。由 A_1B_1 及与平行的另一条直线紧紧包容了实际要素。相比其他情况,这个包容区域也是最小的,故叫最小区域。因此,h_1 可定为直线度误差。

又如图 3-11(b)所示,实际轮廓不圆,评定它的误差也可用多组的理想圆。图中画出了 C_1 和 C_2 两组,其中 C_1 组同心圆包容区域的半径差 Δr_1 小于任何一组同心圆包容区域的半径差(当然也包括 C_2 组的 Δr_2)。这时,认为 C_1 组的位置符合最小条件,其区域是最小区域,区域的宽度 Δr_1 就是圆度误差。

由上述可知,最小条件是指被测要素对其理想要素的最大变动量为最小,此时包容实际要素的区域为最小区域,此区域的宽度(对中心要素来说是直径)就是形状误差的最大变动量,定为形状误差值。

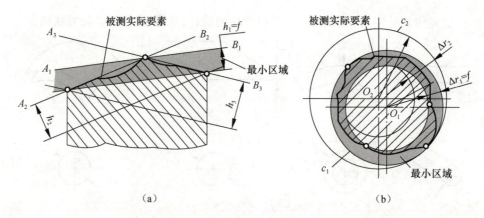

图 3-11 最小条件和最小区域

最小条件是评定形状误差的基本原则,相对其他评定方法来说,评定的数据是最小的,结果也是唯一的。但在实际检测时,在满足功能要求的前提下,允许采用其他近似的方法。

2. 位置误差的评定

位置误差是关联实际要素对其理想要素的变动量,理想要素的方向或位置由基准确定。评定位置误差的大小,常采用定向或定位最小包容区域去包容被测实际要素,但这个最小包容区域与形状误差的最小包容区域有所不同,其区别在于它必须在与基准保持给定几何关系的前提下使包容区域的宽度或直径最小。图 3-12(a)所示的面对面的垂直度误差是包容被测实际平面并包得最紧且与基准平面保持垂直的两平行平面之间的距离,这个包容区称为定向最小包容区。图 3-12(b)所示的台阶轴,被测轴线的同轴度误差是包容被测实际轴线并包最紧且与基准轴线同轴的圆柱面的直径,这个包容区称为定位最小包容区。定向、定位最小包容区的形状与其对应的公差带的形状相同。当最小包容区的宽度或直径小于公差值时,被测要素是合格的。

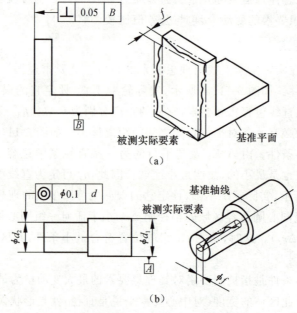

图 3-12 定向和定位最小包容区示例

3.1.7 基准

1. 基准的种类

基准是确定被测要素方向和位置的依据。图样上标出的基准通常分为以下三种:

1) 单一基准:由一个要素建立的基准称为单一基准。如图 3-12(a)为由一个平面 B 建立的基准,图 3-12(b)为由 ϕd_1 圆柱轴线建立的基准 A。

2) 组合基准(公共基准):由两个或两个以上的要素建立的一个独立基准称为组合基准或公共基准,如图 3-9(b)中垂直度误差的基准是由两段轴线建立的组合基准 $A—B$。

3) 基准体系(三基面体系):由三个相互垂直的平面所构成的基准体系——三基面体系,如图 3-13 位置度标注示例的基准 A、B、C。应用三基面体系时,应注意基准的标注顺序,如图 3-13 所示,选最重要的或最大的平面作为第一基准 A,选次要或较长的平面作为第二基准 B,选不重要的平面作第三基准 C。

三基面体系中,每一个平面都是基准平面,每两个基准平面的交线构成基准轴线,三轴线的交点构成基准点。由此可见,上面提到的单一基准平面就是三基面体系中的一个基准平面;基准轴线就是三基面体系中两个基准平面的交线。

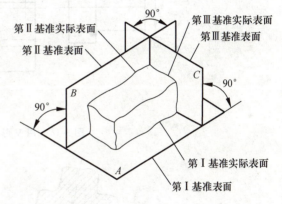

图 3-13 三基面体系

2. 基准的建立和体现

评定位置误差的基准应是理想的基准要素。但基准要素本身也是实际加工出来的,也存在形状误差。因此,应该用基准实际要素的理想要素来建立基准,理想要素的位置应符合最小条件。

在实际检测中,基准的体现方法有模拟法、直接法、分析法和目标法四种,其中用得最广泛的是模拟法。

模拟法是用形状足够精确的表面模拟基准。例如以平板表面体现基准平面、以心轴表面体现基准孔轴线、以 V 形架表面体现基准轴线等,如图 3-14、图 3-15、图 3-16 所示。

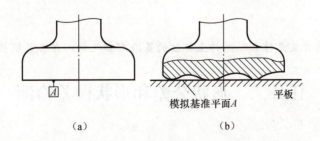

(a)　　　　　　　　(b)

图 3-14 用平板模拟基准平面

用模拟法体现基准时,应符合最小条件。一般地说,当基准实际要素与模拟基准之间稳定接触时,自然形成符合最小条件的相对位置关系,如图 3-14(b)所示;当基准实际要素与模拟基准之间非稳定接触时,如图3-17(a)所示,一般不符合最小条件,应通过调整使基准实际要素与模拟基准之间尽可能符合最小条件的相对位置关系,如图3-17(b)所示。

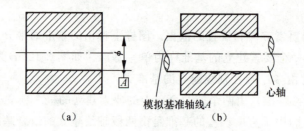

图3-15 用心轴模拟基准孔轴线

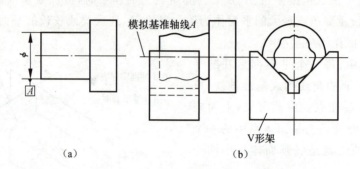

图3-16 用V形架模拟基准轴线

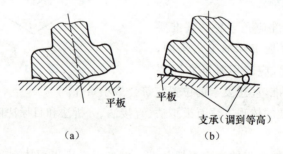

图3-17 不稳定接触

> **随堂练习**

形位公差基准的含义是什么?图样上标注的基准有哪几种?在公差框格中如何表示它们?

任务二 形状公差和形状误差检测

> **任务分析**

在生产过程中,由于多种原因,零件的实际性状和理想性状总存在一定的差别,因此,零件加工后,必须通过检验和测量得到实际误差,以判断零件是否合格。通过本任务的学习,使学生具有分析形状公差的能力和检测形状误差的能力与技术。

3.2.1 形状公差和形状公差带

形状公差是单一实际被测要素对其理想要素所允许的变动全量。形状公差带是限制单一实际被测要素的形状变动的区域。

1. 直线度

直线度是限制实际直线对理想直线变动量的一项指标。

1) 直线度公差。根据被测直线的空间特性和零件的使用要求,直线度公差有以下几种情况:

(1) 给定平面内的直线度,标注如图 3-18(a)所示。公差带定义:在给定平面内,直线度公差带是距离为直线度公差值 t 的两平行直线之间的区域,如图 3-18(b)所示。解释:被测表面的素线必须位于图样所示投影面且距离为公差值 0.015 的两平行直线内。读法:被测表面素线的直线度公差为 0.015。

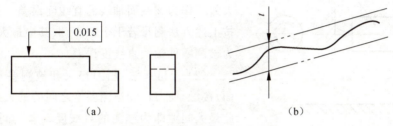

图 3-18 给定平面内的直线度
(a) 标注示例;(b) 公差带

(2) 给定方向上的直线度,标注如图 3-19(a)所示。公差带定义:在给定方向上,直线度公差带是距离为直线度公差值 t 的两平行平面之间的区域,如图 3-19(b)所示。解释:被测圆柱面的任一素线必须位于距离为公差值 0.015 的两平行平面之内。读法:被测圆柱任一素线的直线度公差为 0.015。

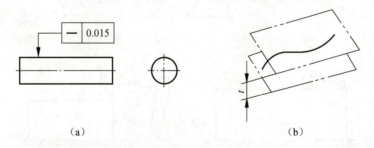

图 3-19 给定方向上的直线度
(a) 标注示例;(b) 公差带

(3) 任意方向上的直线度,标注如图 3-20(a)所示。公差带定义:在任意方向上,直线度公差带是直径为直线度公差值 ϕt 的圆柱内的区域,如图 3-20(b)所示。解释:被测圆柱面的轴线必须位于直径为公差值 $\phi 0.025$ 的圆柱面内。读法:被测圆柱面的轴线的直线度公差为 $\phi 0.025$。

2) 直线度误差的检测。几种常用的直线度误差检测方法:

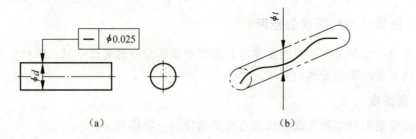

图 3-20 任意方向上的直线度
(a) 标注示例;(b) 公差带

(1) 指示器测量法(图 3-21):将被测零件安装于平行于平板的两顶尖之间。用带有两只指示器的表架,沿铅垂轴截面的两条素线测量,同时分别记录两指示器在各自测点的读数 M_1 和 M_2,取各测点读数差之半$\left(即 \left|\dfrac{M_1-M_2}{2}\right|\right)$中的最大差值作为该截面轴线的直线度误差。将零件转位,按上述方法测量若干个截面,取其中最大的误差值作为被测零件轴线直线度误差。

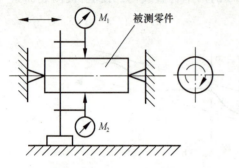

图 3-21 用两只指示器测直线度

(2) 刀口尺法:用刀口尺和被测要素(直线或平面)接触,使刀口和被测要素之间的最大距离为最小,此最大间隙即为被测的直线度误差。间隙量可用塞尺测量或与标准间隙比较,如图 3-22(a)所示。

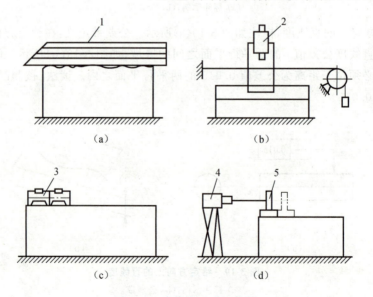

图 3-22 直线度误差的测量
1—刀口尺;2—测量显微镜;3—水平仪;4—自准直仪;5—反射

(3) 钢丝法:用特别的钢丝作为测量基准,用测量显微镜读数。调整钢丝的位置,使测量显微镜读得两端读数相等。沿被测要素移动显微镜,显微镜中的最大读数即为被测要素的直线度误差值,如图 3-22(b)所示。

(4) 水平仪法：将水平仪放在被测表面上，沿被测要素按节距，逐段连续测量。对读数进行计算可求得直线度误差值。也可采用作图法求得直线度的误差值。一般是在读数之前先将被测要素调成近似水平，以保证水平仪读数方便。测量时可在水平仪下面放入桥板，桥板长度可按被测要素的长度以及测量的精度要求决定，如图 3-22(c) 所示。

(5) 自准直仪法：用自准直仪和反射镜测量是将自准直仪放在固定位置上，测量过程中保持位置不变。反射镜通过桥板放在被测要素上，沿被测要素按节距逐段连续移动反射镜，并在自准直仪的读数显微镜中读得对应的读数，对读数进行计算可求得直线度误差。该测量中是以准直光线为测量基准，如图 3-22(d) 所示。

3) 直线度误差测量数据的处理。

用各种方法测量直线度的误差时，应对所测得的读数进行数据处理后才能得出直线度的误差值。这里仅介绍常用的图解法。

图解法：当采用分段布点测量直线度误差时，采用图解法求出直线度误差是一种直观而易行的方法。根据相对测量基准的测得数据在直角坐标纸上按一定放大比例可以描绘出误差曲线的图像，然后按图像读出直线度误差。

例 3-1　用水平仪测得下列数据，用图解法求解直线度误差（表 3-3 中读数已化为线性值，线性值＝水平仪角度值×垫板长度）。

表 3-3　测得数据　　　　　　　　　　　　　　　　　　　　　　μm

测点序号	0	1	2	3	4	5	6	7	8
水平仪读数	0	+6	+6	0	−1.5	−1.5	+3	+3	+9
累计值 h_i	0	+6	+12	+12	+10.5	+9	+12	+15	+24

根据表列数据，从起始点"0"开始逐段累积作图。累计值相当于图中的 y 坐标值；测点序号相当于图中 X 轴上分段各点。作图时，对于累计值 h_i 来说，采用的是放大比例，根据 h_i 值的大小可以任意选取放大比例，以作图方便，读图清晰为准。横坐标是将被测长度按缩小比例尺进行分段。一般地说，纵坐标的放大比例和横坐标的缩小比例，两者之间并无必然的联系。但从绘图的要求上来说，对于纵坐标在图上的分度以小于横坐标的分度为好。这样画出的图像在坐标系里比较直观形象，否则就把误差值过分夸大而使误差曲线严重歪曲。

按最小区域法评定直线度误差时，可在绘制出的误差曲线图像上直接寻找最高和最低点，需要找到最高和最低相间的三点。从图 3-23 中可知，该例的最高点为序号 2 和 8 的测点，而序号 5 的测量点为最低点。过这些点，可作两条平行线，将直线度误差曲线全部包容在两平行线之内。由于接触的三点已符合规定的相间准则，于是，可沿 y 轴坐标方向量取两平行线之间的距离，并按 y 轴的分度值就可确定直线度误差，从图中可以取得 9 个分度，因分度值为 $1\,\mu m$，故该例按最小区域法评定的直线度误差即为 $9\,\mu m$。

如果按两端点连线法来评定该例的直线度误差，则可在图 3-23 上把误差曲线的首尾连接成一条直线，该直线即为这种评定法的理想直线。相对于该理想直线来说，序号为 2 的测量点至两端点连线的距离为最大正值，而序号为 5、6、7 三点至两端点连线的距离为最大负值，这里所指的"距离"也是按 y 轴方向，可在图上量得 $h_2=6\,\mu m$、$h_5=6\,\mu m$。因此，按两端点连线法评定的直线度误差为 $f=12\,\mu m$。

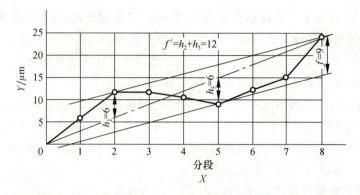

图 3-23 用图解法与最小包容区法求直线度误差

如上所述,用图解法求直线度误差时,必须沿坐标轴的方向量取距离,此时不能按最小区域法规定的垂直距离量取,这是因为绘图时,纵坐标和横坐标采用了悬殊的比例。比例不同,虽然绘制的误差曲线在坐标系内倾斜不同,但坐标轴方向始终代表了按相同比例绘制的误差曲线的垂直距离,即与采用的比例无关。

2. 平面度

平面度是限制实际平面对其理想平面变动量的一项指标。

1) 平面度公差,标注如图 3-24(a)所示。公差带定义:是距离为公差值 t 的两平行平面之间的区域,如图 3-24(b)所示。解释:被测表面必须位于距离为公差值 0.06 的两平行平面内。读法:被测表面的平面度公差为 0.06。

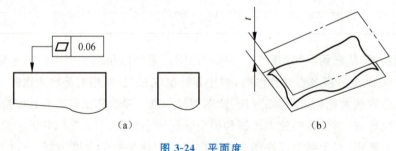

图 3-24 平面度

(a) 标注示例公差带;(b) 公差带

2) 平面度误差的检测和数据处理。

常见的平面度测量方法:

(1) 打表法:将被测零件支承在平板上,将被测平面上两对角线的角点分别调成等高或最远的三点调成距测量平板等高。按一定布点测量被测表面。指示器上最大与最小读数之差即为该平面的平面度误差近似值,如图 3-25(a)所示。

(2) 平晶法:将平晶紧贴在被测平面上,由产生的干涉条纹,经过计算得到平面度误差值。此方法适用于高精度的小平面,图 3-25(b)所示。

(3) 水平仪法:水平仪通过桥板放在被测平面上,用水平仪按一定的布点和方向逐点测量。经过计算得到平面度误差值,图 3-25(c)所示。

(4) 自准直仪法:将自准直仪固定在平面外的一定位置,反射镜放在被测平面上。调整自准直仪,使其和被测表面平行,按一定布点和方向逐点测量。经过计算得到平面度误差值,如

图 3-25(d)所示。

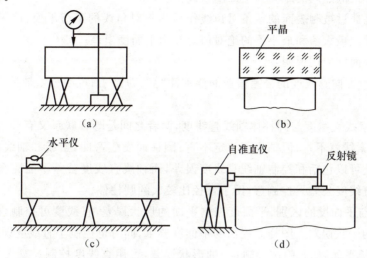

图 3-25 平面度误差的测量

图 3-25(c)、3-25(d)的读数要整理成对测量基准平面(图(c)为水平面、图(d)为光轴平面)距离值,由于被测实际平面的最小包容区域(两平行平面)一般不平行基准平面,所以一般不能用最大和最小距离值差值的绝对值作为平面度最小包容区域法误差值。为了求得此值,就必须旋转测量基准平面使之和最小包容区域方向平行,此时原来距离读数值就要按坐标变换原理增减。基准平面和最小包容区域平行的判别准则是:

① 和基准平面平行的两平行平面包容被测表面时,被测表面上有三个最低点(或三个最高点)及一个最高点(或一个最低点分别与两包容平面相接触);并且最高点(或最低点)能投影到三个最低点(或三个最高点)之间。如图 3-26(a)所示,称三角形准则。

② 被测表面上有两个最高点和两个最低点分别和两个平行的包容面相接触,并且两高或两低点投影于两低或两高终点连线之两侧。如图 3-26(b)所示,称交叉准则。

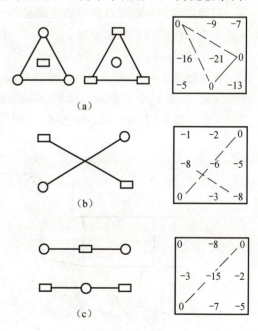

图 3-26 平面度误差的最小条件评定

③ 被测表面上的同一截面内有两个高点及一个低点(或相反)分别和两个平行的包容平面相接触。如图 3-26(c)所示,称为直线准则。

除国家标准规定的最小区域法评定平面度之外,在工厂中常使用三远点法及对角线法评定。三远点法是以通过被测表面上相距最远且不在一条直线上的三个点建立一个基准平面,各测点对此平面的偏差中最大值与最小值的绝对值之和即为平面度误差。实测时,可以在被测表面上找到三个等高点,并且调到零点。在被测表面上按布点测量。与三远点基准平面相距最远的最高和最低点间的距离为平面度误差值。

对角线法是通过被测表面的一条对角线作另一条对角线的平行平面,该平面即为基准平面。偏离此平面的最大值和最小值的绝对值之和为平面度误差。

直线度与平面度应用说明:

① 对于任意方向直线度的公差值前面要加注"ϕ",即如 ϕt,说明公差带是个直径为公差值 t 的圆柱体。

② 圆柱体素线直线度与圆柱体轴线直线度,两者之间是既有联系又有区别的。圆柱面发生鼓形或鞍形,素线就不直,但轴线不一定不直;圆柱面发生弯曲,素线和轴线都不直。因此,素线直线度公差可以包括和控制轴线直线度误差,而轴线直线度公差不能完全控制素线直线度误差。轴线直线度公差只控制弯,用于长径比较大的圆柱件。

③ 直线度与平面度的区别:平面度控制平面的形状误差,直线度可控制直线、平面、圆柱面以及圆锥面的形状误差。图样上提出的平面度要求,同时也控制了直线度误差。

④ 对于窄长平面(如龙门刨导轨面)的形状误差,可用直线度控制。宽大平面(如龙门刨工作台面)的形状误差,可用平面度控制。

3. 圆度

圆度是限制实际圆对理想圆变动量的一项指标,是对具有圆柱面(包括圆锥、球面)的零件在一正截面内的圆形轮廓要求。

1) 圆度公差。

标注如图 3-27(a)所示。公差带定义:是在同一正截面上,半径差为公差值 t 的两同心圆之间的区域,如图 3-27(b)所示。解释:被测圆柱面(被测圆锥面)的任一正截面的圆周,必须位于半径差为公差值 0.01 的两同心圆之间。读法:被测圆柱面(被测圆锥面)的圆度公差为 0.01。

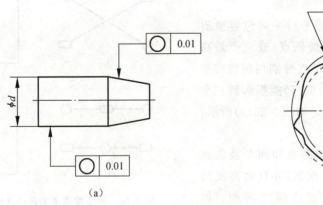

图 3-27 圆度
(a) 标注示例;(b) 公差带

2) 圆度误差的检测。

圆度误差的检测方法有两类。

方法一:在圆度仪上测量,如图 3-28(a)所示。圆度仪上回转轴带着传感器转动,使传感器上测量头沿被测表面回转一圈,测量头的径向位移由传感器转换成电信号,经放大器放大,推动记录笔在圆盘纸上画出相应的位移,得到所测截面的轮廓图,如图 3-28(b)所示。这是以精密回转轴的回转轨迹模拟理想圆,与实际圆进行比较的方法。用一块刻有许多等距同心圆的透明板,如图 3-28(c)所示,置于记录纸下,与测得的轮廓圆相比较,找到紧紧包容轮廓圆,而半径差又为最小的两同心圆,如图 3-28(d)所示,其间距就是被测圆的圆度误差。注意:应符合最小包容区域判别法:两同心圆包容被测实际轮廓时,至少有四个实测点内外相间在两个圆周上,称交叉准则,如图 3-28(e)所示。根据放大倍数不同,透明板上相邻两同心圆之间的格值为 $5\sim0.05~\mu m$,如当放大倍数为 5 000 倍数时,格值为 $0.2~\mu m$。

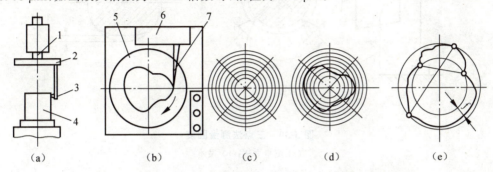

图 3-28　用圆度仪测量圆度

1—圆度仪回转轴;2—传感器;3—测量头;4—被测零件;5—转盘;6—放大器;7—记录笔

如果圆度仪上附有电子计算机,可将传感器拾到的电信号送入计算机,按预定程序算出圆度误差值。圆度仪的测量精度虽很高,但价格也很高,且使用条件苛刻。也可用直角坐标测量仪来测量圆上各点的直角坐标值,再算出圆度误差。

方法二:是将被测零件放在支承上,用指示器来测量实际圆的各点对固定点的变化量,如图 3-29 所示。被测零件轴线应垂直于测量截面,同时固定轴向位置。

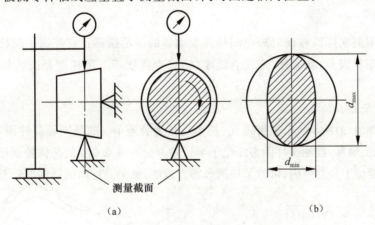

图 3-29　两点法测量圆度

(a) 测量方法;(b) 误差

(1) 在被测零件回转一周过程中,指示器读数的最大差值之半数作为单个截面的圆度误差。

(2) 按上述方法,测量若干个截面,取其中最大的误差值作为该零件的圆度误差。

此方法适用于测量内外表面的偶数棱形状误差。测量时可以转动被测零件,也可转动量具。由于此检测方案的支承点只有一个,加上测量点,通称两点法测量。通常也可用卡尺测量。

方法三:图 3-30 所示为三点法测量圆度。将被测零件放在 V 形块上,使其轴线垂直于测量截面,同时固定轴向位置。

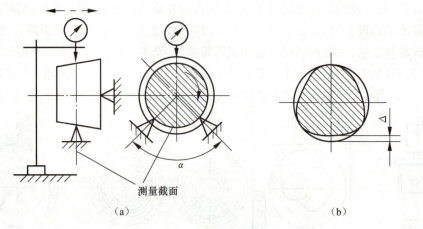

图 3-30　三点法测量圆度
(a)测量方法;(b)误差

(1) 在被测零件回转一周过程中,指示器读数的最大差值之半数,作为单个截面的圆度误差。

(2) 按上述方法测量若干个截面,取其中最大的误差值作为该零件的圆度误差。

此方法测量结果的可靠性取决于截面形状误差和 V 形块夹角的综合效果。常以夹角 α 等于 90°和 120°或 72°和 108°两块 V 形块分别测量。

此方法适用于测量内、外表面的奇数棱形状误差(偶数棱形状误差采用两点法测量)。使用时可以转动被测零件,也可转动量具。

4. 圆柱度

圆柱度是限制实际圆柱面对理想圆柱面变动量的一项指标。它控制了圆柱体横截面和轴截面内的各项形状误差,如圆度、素线直线度、轴线直线度等。圆柱度是圆柱体各项形状误差的综合指标。

1) 圆柱度公差。

标注如图 3-31(a)所示。公差带定义:是半径差为公差值 t 的两同轴圆柱面之间的区域,如图 3-31(b)所示。解释:被测圆柱面必须位于半径差为公差值 0.015 的两同轴圆柱之间。实际圆柱面上各点只要位于公差带内,可以是任何形态。读法:被测圆柱面的圆柱度公差为 0.015。

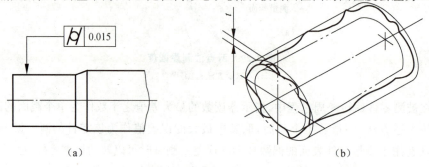

图 3-31　圆柱度
(a)标注示例;(b)公差带

2) 圆柱度误差的检测。

圆柱度误差的检测可在圆度仪上测量若干个横截面的圆度误差,按最小条件确定圆柱度误差。如圆度仪具有使测量头沿圆柱的轴向作精确移动的导轨,使测量头沿圆柱面做螺旋运动,则可以用电子计算机计算出圆柱度误差。

目前在生产上测量圆柱度误差,像测量圆度误差一样,多用测量特征参数的近似方法来测量圆柱度误差。如图 3-32 所示,将被测零件放在平板上,并紧靠直角座。

(1) 在被测零件回转一周过程中,测量一个横截面上的最大与最小读数。

(2) 按上述方法测量若干个横截面,然后取各截面内所测得的所有读数中最大与最小读数差的 1/2 作为该零件的圆柱度误差。此方法适用于测量外表面的偶数棱形状误差。

图 3-33 所示为用三点法测量圆柱度的实例,将被测零件放在平板上的 V 形块内(V 形块的长度应大于被测零件的长度)。

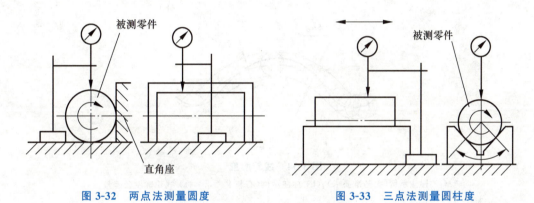

图 3-32　两点法测量圆度　　　　　　图 3-33　三点法测量圆柱度

(1) 在被测零件回转一周过程中,测量一个横截面上的最大与最小读数。

(2) 按前述方法,连续测量若干个横截面,然后取各截面内所测得的所有读数中最大与最小读数的差值之半数作为该零件的圆柱度误差。此方法适用于测量外表面的奇数棱形状误差。为测量准确,通常应使用夹角 $\alpha=90°$ 和 $\alpha=120°$ 的两个 V 形块分别测量。

圆度与圆柱度应用说明:

① 圆柱度和圆度一样,是用半径差来表示的,这是符合生产实际的,因为圆柱面旋转过程中是以半径的误差起作用。所以是比较先进的、科学的指标。两者不同处是:圆度公差控制横截面误差,而圆柱度公差则是控制横截面和轴截面的综合误差。

② 圆度和圆柱度在检测中,如需规定要用两点法或用三点法,则可在公差框格下方加注检测方案说明。

③ 圆柱度公差值只是指两圆柱面的半径差,未限定圆柱面的半径和圆心位置。因此,公差带不受直径大小和位置的约束,可以浮动。

3.2.2　轮廓度公差及其公差带

轮廓度公差包括线轮廓度公差和面轮廓度公差。无基准要求时为形状公差,有基准要求时为位置公差。

1. 线轮廓度

线轮廓度是限制实际曲线对理想曲线变动量的一项指标。标注如图 3-34(a)、3-34(b)所示。公差带定义:是包络一系列直径为公差值 t 的圆的两包络线之间的区域,诸圆的圆心应位于理想轮廓线上。理想轮廓线的形状和位置由基准和理论正确尺寸确定,如图 3-34(c)所示。

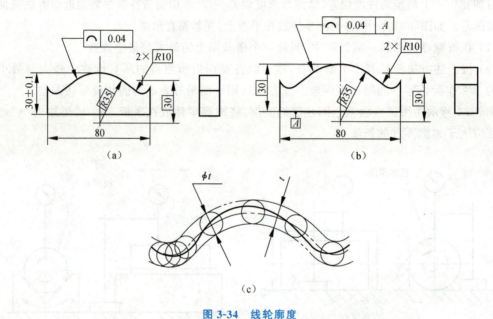

图 3-34 线轮廓度
(a)标注示例(无基准要求);(b)标注示例(有基准要求);(c)线轮廓度公差带

解释:在平行于图样所示投影面的任意一截面上,被测轮廓线必须位于包络一系列直径为公差值 0.04,且圆心在理想轮廓线上的两包络线之间。读法:外形轮廓中圆弧部分的线轮廓度公差为 0.04。

理论正确尺寸(角度)是用来确定被测要素的理想形状、理想方向或理想位置的尺寸(角度),在图样上用加方框的数字表示。它仅表达设计时对被测要素的理想要求,故该尺寸不带公差。

2. 面轮廓度

面轮廓度是限制实际曲面对理想曲面变动量的一项指标。标注如图 3-35(a)、图 3-35(b)所示。

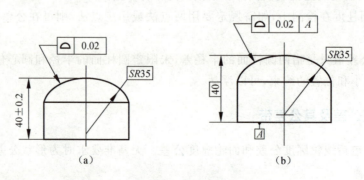

图 3-35 面轮廓度
(a)标注示例;(b)标注示例

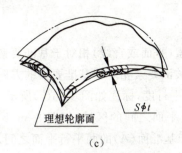

图 3-35 面轮廓度（续）
(c) 面轮廓度公差带

公差带定义：是包络一系列直径为公差值 t 的球的两包络面之间的区域，诸球的球心应位于理想轮廓面上，如图 3-35(c) 所示。解释：被测轮廓面必须位于包络一系列球的两包络面之间，诸球的直径为公差 0.02，且球心位于具有理论正确几何形状的面上的两包络面之间。

读法：椭圆球面的面轮廓度公差为 0.02。

同样应该注意，面轮廓度公差可以同时限制被测曲面的面轮廓度误差和曲面上任意一截面的线轮廓度误差。

> 随堂练习

对下图所示销轴的直线度进行检测，其检测器具和检测方法有何不同？试述其检测步骤。

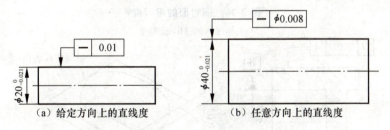

(a) 给定方向上的直线度　　(b) 任意方向上的直线度

任务三　位置公差和位置误差检测

> 任务分析

在零件的设计、制造过程中，技术人员要清楚位置公差项目含义、特征。通过本任务的学习，使学生具有理解位置公差项目的能力。

位置公差是关联实际要素的位置对基准所允许的变动全量。位置公差带是限制关联实际要素变动的区域。按照关联要素对基准功能要求的不同，位置公差可分为定向公差、定位公差和跳动公差三类。

3.3.1　定向公差

定向公差是关联实际要素对基准在方向上允许的变动全量，用于限制被测要素对基准方向的变动，因而其公差带相对于基准有确定的方向。定向公差包括平行度、垂直度和倾斜度三项。由于被测要素和基准要素均有平面和直线之分，因此三项定向公差均有线对线、线对面、面对面和面对线四种形式。

1. 平行度

平行度公差是限制被测要素(平面或直线)相对于基准要素(平面或直线)在平行方向上变动量的一项指标。即用来控制被测要素相对于基准要素的方向偏离0°的程度。

1) 平行度公差。面对面的平行度,标注如图3-36(a)所示。公差带定义:是距离为公差值t,且平行于基准面(A)的两平行平面之间的区域,如图3-36(b)所示。解释:被测平面必须位于距离为公差值0.05,且平行于基准面(A)的两平行平面之间。读法:被测表面相对于基准面(底面A)的平行度公差为0.05。面对线的平行度,标注如图3-37(a)所示。公差带定义:是距离为公差值t,且平行于基准轴线(A)的两平行平面之间的区域,如图3-37(b)所示。被测平面必须位于该区域内。图3-38(a)是线对线的平行度公差,读者可自行分析其公差带。

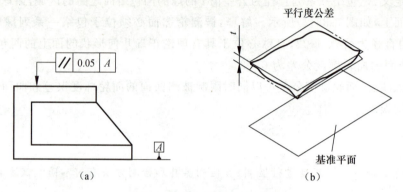

图3-36 面对面的平行度
(a) 标注示例;(b) 公差带

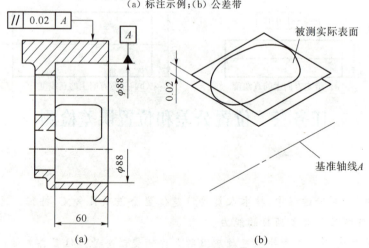

图3-37 面对线的平行度
(a) 标注示例;(b) 公差带

显然,平行度公差带与基准平行。

2) 平行度误差的检测。平行度误差的检测方法,经常是用平板、心轴或V形块来模拟平面、孔或轴做基准,然后测量被测线、面上各点到基准的距离之差,以最大相对差作为平行度误差。图3-37所示的零件,可用图3-39所示的方法测量。基准轴线由心轴模拟。将被测零件放在等高支承上,调整(转动)该零件使$L_3=L_4$。然后测量整个被测表面并记录读数。取整个测量过程中指示器的最大与最小读数之差作为该零件的平行度误差。测量时应选用可胀式

(或与孔成无间隙配合的)心轴。

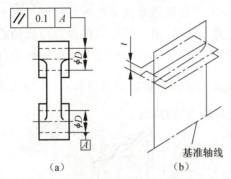

图 3-38 线对线的平行度
(a)标注示例；(b)公差带

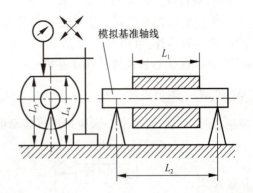

图 3-39 测量面对线的平行度

测量连杆给定方向上的平行度可参看图 3-40。基准轴线和被测轴线由心轴模拟。将被测零件放在等高支承上,在测量距离为 L_2 的两个位置上测得的读数分别为 M_1、M_2。

则平行度行度误差为 $f=\dfrac{L_1}{L_2}|M_1-M_2|$。

测量时应选用可胀式(或与孔成无间隙配合的)心轴。

3) 平行度应用说明

(1) 当被测实际要素的形状误差相对于位置误差很小时(如精加工过的平面),测量可直接在被测实际表面上进行,不必排除被测实际要素的形状误差的影响。如果必须排除时,需在有关的公差框格下加注文字说明。

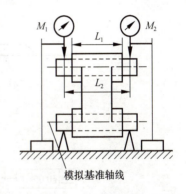

图 3-40 测量连杆两孔的平行度

(2) 定向误差值是定向最小包容区域的宽度(距离)或直径,定向最小包容区域和项目与形状公差带完全相同。它和决定形状误差最小包容区域不同之处在于,定向最小包容区域在包容被测实际要素时,它的方向不像最小包容区域那样可以不受约束,而必须和基准保持图样规定的相互位置(如平行度则应平行,垂直度则为 90°)同时要符合最小条件。

(3) 被测实际表面满足平行度要求,若被测点偶然出现一个超差的凸点或凹点时,这特殊点的数值,是否要作为平行度误差,应根据零件的使用要求来确定。

2. 垂直度

垂直度公差是限制被测要素(平面或直线)相对于基准要素(平面或直线)在垂直方向上变动量的一项指标。即用来控制被测要素相对于基准要素的方向偏离 90°的程度。

1) 垂直度公差。面对面的垂直度,标注如图 3-41(a)所示。公差带定义:是距离为公差值 t,且垂直于基准面(C)的两平行平面之间的区域,如图 3-41(b)所示。解释:被测平面必须位于距离为公差值 0.05,且垂直于基准面(C)的两平行平面之间。读法:右侧面对于底面的垂直度公差为 0.05。线对面在任意方向的垂直度,标注如图 3-42(a)所示。公差带定义:是直径为公差值 t,且垂直于基准面(A)的圆柱内的区域,如图 3-42(b)所示。解释:被测轴线必须位于直径为公差值 ϕ0.05,且垂直于基准面(A)的圆柱内。读法:ϕd 轴线对于底面 A 的垂直度公差为 ϕ0.05。图 3-43 是线对线的垂直度,读者可自行分析其公差带。

显然,垂直度公差带与基准垂直。

2) 垂直度误差的检测。垂直度误差常采用转换成平行度误差的方法进行检测。如测量图 3-43 所示的零件,可用图 3-44 所示的方法检测。基准轴线用一根相当标准直角尺的心轴模拟;被测轴线用心轴模拟。转动基准心轴,在测量距离为 L_2 的两个位置上测得的数值分别为 M_1 和 M_2。则垂直度误差:$f=\dfrac{L_1}{L_2}|M_1-M_2|$。测量时被测心轴应选用可胀式(或与孔成无间隙配合的)心轴,而基准心轴应选用可转动但配合间隙小的心轴。

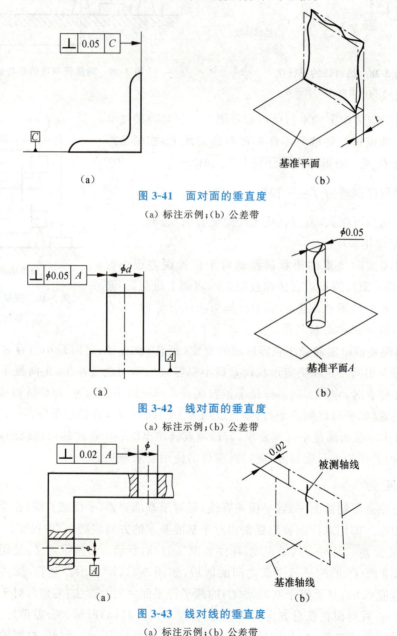

图 3-41 面对面的垂直度
(a) 标注示例;(b) 公差带

图 3-42 线对面的垂直度
(a) 标注示例;(b) 公差带

图 3-43 线对线的垂直度
(a) 标注示例;(b) 公差带

3) 垂直度应用说明:

(1) 轴线对轴线的垂直度,如没有标注出给定长度,则可按被测孔的实际长度进行测量。

(2) 直接用直角尺测量平面对平面或轴线对平面的垂直度时,由于没有排除基准表面的形状误差,测得的误差值受基准表面形状误差的影响。

(3) 过去曾有用测量端面跳动的方法,来测量平面对轴线的垂直度的,这种方法不妥,在后面介绍端面圆跳动时再予以说明。

3. 倾斜度

倾斜度公差是限制被测要素(平面或直线)相对于基准要素(平面或直线)在倾斜方向上变动量的一项指标。即用来控制被测要素相对于基准要素的方向偏离某一给定角度(0°~90°)的程度。

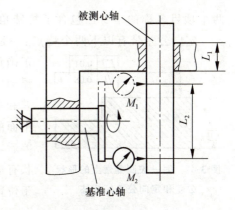

图 3-44 测量线对线的垂直度

1) 倾斜度公差。标注如图 3-45(a)所示。公差带定义:是距离为公差值 t,且与基准平面 A 成理论正确角度的两平行平面之间的区域,如图 3-45(b)所示。解释:被测斜面上各点应位于距离为 0.08,且与基准平面 A 成理论正确角度的两平行平面之间。读法:被测斜面相对于底面的倾斜度公差为 0.08,理论倾斜角度 45°。

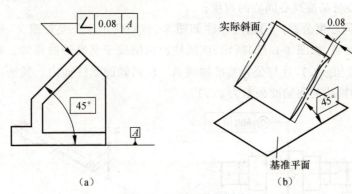

图 3-45 面对面的倾斜度
(a) 标注示例;(b) 公差带

2) 倾斜度误差的检测。倾斜度误差的检测也可转换成平行度误差的检测。只要加一个定角座或定角套即可。测量图 3-45 的零件,可用如图 3-46 所示的方法检测。将被测零件放置在定角座上,调整被测件,使整个被测表面的读数差为最小值。取指示器的最大与最小读数之差作为该零件的倾斜度误差。定角座可用正弦尺(或精密转台)代替。显然,倾斜度公差带与基准成理论正确角度。

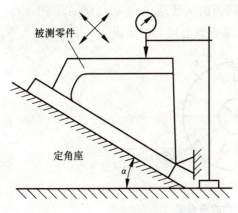

图 3-46 测量面对面的倾斜度

3) 倾斜度应用说明:

(1) 标注倾斜度时,被测要素与基准要素间的夹角是不带偏差的理论正确角度,标注时要带方框。

(2) 平行度和垂直度可看成是倾斜度的两个极端情况:当被测要素与基准要素之间的倾斜角 $\alpha=0°$ 时,就是平行度;$\alpha=90°$ 时,就是垂直度。这两个项目名称的本身已包含了特殊角 0°和 90°的含义。因此标注不必再带有方框了。

定向公差带有以下两个特点：一是公差带的方向固定（与基准平行或垂直或成一理论

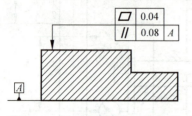

图 3-47　同一被测要素上的形状公差和定向公差的标注

正确角度），而其位置却可以随被测实际要素变化，即位置浮动。二是定向公差可以同时限制同一被测要素的方向误差和形状误差。例如，面对面的平行度误差可以限制被测平面的平面度误差。因此，当对某一被测要素给出定向公差后，通常不再对该要素给出形状公差，只有对该要素的形状有进一步要求时，才给出形状公差，而且形状公差值要小于位置公差值，如图 3-47 所示。

3.3.2　定位公差

定位公差是关联实际要素对基准在位置上允许的变动全量。当被测要素和基准要素都是中心要素要求重合或共面时，可用同轴度，其他情况规定位置度。

1. 同轴度

同轴度公差是限制被测要素轴线相对于基准要素轴线的同轴位置误差的一项指标。同心度是限制被测圆心与基准圆心同心的程度。

1) 同轴度与同心度公差。同轴度标注如图 3-48(a)所示。公差带定义：是直径为公差值 ϕt 的圆柱面内的区域，如图 3-48(b)所示，该圆柱面的轴线于基准轴线同轴。解释：ϕd 轴线必须位于直径为公差值 $\phi 0.1$，且与公共基准轴线 $A—B$ 同轴的圆柱面内。读法：ϕd 轴线相对于 $A—B$ 形成的公共轴线的同轴度公差为 $\phi 0.1$。

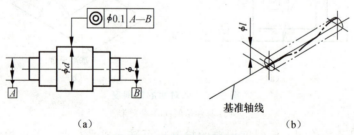

图 3-48　台阶轴的同轴度
(a) 标注示例；(b) 公差带

同心度公差是直径为公差值 ϕt，且与基准圆同心的圆内的区域，如图 3-49(a)所示。图 3-49(b)表示外圆的圆心必须位于直径为公差值 $\phi 0.01$ 且与基准圆心同心的圆内。

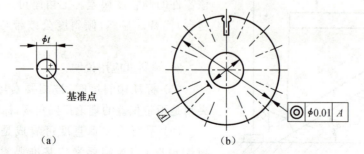

图 3-49　电动机定子硅钢片零件的同心度

2) 同轴度误差的检测。同轴度误差的检测是要找出被测轴线离开基准轴线的最大距离,以其两倍值定为同轴度误差。图 3-48 所示的同轴度要求,可用图3-50所示的方法测量。以两基准圆柱面中部的中心点连线作为公共基准轴线。即将零件放置在两个等高的刃口状 V 形架上,将两指示器分别在铅垂轴截面调零。

(1) 在轴向测量,指示器在垂直基准轴线的正截面上测得各对应点的读数差值$|M_1-M_2|$作为在该截面上的同轴度误差。

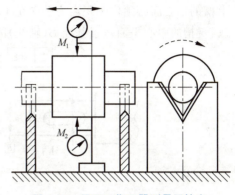

图 3-50　用两只指示器测量同轴度

(2) 转动被测零件按上述方法测量若干个截面。取各截面测得的读数差中的最大值(绝对值)作为该零件的同轴度误差。

此方法适用于测量形状误差较小的零件。

3) 同轴度与同心度的应用说明:

(1) 同轴度误差反映在横截面上是圆心的不同心。过去常把同轴度叫做不同心度是不确切的,因为要控制的是轴线,而不是圆心点的偏移。

(2) 检测同轴度误差时,要注意基准轴线不能搞错,用不同的轴线作基准将会得到不同的误差值。

(3) 同心度主要用于薄的板状零件,如电动机定子中的硅钢片零件,此时要控制的是在横截面上内外圆的圆心的偏移,而不是控制轴线。

2. 对称度

对称度公差一般用以限制理论上要求共面的被测要素(中心平面、中心线或轴线)偏离基准要素(中心平面、中心线或轴线)的一项指标。

1) 对称度公差,标注如图 3-51(a)所示。公差带定义:是距离为公差值 t,且相对基准的中心平面对称配置的两平行平面之间的区域,如图 3-51(b)所示。解释:要求槽的中心面必须位于距离为公差值 0.1,且相对基准的中心平面对称配置的两平行平面之间。读法:槽的中心平面相对于基准 A(物体的中心平面)的对称度公差为 0.1。

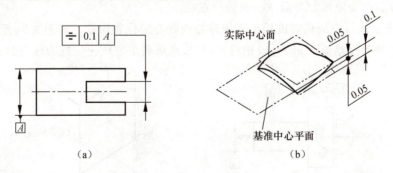

图 3-51　面对面的对称度
(a) 标注示例;(b) 公差带

轴槽的对称度标注如图 3-52(a)所示。公差带定义:是距离为公差值 t,且相对基准的轴线(通过基准轴线的辅助平面)对称配置的两平行平面之间的区域,如图 3-52(b)所示。解释:要求槽的中心面必须位于距离为公差值0.1,且相对基准轴线对称配置的两平行平面之间。读法:键槽的中心平面对于基准B(轴线)的对称度公差为0.1。

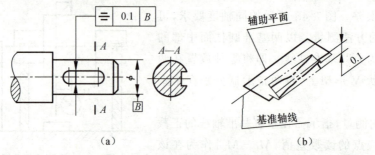

图3-52 轴槽的对称度
(a)标注示例;(b)公差带

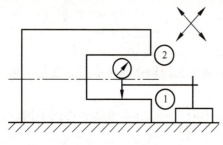

图3-53 测量面对面的对称度

2) 对称度误差的检测。对称度误差的检测要找出被测中心要素离开基准中心要素的最大距离,以其两倍值定为对称度误差。通常是用测长仪测量对称的两平面或圆柱面的两边素线各自到基准平面或圆柱面的两边素线的距离之差。测量时用平板或定位块模拟基准滑块或槽面的中心平面。

测量图3-51所示零件的对称度误差,可用如图3-53的方法。将被测零件放置在平板上,测量被测表面与平板之间的距离。将被测件翻转后,测量另一被测表面与平板之间的距离,取测量截面内对应两测点的最大差值作为对称度误差。

3) 对称度误差是在被测要素的全长上进行测量,取测得的最大值作为误差值。

3. 位置度

位置度公差用以限制被测点、线、面的实际位置对其理想位置变动量的一项指标,其理想位置是由基准和理论正确尺寸确定。理论正确尺寸是不附带公差的精确尺寸,用以表示被测理想要素到基准之间的距离,在图样上用加方框的数字表示,如 $\boxed{10}$ 以便与未注尺寸公差的尺寸相区别。位置度公差可分为点、线、面的位置度。

1) 位置度公差。点的位置度用于限制球心或圆心的位置误差。如图3-54所示,球 ϕD 球心必须位于直径为公差值0.08,并以相对基准A、B所确定的理想位置为球心的球内。

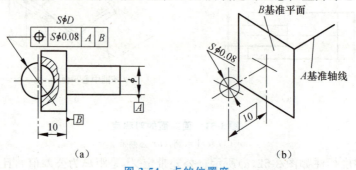

图3-54 点的位置度
(a)标注示例;(b)公差带

孔轴线的位置度,标注如图 3-55(a)所示。公差带定义:是直径为 $\phi 0.1$ 的圆柱面内的区域,公差带轴线的位置由相对于三基面体系的理论正确尺寸确定,如图3-55(b)所示。解释:ϕD 孔的轴线必须位于直径为公差值 0.1 且以相对于 $A、B、C$ 基准平面的理论正确尺寸所确定的理想位置为轴线的圆柱面内。读法:ϕD 孔的轴线对基准 $A、B、C$ 的位置度公差为 $\phi 0.1$。

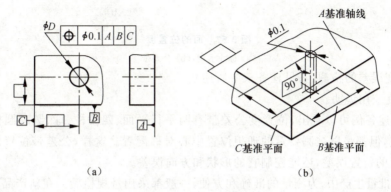

图 3-55 孔的位置度
(a) 标注示例;(b) 公差带

如果是薄板,孔的轴线很短,则可看成为一个点,成为点的位置度。这时,公差带变为以基准 B 和 C 以及理论正确尺寸所确定的理想点为中心,直径为 $\phi 0.1$ 的圆。

孔间位置度要求控制各孔之间的距离。如图 3-56 所示,由 6 个孔组成的孔组,要求控制各孔之间的距离,位置度公差在水平方向是 0.1,在垂直方向是 0.2。公差带是 6 个四棱柱,它们的轴线是孔的理想位置,要由理论正确尺寸确定。每个孔的实际轴线应在各自的四棱柱内。此处未给基准,意思是这组孔与零件上其他孔组或表面,没有严格要求,可用坐标尺寸公差定位。此例多用于箱体和盖板上。

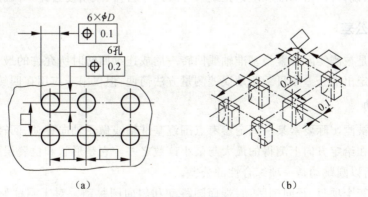

图 3-56 孔间位置度
(a) 标注示例;(b) 公差带

如果给定的是任意方向的位置度公差,则公差带是 6 个圆柱体。

面的位置度用于限制面的位置误差。如图 3-57 所示,滑块只要求燕尾槽两边的两平面重合,并不要求它们与下面平行,这时,可用面的位置度表示。其理论正确尺寸为零。因此,被测面的理想位置就在基准平面上,公差带是以基准平面为中心面,对称配置的两平行平面。被测实际面应位于此两平行平面之间。

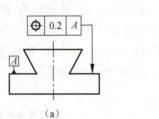 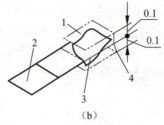

图 3-57 面的位置度

（a）标注示例；（b）公差带

2）位置度误差的检测（参见任务三中所述）。

3）位置度应用说明：

（1）由上述各例可以看出，位置度公差带有两平行平面、四棱柱、球、圆和圆柱，其宽度或直径为公差值，但都是以被测要素的理想位置中心对称配置。这样，公差带位置固定，不仅控制了被测要素的位置误差，还能控制它的形状和方向误差。

（2）在大批量生产中，为测量的准确和方便，一般都采用量规检验。在新产品试制、单件小批量生产、精密零件和工装量具的生产中，常使用量仪来测量位置度误差。这时，应根据位置度的要求，选择具有适当测量精度的通用量仪，按照图样规定的技术要求，测量出各被测要素的实际坐标尺寸，然后再按照位置度误差定义，将坐标测量值换算成相对于理想位置的位置度误差。

定位公差带是以理想要素为中心对称布置的，所以位置固定，不仅控制了被测要素的位置误差，而且控制了被测要素的方向和形状误差，但不能控制形成中心要素的轮廓要素上的形状误差。具体来说，同轴度可控制轴线的直线度，不能完全控制圆柱度；对称度可以控制中心面的平面度，不能完全控制构成中心面的两对称面的平面度和平行度。定位误差的检测是确定被测实际要素偏离其理想要素的最大距离的两倍值。对同轴度和对称度来说，就是基准的位置，对位置度来说，可以由基准和理论正确尺寸或尺寸公差（或角度公差）等确定。

3.3.3 跳动公差

跳动公差是被测实际要素绕基准轴线回转一周或连续回转时所允许的最大跳动量。跳动是按测量方式定出的公差项目。跳动误差测量方法简便，但仅限于应用在回转表面。

1. 圆跳动

圆跳动是被测实际要素某一固定参考点围绕基准轴线做无轴向移动、回转一周中，由位置固定的指示器在给定方向上测得的最大与最小读数之差。它是形状和位置误差的综合（圆度、同轴度等）。所以圆跳动是一项综合性的公差。

圆跳动有三个项目：径向圆跳动、端面圆跳动和斜向圆跳动。对于圆柱形零件，有径向圆跳动和端面圆跳动；对于其他回转要素如圆锥面、球面或圆弧面，则有斜向圆跳动。

1）圆跳动公差包括：

（1）径向圆跳动公差，标注如图 3-58（a）所示。公差带定义：是垂直于基准轴线的任一测量平面内，半径差为公差值 t 且圆心在基准轴线上的两同心圆之间的区域，如图 3-58（b）所示。解释：当被测要素围绕公共基准轴线 A—B 旋转一周时，在任一测量平面内的径向圆跳动均不得大于 0.05。读法：ϕd_1 圆柱面对两个 ϕd_2 圆柱面的公共轴线 A—B 的径向圆跳动公差为 0.05。

项目三 形状和位置公差

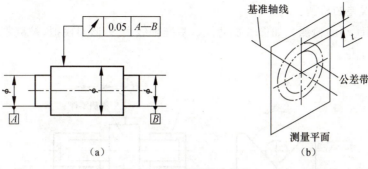

图 3-58 径向圆跳动公差
(a) 标注示例；(b) 公差带

(2) 端面圆跳动公差，标注如图 3-59(a) 所示。公差带定义：是在与基准轴线同轴的任一直径位置的测量圆柱面上沿母线方向宽度为 t 的圆柱面区域，如图 3-59(b) 所示。解释：被测面围绕基准轴线做无轴向移动旋转一周时，在右端面上任一测量直径处的轴向跳动量均不得大于公差值 0.08。读法：右端面相对于 ϕd 轴线的端面圆跳动公差为 0.08。

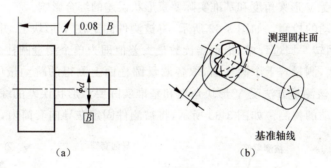

图 3-59 端面圆跳动公差
(a) 标注示例；(b) 公差带

(3) 斜向圆跳动公差，标注如图 3-60(a) 所示。公差带定义：是在与基准轴线同轴的任一测量圆锥面上，沿母线方向宽度为 t 的圆锥面区域，如图 3-60(b) 所示。当圆锥面绕基准轴线做无轴向移动的回转时，在各个测量面上的跳动量的最大值，作为被测回转表面的斜向圆跳动误差。

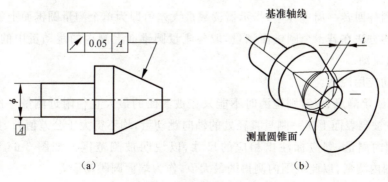

图 3-60 斜向圆跳动公差
(a) 标注示例；(b) 公差带

2)圆跳动误差的检测:

(1)径向圆跳动的检测。如图3-61所示,基准轴线由V形架模拟,被测零件支承在V形架上,并在轴向定位。

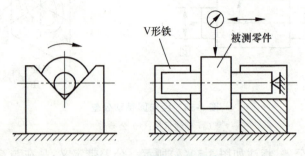

图3-61 测量径向圆跳动

① 在被测零件回转一周过程中指示器读数最大差值即为单个测量平面上的径向跳动。

② 按上述方法测量若干个截面,取各截面上测得的跳动量中的最大值,作为该零件的径向跳动。该测量方法受V形架角度和基准实际要素形状误差的综合影响。

(2)端面圆跳动的检测。如图3-62所示,将被测件固定在V形块上,并在轴向上固定。

① 在被测件回转一周过程中,指示器读数最大差值即为单个测量圆柱面上的端面跳动。

② 按上述方法,测量若干个圆柱面,取各测量圆柱面上测得的跳动量中的最大值作为该零件的端面跳动。该测量方法受V形块角度和基准实际要素形状误差的综合影响。

(3)斜向圆跳动的检测。如图3-63所示,将被测件固定在导向套筒内,且在轴向固定。

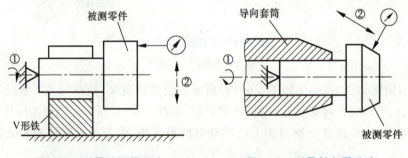

图3-62 测量端面圆跳动　　图3-63 测量斜向圆跳动

① 在被测件回转一周过程中,指示器读数最大差值即为单个测量圆锥面上的斜向跳动。

② 按上述方法在若干个圆锥面测量,取各测量圆锥面上测得的跳动量中的最大值,作为该零件的斜向跳动。

3)圆跳动应用说明:

(1)若未给定测量直径,则检测时不能只在被测面的最大直径附近测量一次。因为端面圆跳动规定在被测表面上任一测量直径处的轴向跳动量,均不得大于公差值 t。如果要求在指定的局部范围内测量,则应标注出相应的尺寸,以说明被测范围。如图3-64所示,要求在 $\phi150$ mm 范围内测量,以此范围内测得的最大值,作为端面圆跳动误差。

(2)斜向圆跳动的测量方向,是被测表面的法向方向。若有特殊方向要求时,也可按需加以注明。

2. 全跳动

圆跳动仅能反映单个测量平面内被测要素轮廓形状的误差情况,不能反映出整个被测面上的误差。全跳动则是对整个表面的形位误差综合控制,是被测实际要素绕基准轴线做无轴向移动的连续回转,同时指示器沿理想素线连续移动(或被测实际要素每回转一周,指示器沿理想素线做间断移动)。由指示器在给定方向上测得的最大与最小读数之差。

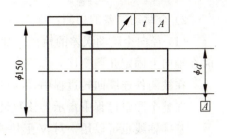

图 3-64 标注检测范围的端面圆跳动

1) 全跳动有两个项目:径向全跳动和端面全跳动。

(1) 径向全跳动公差,标注如图 3-65(a)所示。公差带定义:是半径差为公差值 t,且与基准轴线同轴的圆柱面之间的区域,如图 3-65(b)所示。解释:ϕd 表面绕 A—B 做无轴向移动地连续回转,同时,指示器做平行于基准轴线的直线移动,在 ϕd 整个表面上的跳动量不得大于公差值 0.2。读法:ϕd 圆柱面对基准 A—B(ϕd_1 和 ϕd_2 形成的公共轴线)的径向全跳动公差为 0.2。

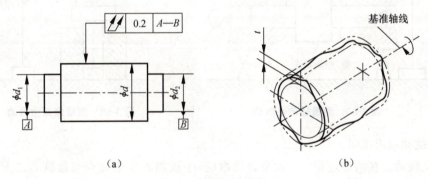

图 3-65 径向全跳动
(a) 标注示例;(b) 公差带

(2) 端面全跳动公差,标注如图 3-66(a)所示。公差带定义:是距离为公差值 t,且与基准轴线垂直的两平行平面之间的区域,如图 3-66(b)所示。解释:被测端面绕基准轴线做无轴向移动地连续回转,同时,指示器做垂直于基准轴线的直线移动(被测端面的法向为测量方向),在整个端面上的跳动量不得大于 0.05。读法:零件的右端面对 ϕd 圆柱面轴线 A 的端面全跳动公差为 0.05。

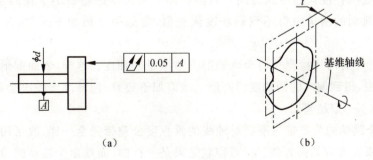

图 3-66 端面全跳动
(a) 标注示例;(b) 公差带

2) 全跳动误差的检测:

(1) 径向全跳动误差的检测。如图 3-67 所示,将被测零件固定在两同轴导向套筒内,同时在轴向上固定并调整该对套筒,使其同轴和与平板平行。

在被测件连续回转过程中,同时让指示器沿基准轴线的方向做直线运动。

在整个测量过程中指示器读数最大差值即为该零件的径向全跳动。

基准轴线也可以用一对 V 形块或一对顶尖的简单方法来体现。

(2) 端面全跳动误差的检测。如图 3-68 所示,将被测零件支承在导向套筒内,并在轴向上固定。导向套筒的轴线应与平板垂直。在被测零件连续回转过程中,指示器沿其径向做直线运动。在整个测量过程中指示器的读数最大差值即为该零件的端面全跳动。基准轴线也可以用 V 形块等简单方法来体现。

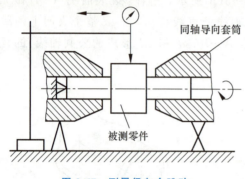

图 3-67　测量径向全跳动

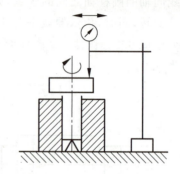

图 3-68　测量端面全跳动

3) 全跳动应用说明:

(1) 全跳动是在测量过程中一次总计读数(整个被测表面最高点与最低点之差),而圆跳动是分别多次读数,每次读数之间又无关系。因此,圆跳动仅反映单个测量面内被测要素轮廓形状的误差情况。而全跳动则反映整个被测表面的误差情况。

全跳动是一项综合性指标,它可以同时控制圆度、同轴度、圆柱度、素线的直线度、平行度、垂直度等的形位误差。对一个零件的同一被测要素,全跳动包括了圆跳动。显然,当给定公差值相同时,标注全跳动的要比标注圆跳动的要求更严格。

(2) 径向全跳动的公差带与圆柱度的公差带形式一样,只是前者公差带的轴线与基准轴线同轴,而后者的轴线是浮动的。因此,如可忽略同轴度误差时,可用径向全跳动的测量来控制该表面的圆柱度误差。因为同一被测表面的圆柱度误差必小于径向全跳动测得值。虽然在径向全跳动的测量中得不到圆柱度误差值,但如果全跳动不超差,圆柱度误差也不会超差。

(3) 在生产中有时用检测径向全跳动的方法测量同轴度。这样,表面的形状误差必须反映到测量值中去,得到偏大的同轴度误差值。该值如不超差,同轴度误差不会超差;若测得值超差,同轴度也不一定超差。

(4) 端面全跳动的公差带与平面对轴线的垂直度公差带完全一样,故可用端面全跳动或其测量值代替垂直度或其误差值。两者控制结果是一样的,而端面全跳动的检测方法比较简单。但端面圆跳动则不同,不能用检测端面圆跳动的方法检测平面对轴线的垂直度。

随堂练习

识读下图所示的位置公差标注的含义。

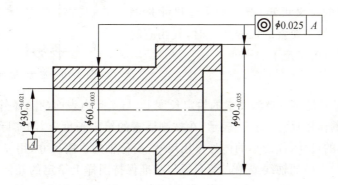

任务四 公差原则与公差要求

任务分析

当零件被测要素既有尺寸公差要求又有形位公差要求时,如何处理二者的关系?确定尺寸公差与形位公差之间相互关系的原则称为公差原则,它分为独立原则和相关要求两大类。通过本任务的学习使学生具有根据零件的使用要求合理处理二者关系的能力。

3.4.1 有关术语及定义

1. 局部实际尺寸

局部实际尺寸(D_a、d_a),简称实际尺寸,是指在实际要素的任意正截面上,两对应点之间测得的距离。由于存在形位误差和测量误差,因此,其各处的局部实际尺寸可能不尽相同,如图 3-69 所示。

2. 实体极限和实体尺寸

1) 最大实体极限和最大实体尺寸。最大实体极限是对应于最大实体尺寸的极限尺寸。最大实体尺寸是孔或轴具有允许的材料量为最多时的极限尺寸(MMS)。即轴的上极限尺寸和孔的下极限尺寸。孔的最大实体尺寸用 D_M 表示,轴的最大实体尺寸用 d_M 表示。

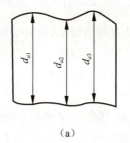
(a)

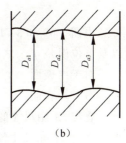
(b)

图 3-69 局部实际尺寸

2) 最小实体极限和最小实体尺寸:最小实体极限是对应于最小实体尺寸的极限尺寸。最小实体尺寸是:孔或轴具有允许的材料量为最少时的极限尺寸(LMS)。即轴的下极限尺寸和孔的上极限尺寸。孔的最小实体尺寸用 D_L 表示,轴的最小实体尺寸用 d_L 表示。

最大实体极限是在同一设计的零件中装配感觉最难的状态,即可能获得最紧的装配结果的状态,它也是工件强度最高的状态;最小实体极限是装配感觉最易的状态,即可获得最松的装配结果的状态,它也是工件强度最低的状态。最大和最小实体极限都是设计规定的合格工件的材料量的两个极限状态,如图3-70所示。

根据实体尺寸的定义可知,要素的实体尺寸是由设计给定的,当设计给出要素的极限尺寸时,其相应的最大最小实体尺寸也就确定了。

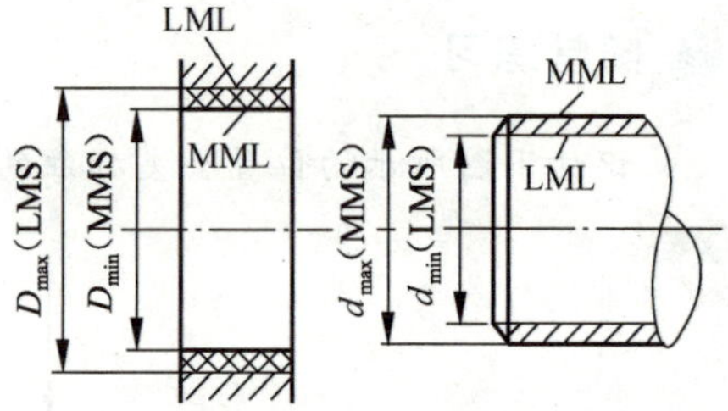

图 3-70 最大、最小实体状态与尺寸

3. 作用尺寸

1) 体外作用尺寸是指在被测要素的给定长度上,与实际内表面(孔)体外相接的最大理想轴的尺寸,简称孔的作用尺寸,用 D_{fe} 表示;在被测要素的给定长度上,与实际外表面(轴)体外相接的最小理想孔的尺寸,称为轴的体外作用尺寸,简称轴的作用尺寸,用 d_{fe} 表示。对于关联要素,该理想外(内)表面的轴线或中心面必须与基准保持图样上给定的几何关系。图3-71为单一要素的体外作用尺寸,图(a)为孔的体外作用尺寸,图(b)为轴的体外作用尺寸。图3-72为关联要素(轴)的体外作用尺寸,图(a)为图样标注,图(b)为轴的体外作用尺寸,最小理想孔的轴线必须垂直于基准面 A。

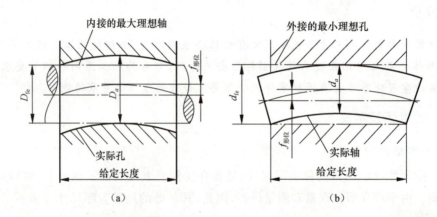

图 3-71 单一要素的体外作用尺寸

由图3-69和3-71可以直观地看出,内外表面的体外作用尺寸 D_{fe}、d_{fe} 与其实际尺寸 D_a、d_a 以及形位误差 $f_{形位}$ 之间的关系,可以用下式表示:

对于内表面 $\qquad D_{fe} = D_a - f_{形位}$ \hfill (3-1)

对于外表面 $\qquad d_{fe} = d_a + f_{形位}$ \hfill (3-2)

可以看出,作用尺寸的大小由其实际尺寸和形位误差共同确定。一方面,按同一图样加工的一批零件,其实际尺寸各不相同,因此,其作用尺寸也不尽相同;另一方面,由于形位误差的存在,外表面的作用尺寸大于该表面的实际尺寸,内表面的作用尺寸小于该表面的体外作用尺寸。因此,形位误差影响内外表面的配合性质。例如,$\phi 30 H7(^{+0.021}_{0})/h6(^{0}_{-0.013})$ 孔轴配合,其最小间隙为零。若孔轴加工后不存在形状误差,即具有理想形状,且其实际尺寸均为30,则装配后,具有最小间隙量为0;若加工后,孔具有理想形状,且实际尺寸为30,如图3-73(a)所示,而轴的轴线发生了弯曲,即存在形状误差 $f_{形位}$,且实际尺寸为30,如图3-73(b)所示。显然,装配后具有过盈量。若要保证配合的最小间隙量为0,必须将孔的直径扩大为 $d_{fe} = \phi 30 + f_{形位} = d_a + f_{形位}$。因此,体外作用尺寸实际上是对配合起作用的尺寸。

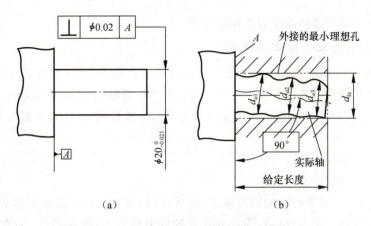

图 3-72 关联要素(轴)的体外作用尺寸

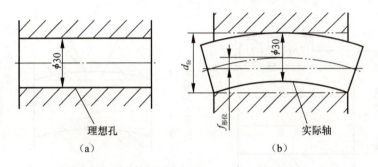

图 3-73 轴线直线度误差对配合性质的影响

由上所述,得出作用尺寸的特点:

(1) 作用尺寸是假想的圆柱直径;是在装配时起作用的尺寸。
(2) 对单个零件来说,作用尺寸是唯一的;对一批零件而言,作用尺寸是不同的。
(3) $d_a \leqslant d_{fe}$,$D_a \geqslant D_{fe}$。

2) 体内作用尺寸 在被测要素的给定长度上,与实际内表面(孔)体内相接的最小理想轴的尺寸,称为内表面(孔)的体内作用尺寸,用 D_{fi} 表示;与实际外表面(轴)体内相接的最大理想孔的尺寸,称为外表面(轴)的体内作用尺寸,用 d_{fi} 表示。对于关联要素,该理想外表面或内表面的轴线或中心面必须与基准保持图样上给定的几何关系。图 3-74(a)和图 3-74(b)分别是孔和轴单一要素的体内作用尺寸。

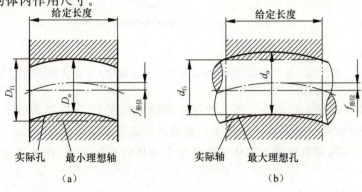

图 3-74 单一要素的体内作用尺寸

体内作用尺寸是对零件强度起作用的尺寸。

4. 实体实效状态和实体实效尺寸

1) 最大实体实效状态和最大实体实效尺寸 在给定长度上，实际要素处于最大实体状态，且其中心要素的形状或位置误差等于给出公差值时的综合极限状态，称为最大实体实效状态，用 MMVC 表示。实际要素在最大实体实效状态下的体外作用尺寸，称为最大实体实效尺寸，用 MMVS 表示。

用公式表示： $D_{MV} = D_M - t_{形位}$ (3-3)

$d_{MV} = d_M + t_{形位}$ (3-4)

图 3-75(a)为单一要素(孔)的图样标注，图 3-75(b)为实际孔的最大实体实效状态和最大实体实效尺寸示意图。图 3-76(a)，为关联要素轴的图样标注，图 3-75(b)为实际轴的最大实体实效状态和最大实体实效尺寸示意图。

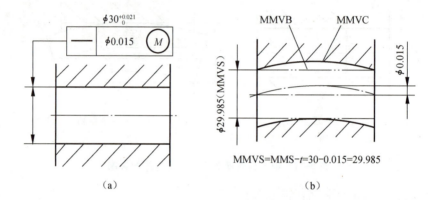

图 3-75　单一要素(孔)的最大实体实效尺寸和最大实体实效状态图

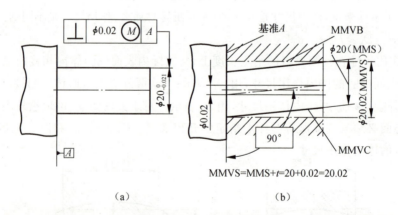

图 3-76　关联要素轴的最大实体实效尺寸和最大实体实效状态

2) 最小实体实效状态和最小实体实效尺寸 在给定长度上，实际要素处于最小实体状态，且其中心要素的形状或位置误差等于给出公差值时的综合极限状态，称为最小实体实效状态。用 LMVC 表示。实际要素在最小实体实效状态下的体内作用尺寸，称为最小实体实效尺寸，用 LMVS 表示。

用公式表示： $D_{LV} = D_L + t_{形位}$ (3-5)

$$d_{LV} = d_L - t_{形位} \tag{3-6}$$

图 3-77(a)为单一要素孔的图样标注,图 3-77(b)为实际孔的最小实体实效状态和最小实体实效尺寸。图 3-78(a)为关联要素轴的图样标注,图 3-78(b)为实际轴的最小实体实效状态和最小实体实效尺寸。

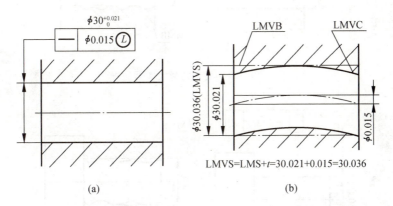

图 3-77 单一要素的最小实体实效尺寸和最小实体实效状态

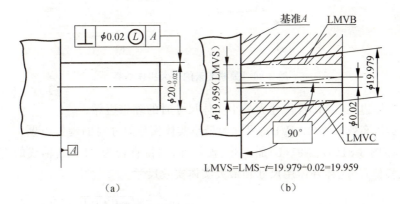

图 3-78 关联要素轴的最小实体实效尺寸和最小实体实效状态

5. 理想边界

理想边界是指由设计给定的具有理想形状的极限边界。对于内表面(孔),它的理想边界是相当于一个具有理想形状的外表面;对于外表面(轴),它的理想边界是相当于一个具有理想形状的内表面。

设计时,根据零件的功能和经济性要求,常给出以下几种理想边界:

1) 最大实体边界(MMB):当理想边界的尺寸等于最大实体尺寸时,称为最大实体边界,如图 3-79 和图 3-80 所示。

2) 最大实体实效边界(MMVB):当尺寸为最大实体实效尺寸时的理想边界。

边界是用来控制被测要素的实际轮廓的。如对于轴,该轴的实际圆柱面不能超越边界,以此来保证装配。而形位公差值则是对于中心要素而言的,如轴的轴线直线度采用最大实体要求,则是对轴线而言。应该说形位公差值是对轴线直线度误差的控制,而最大实体实效边界则是对其实际的圆柱面的控制,这一点应注意。

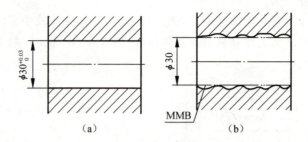

图 3-79　单一要素的最大实体边界

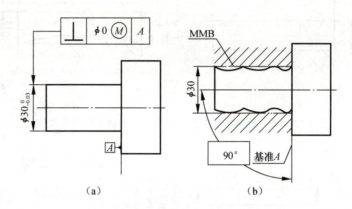

图 3-80　关联要素的最大实体边界

3) 最小实体边界(LMB)：尺寸为最小实体尺寸时的理想边界。

4) 最小实体实效边界(LMVB)：尺寸为最小实体实效尺寸时的理想边界。

例 3-2　按图 3-81(a)、3-81(b)加工孔、轴零件，测得直径为 $\phi16$，其轴线的直线度误差为 0.02，求最大实体尺寸、体外作用尺寸和最大实体实效尺寸。

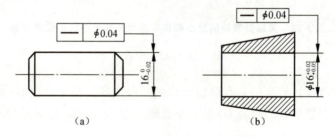

图 3-81

解：(a) ① 最大实体尺寸　　　　　$d_M = d_{max} = \phi16$

② 体外作用尺寸　　　　$d_{fe} = d_a + f_{形位} = 16 + 0.02 = \phi16.02$

③ 最大实体实效尺寸　　$d_{MV} = d_M + t_{形位} = 16 + 0.04 = \phi16.04$

(b) ① 最大实体尺寸　　　　$D_M = D_{min} = \phi16.05$

② 体外作用尺寸　　　　$D_{fe} = D_a - f_{形位} = 16 - 0.02 = \phi15.98$

③ 最大实体实效尺寸　　$D_{MV} = D_M - t_{形位} = 16.05 - 0.04 = \phi16.01$

3.4.2 独立原则

1. 独立原则的含义和图样标注

独立原则是指被测要素在图样上给出的尺寸公差与形位公差各自独立,应分别满足要求的公差原则。独立原则是标注形位公差和尺寸公差相互关系的基本公差原则。

独立原则的图样标注如图3-82所示,图样上不需加注任何关系符号。

图3-82所示轴的直径公差与其轴线的直线度公差采用独立原则。只要轴的实际尺寸在 $\phi 29.979 \sim \phi 30$,其轴线的直线度误差不大于 $\phi 0.12$,则零件合格。

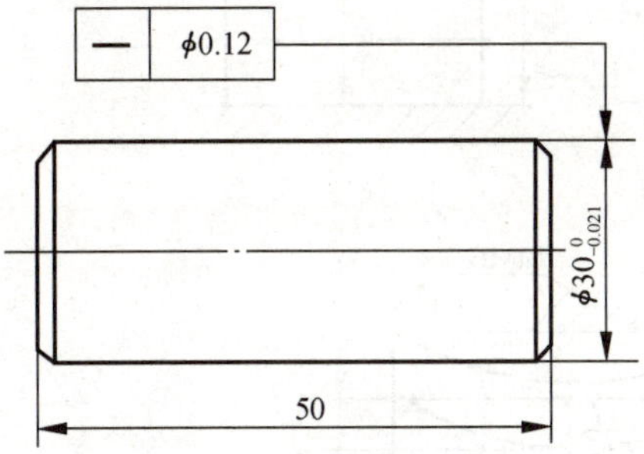

2. 遵守独立原则零件的合格条件

对于内表面:$D_{\min} \leqslant D_a \leqslant D_{\max}$ (3-7)

对于外表面:$d_{\min} \leqslant d_a \leqslant d_{\max}$ (3-8)

$$f_{形位} \leqslant t_{形位}$$

检验时,实际尺寸只能用两点法测量(如用千分尺、游标卡尺等通用量具),形位误差只能用形位误差的测量方法单独测量。

图 3-82 独立原则的图样标注

3. 独立原则的应用

独立原则是处理形位公差与尺寸公差之间相互关系的基本原则,图样上给出的公差大多遵守独立原则。主要有以下几种情形:

(1) 影响要素使用性能的主要是形位误差或尺寸误差,这时要用独立原则满足使用要求。例如印刷机的滚筒,尺寸精度要求不高,但对圆柱度要求高,以保证印刷清晰,因而按独立原则给出了圆柱度公差 t,而其尺寸公差则按未注公差处理。又如,液压传动中常用的液压缸的内孔。为防止泄漏,对液压缸内孔的形状精度(圆柱度、轴线直线度)提出了较严格的要求,而对其尺寸精度则要求不高,故尺寸公差与形位公差按独立原则给出。

(2) 要素的尺寸公差和某方面的形位公差直接满足的功能不同,需要分别满足要求。如变速箱上孔的尺寸公差(满足配合要求)和相对其他孔的位置公差(满足啮合要求)。

(3) 在制造过程中需要对要素的尺寸做精确度量以进行选配或分组装配时,要素的形位公差和尺寸公差之间应遵守独立原则。

3.4.3 相关要求

相关要求是指图样上给定的尺寸公差与形位公差相互有关的公差要求。它分为包容要求、最大实体要求(包括可逆要求应用于最大实体要求)和最小实体要求(包括可逆要求应用于最小实体要求)。

1. 包容要求

1) 包容要求的含义和图样标注。

包容要求是指实际要素遵守其最大实体边界,且其局部实际尺寸不得超出其最小实体尺寸的一种公差要求。也就是说,无论实际要素的尺寸误差和形位误差如何变化,其实际轮廓不得超越其最大实体边界,即其体外作用尺寸不得超越其最大实体边界尺寸,且其实际尺寸不得超越其最小实体尺寸。

采用包容要求时,必须在图样上尺寸公差带或公差值后面加注符号Ⓔ,如图 3-83(a)所示,该轴的尺寸为 $\phi 50_{-0.025}^{0}$ 采用包容要求,图样应同时满足零件尺寸在 $\phi 50 \sim \phi 49.975$。Ⓔ 的解释可归纳为三句话:

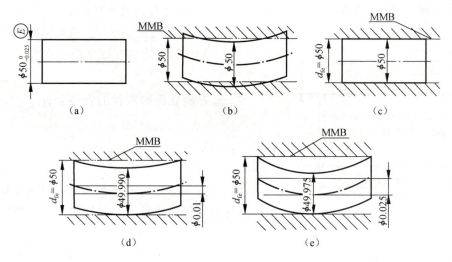

图 3-83 包容要求

(1) 当被测要素处于最大实体状态时,该零件的形位公差(最大的形位误差)等于零。

本例中,当该轴尺寸为 $\phi 50$ 时,该轴的圆度、素线、轴线的直线度等误差等于零。

(2) 当被测要素偏离最大实体状态时,该零件的形位公差允许达到偏离量。

本例中,当该轴尺寸为 $\phi 49.98$ 时,该轴的圆度、素线、轴线的直线度等误差允许达到偏离量,即等于 $\phi 0.02$ mm。

(3) 当被测要素偏至最小实体状态时,该零件的形位公差允许达到最大值,即等于图样给定的零件的尺寸公差。

本例中,当该轴尺寸为时 $\phi 49.975$ 时,该轴的圆度、圆度柱、素线的直线度、轴线的直线度等误差允许达到最大值,即等于图样给定的轴的尺寸公差最大为 0.025 mm。

当该轴的实际尺寸处处为最其大实体尺寸 $\phi 50$ 时,其轴线有任何形位误差都将使其实际轮廓超出最大实体边界,如图 3-83(b)所示。所以,此时该轴的形位公差值应为 $\phi 0$,如图 3-83(c)所示;当轴的实际尺寸为 $\phi 49.990$ 时,轴的形位误差只有在 $\phi 0 \sim \phi 0.010$,实际轮廓才不会超出最大实体边界,即此时其形位公差值应为 $\phi 0.010$,如图 3-83(d)所示;当轴的实际尺寸为最小实体尺寸 $\phi 49.975$ 时,其形位误差只有在 $\phi 0 \sim \phi 0.025$,实际轮廓才不会超出最大实体边界,即此时轴的形位公差值应为 $\phi 0.025$,如图 3-83(e)所示。

可见,遵守包容要求的尺寸要素,当其实际尺寸达到最大实体尺寸时,形位公差只能为 0,当其实际尺寸偏离最大实体尺寸而不超越最小实体尺寸时,允许形位公差获得一定的补偿值,补偿值的大小在其尺寸公差以内,当实际尺寸为最小实体尺寸时,形位公差有最大补偿量,其大小为其尺寸公差值 $T = MMS - LMS$。显然,包容要求是将尺寸误差和形位误差同时控制在尺寸公差范围内的一种公差要求。主要用于必须保证配合性质的要素,用最大实体边界保证必要的最小间隙或最大过盈,用最小实体尺寸防止间隙过大或过盈过小。

2) 采用包容要求零件的合格条件。

采用包容要求时,被测要素遵守最大实体边界,其体外作用尺寸不得超出其最大实体尺寸,且局部实际尺寸不得超出及最小实体尺寸,即合格条件为

$$孔: \quad D_M(D_{\min}) \leqslant D_{fe} \quad D_a \geqslant D_L(D_{\max}) \tag{3-9}$$

$$轴: \quad d_L(d_{\min}) \leqslant d_a \quad d_{fe} \leqslant d_M(d_{\max}) \tag{3-10}$$

上式就是极限尺寸判断原则,也即泰勒原则。检验时,按泰勒原则用光滑极限量规检验实际要素是否合格。

3) 包容要求的应用。

包容要求仅用于单一尺寸要素(如圆柱面、两反向平行面等尺寸),主要用于保证单一要素间的配合性质。如回转轴颈与滑动轴承、滑块与滑块槽以及间隙配合中的轴孔或有缓慢移动的轴孔结合等。

2. 最大实体要求

1) 最大实体要求的含义和图样标注。

最大实体要求是指被测要素的实际轮廓应遵守其最大实体实效边界,且当其实际尺寸偏离其最大实体尺寸时,允许其形位误差值超出图样上(在最大实体状态下)给定的形位公差值的一种要求。

最大实体要求应用于被测要素时,应在图样上相应的形位公差值后面加注符号Ⓜ,如图 3-84(a)所示,该轴的尺寸为 $\phi 30_{-0.021}^{0}$,同时,轴线的直线度公差采用最大实体要求。图样应同时满足零件尺寸在 $\phi 30 \sim \phi 29.979$。Ⓜ的解释可归纳为三句话。

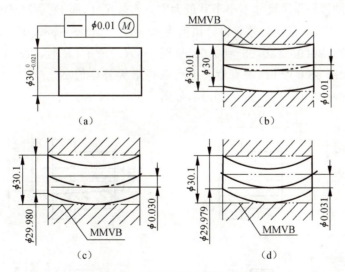

图 3-84 单一要素的最大实体要求示例

(1) 当被测要素处于最大实体尺寸时,零件的形位公差(最大的形位误差)等于给定值。

当尺寸为 $\phi 30$ 时,轴线的直线度公差 $= \phi 0.01$。

(2) 当被测要素偏离最大实体尺寸时,该零件的形位公差允许达到给定值加偏离量。

当尺寸为 $\phi 29.99$ 时,轴线的直线度公差 $= \phi 0.01$(给定值)$+ \phi 0.01$(偏离量,也叫补偿值)。

当尺寸为 $\phi 29.98$ 时,轴线的直线度公差 $= \phi 0.01$(给定值)$+ \phi 0.02$(偏离量)。

(3) 当被测要素偏至最小实体尺寸时,零件的形位公差等于给定值＋最大的偏离量(尺寸公差)。

当尺寸为 $\phi 29.972$ 时,轴线的直线度公差 $= \phi 0.01 + \phi 0.021$(尺寸公差) $= \phi 0.031$。

此时被测要素的实际轮廓被控制在其最大实体实效边界以内,即实际要素的体外作用尺寸不得超出其最大实体实效尺寸,而且其实际尺寸必须在其最大实体尺寸和最小实体尺寸范围内。当轴的实际尺寸超越其最大实体尺寸而向最小实体尺寸偏离时,允许将超出值补偿给形位公差,即此时可将给定的直线度公差 $t_{形位}$ 扩大。本例当轴的实际直径 d_a 处为其最大实体尺寸 $\phi 30$ 时(即实际轴处于 MMC 时),轴线的直线度公差为图样上的给定值,即 $t_{形位} = \phi 0.01$,如图 3-84(b)所示;当轴的实际直径 d_a 小于 $\phi 30$ 时,如 $d_a = \phi 29.980$ 时,其轴线直线度公差可以大于图样上的给定值 $\phi 0.01$,但必须保证被测要素的实际轮廓不超出其最大实体实效边界,即其体外作用尺寸不超出其最大实体实效尺寸,即 $d_{fe} \leqslant$ MMVS $= \phi 30 + \phi 0.01 = \phi 30.01$,所以,此时该轴轴线的直线度公差值获得一补偿量,其值为 $\Delta t =$ MMS $- d_a = \phi 30 - \phi 29.98 = \phi 0.02$,直线度公差值为 $t_{形位} = \phi 0.01 + \phi 0.02 = \phi 0.03$,如图 3-84(c)所示;显然,当轴的实际直径处处为其最小实体尺寸 $\phi 29.979$(即处于 LMC)时,其轴线直线度公差可获得最大补偿量 $\Delta t_{max} =$ MMS $-$ LMS $= \phi 30 - \phi 29.979 = T_d = 0.021$,此时直线度公差获得最大值 $t_{形位} = \phi 0.01 + \phi 0.021 = \phi 0.031$,如图 3-84(d)所示。

图 3-85 为最大实体要求应用于关联被测要素的示例。图 3-85(a)表示 $\phi 80^{+0.021}_{0}$ 孔的轴线对基准平面 A 的任意方向的垂直度公差采用最大实体要求。当该孔处于最大实体状态,即孔的实际直径处处为其最大实体尺寸 $\phi 80$ 时,垂直度公差值为图样上的给定值 $\phi 0.04$,如图 3-85(b)所示;当实际孔偏离其最大实体状态,如 $D_a = \phi 80.05$ 时,其垂直度公差可大于图样上的给定值,但必须保证孔的体外作用尺寸不小于其最大实体实效尺寸,即 $D_{fe} \geqslant$ MMVS $=$ MMS $- t_{形位} = \phi 80 - \phi 0.04 = \phi 79.96$,垂直度公差获得补偿值为 $\Delta t = D_a -$ MMS $= \phi 80.05 - \phi 80 = \phi 0.05$,垂直度公差值为 t 形位 $= \phi 0.04 + \phi 0.05 = \phi 0.09$,如图 3-85(c)所示;显然,当孔处于其最小实体状态时,即 $D_a =$ LMS $= \phi 80.12$ 时,垂直度公差可获得最大补偿值 $\Delta t_{max} = T_d = 0.12$,此时垂直度公差值为 t 形位 $= \phi 0.04 + \phi 0.12 = \phi 0.16$,如图 3-85(d)所示。

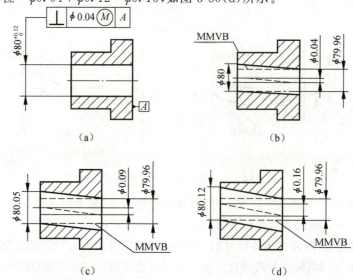

图 3-85　关联要素的最大实体要求示例

最大实体要求用于被测要素时,应特别注意以下两点:

(1) 当采用最大实体要求的被测关联要素的形位公差值标注为"0"或"φ0"时,如图 3-86 所示,其遵守的边界是最大实体实效边界的特殊情况,即最大实体实效边界这时就变成了最大实体边界,这种情况称为最大实体要求的零形位公差。

(2) 当对被测要素的形位公差有进一步要求时,应采用图 3-87 所示的方法标注,该标注表示轴 $\phi 20_{-0.021}^{0}$ 的轴线直线度公差采用最大实体要求,该直线度公差不允许超过公差框格中给定值 $\phi 0.02$,当轴的实际直径超出其最大实体尺寸向最小实体尺寸方向偏离时,允许将偏离量补偿给直线度公差,但该直线度公差不得大于 $\phi 0.02$。

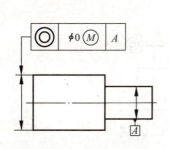

图 3-86　最大实体要求的零形位公差

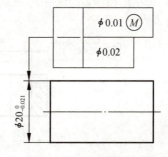

图 3-87　对形位公差有进一步要求时的标注

最大实体要求应用于基准要素时,应在图样上相应的形位公差框格的基准字母后面加注符号"Ⓜ",如图 3-88 所示。

2) 采用最大实体要求零件的合格条件。

采用最大实体要求的要素遵守最大实体实效边界,其体外作用尺寸不得超出其最大实体实效尺寸,且局部实际尺寸在最大与最小实体尺寸之间,即合格条件为

对于外表面:$d_{fe} \leqslant MMVS(d_{max} + t_{形位})$

$$LMS(d_{min}) \leqslant d_a \leqslant MMS(d_{max}) \quad (3-11)$$

对于内表面:$D_{fe} \geqslant MMVS(D_{min} - t_{形位})$

$$MMS(D_{min}) \leqslant D_a \leqslant LMS(D_{max}) \quad (3-12)$$

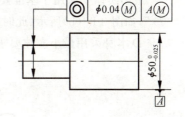

图 3-88　最大实体要求应用于基准要素时的标注

检测时用两点法测量实际尺寸,用功能量规检验被测要素的实际轮廓是否超越最大实体实效边界。

3) 最大实体要求的应用。

最大实体要求只能用于被测中心要素或基准中心要素,主要用于保证零件的可装配性。例如,用螺栓连接的法兰盘,螺栓孔的位置度公差采用最大实体要求,可以充分利用图样上给定的公差,既可以提高零件的合格率,又可以保证法兰盘的可装配性,达到较好的经济效益。关联要素采用最大实体要求的零形位公差时,主要用来保证配合性质,其适用场合与包容要求相同。

3. 最小实体要求

1) 最小实体要求的含义和图样标注。

最小实体要求是指被测要素的实际轮廓应遵守最小实体实效边界,当其实际尺寸偏离其最小实体尺寸时,允许其形位误差值超出图样上(在最小实体状态下)的给定值的一种公差要求。

最小实体要求应用于被测要素时,应在图样上该要素公差框格的公差值后面加注符号"Ⓛ",如图3-89(a)所示。该图样表示尺寸为 $\phi 20^{+0.1}_{\ 0}$ 的孔的轴线对基准 A 的同轴度公差采用最小实体要求,此时,被测要素的实际轮廓被控制在最小实体实效边界内,即该孔的体内作用尺寸不得超越其最小实体实效尺寸,该孔的实际尺寸不得超越其最大实体尺寸和最小实体尺寸。当孔的实际尺寸超越最小实体尺寸而向最大实体尺寸偏离时,允许将超出值补偿给形位公差,即将图样上给定的形位公差值扩大。例如,当 $D_a=\mathrm{LMS}=\phi20.1$ 时,同轴度公差 $t_{形位}=\phi0.08$;当 $D_a=\phi20.05$ 时,同轴度公差获得补偿值 $\Delta t=\mathrm{LMS}-D_a=\phi20.1-\phi20.05=\phi0.05$,即同轴度公差 $t_{形位}=\phi0.08+\phi0.05=\phi0.13$;显然,当 $D_a=\mathrm{MMS}=\phi20$ 时,同轴度公差有最大值,即 $t_{形位}=\phi0.08+T_D=\phi0.08+0.1=\phi0.18$。

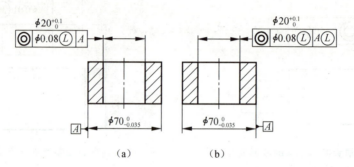

图3-89 最小实体要求的标注

最小实体要求用于基准要素时,应在图样上相应形位公差框格的基准字母后面加注符号"Ⓛ",如图3-89(b)所示(此时基准 A 本身采用独立原则,遵守最小实体边界)。图3-90表示基准 D 本身采用最小实体要求,其遵守的边界为最小实体实效边界。

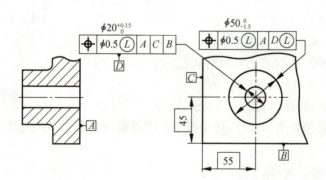

图3-90 基准要素本身采用最小实体要求的标注

同样地,当采用最小实体要求的关联要素的形位公差值标注为"0"或"$\phi0$"时,称为最小实体要求的零形位公差,此时该要素遵守最小实体边界。

2) 采用最小实体要求零件的合格条件。

采用最小实体要求的要素遵守最小实体实效边界,其体内作用尺寸不得超出其最小实体实效尺寸,且局部实际尺寸在最大与最小实体尺寸之间,即合格条件为

对于外表面: $d_{fi} \geqslant d_{\mathrm{LMV}}(d_{\min}-t_{形位}) \quad d_{\min} \leqslant d_a \leqslant d_{\max}$ (3-13)

对于内表面: $D_{fi} \leqslant D_{\mathrm{LMV}}(D_{\max}+t_{形位}) \quad D_{\min} \leqslant D_a \leqslant D_{\max}$ (3-14)

3) 最小实体要求的应用。

最小实体要求只能用于被测中心要素或基准中心要素,主要用来保证零件的强度和最小壁厚。

除了上述几种公差要求之外,还有可逆要求。可逆要求是指中心要素的形位误差值小于给出的形位公差值时,允许在满足零件功能要求的前提下扩大尺寸公差的一种公差要求。可逆要求通常用于最大实体要求和最小实体要求,其图样标注如图 3-91 所示,在相应的公差框格中符号Ⓜ 或Ⓛ 后面再加注符号"Ⓡ"。

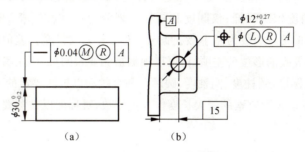

图 3-91　可逆要求用于最大、最小实体要求的标注

任务五　形位公差的选用

任务分析

正确选用形位公差项目,合理确定形位公差数值,对提高产品的质量和降低成本,具有十分重要的意义。通过学习使学生具有形位公差项目的确定、公差等级的确定、基准要素和公差原则的选择等方面能力。

3.5.1　形位公差特征项目的选择

形位公差特征项目的选择可从以下几个方面考虑:

(1) 零件的几何特征。零件的几何特征不同,会产生不同的形位误差。例如,对圆柱形零件,可选择圆度、圆柱度、轴心线直线度及素线直线度等;平面零件可选择平面度;窄长平面可选直线度;槽类零件可选对称度;阶梯轴、孔可选同轴度等。

(2) 零件的功能要求。根据零件不同的功能要求,给出不同的形位公差项目。例如,圆柱形零件,当仅需要顺利装配时,可选轴心线的直线度;如果孔、轴之间有相对运动,应均匀接触,或为保证密封性,应标注圆柱度公差以综合控制圆度、素线直线度和轴线直线度(如柱塞与柱塞套、阀芯及阀体等)。又如,为保证机床工作台或刀架运动轨迹的精度,需要对导轨提出直线度要求;对安装齿轮轴的箱体孔,为保证齿轮的正确啮合,需要提出孔心线的平行度要求;为使箱体、端盖等零件上各螺栓孔能顺利装配,应规定孔组的位置度公差等。

(3) 检测的方便性。确定形位公差特征项目时,要考虑到检测的方便性与经济性。例如,对轴类零件,可用径向全跳动综合控制圆柱度、同轴度;用端面全跳动代替端面对轴线的垂直度,因为跳动误差检测方便,又能较好地控制相应的形位误差。在满足功能要求的前提下,尽量减少项目,以获得较好的经济效益。

3.5.2 形位公差值(或公差等级)的选择

形位公差值应该在保证满足要素功能要求的条件下,选用尽可能大的公差数值,以满足经济性的要求。

设计产品时,主要采用与现有资料对比和依靠实践经验积累的方法。国家标准对14项形位公差特征,除线、面轮廓度和位置度未规定公差等级外,其余11项均有规定。一般划分为12级,即1~12级,精度依次降低;仅圆度和圆柱度划分为13级,如表3-4~表3-7所示(摘自GB/T 1184—1996),6级与7级为基本级。此外,还规定了位置度公差值的数系。

对于规定有公差等级的形位公差项目,可以根据被测要素的尺寸(主参数)参考表3-3~表3-6确定其形位公差值,圆度、圆柱度、同轴度、圆跳动和全跳动以被测要素的直径作为主参数,直线度、平面度及定向公差以被测要素的最大长度作为主参数,对称度以被测要素的轮廓宽度作为主参数。主参数示意图附在各表后,见表3-6。

表 3-4 直线度和平面度公差值　　　　　　　　　　　　　　　　　　　　　　　μm

主参数 L/mm	公差等级											
	1	2	3	4	5	6	7	8	9	10	11	12
≤10	0.2	0.4	0.8	1.2	2	3	5	8	12	20	30	60
>10~16	0.25	0.5	1	1.5	2.5	4	6	10	15	25	40	80
>16~25	0.3	0.6	1.2	2	3	5	8	12	20	30	50	100
>25~40	0.4	0.8	1.5	2.5	4	6	10	15	25	40	60	120
>40~63	0.5	1	2	3	5	8	12	20	30	50	80	150
>63~100	0.6	1.2	2.5	4	6	10	15	25	40	60	100	200
>100~160	0.8	1.5	3	5	8	12	20	30	50	80	120	250
>160~250	1	2	4	6	10	15	25	40	60	100	150	300
>250~400	1.2	2.5	5	8	12	20	30	50	80	120	200	400
>400~630	1.5	3	6	10	15	25	40	60	100	150	250	500

注:主参数 L 系轴、直线、平面的长度。

表 3-5 圆度、圆柱度公差值　　　　　　　　　　　　　　　　　　　　　　　μm

主参数 $d(D)$/mm	公差等级												
	0	1	2	3	4	5	6	7	8	9	10	11	12
≤3	0.1	0.2	0.3	0.5	0.8	1.2	2	3	4	6	10	14	25
>3~6	0.1	0.2	0.4	0.6	1	1.5	2.5	4	5	8	12	18	30
>6~10	0.12	0.25	0.4	0.6	1	1.5	2.5	4	6	9	15	22	36
>10~18	0.15	0.25	0.5	0.8	1.2	2	3	5	8	11	18	27	43
>18~30	0.2	0.3	0.6	1	1.5	2.5	4	6	9	13	21	33	52
>30~50	0.25	0.4	0.6	1	1.5	2.5	4	7	11	16	25	39	62
>50~80	0.3	0.5	0.8	1.2	2	3	5	8	13	19	30	46	74
>80~120	0.4	0.6	1	1.5	2.5	4	6	10	15	22	35	54	87
>120~180	0.6	1	1.2	2	3.5	5	8	12	18	25	40	63	100
>180~250	0.8	1.2	2	3	4.5	7	10	14	20	29	46	72	115
>250~315	1.0	1.6	2.5	4	6	8	12	16	23	32	52	81	130
>315~400	1.2	2	2.5	4	7	9	13	18	25	36	57	89	140
>400~500	1.5	2.5	4	6	8	10	15	20	27	40	63	97	155

注:主参数 $d(D)$ 系轴(孔)的直径。

表 3-6 平行度、垂直度、倾斜度公差值   μm

主参数 L、d(D)/mm	公差等级											
	1	2	3	4	5	6	7	8	9	10	11	12
≤10	0.4	0.8	1.5	3	5	8	12	20	30	50	80	120
>10～16	0.5	1	2	4	6	10	15	25	40	60	100	150
>16～25	0.6	1.2	2.5	5	8	12	20	30	50	80	120	200
>25～40	0.8	1.5	3	6	10	15	25	40	60	100	150	250
>40～63	1	2	4	8	12	20	30	50	80	120	200	300
>63～100	1.2	2.5	5	10	15	25	40	60	100	150	250	400
>100～160	1.5	3	6	12	20	30	50	80	120	200	300	500
>160～250	2	4	8	15	25	40	60	100	150	250	400	600
>250～400	2.5	5	10	20	30	50	80	120	200	300	500	800
>400～630	3	6	12	25	40	60	100	150	250	400	600	1 000

注：① 主参数 L 为给定平行度时轴线或平面的长度，或给定垂直度、倾斜度时被测要素的长度。
② 主参数 d(D) 为给定面对线垂直度时，被测要素的轴(孔)直径。

表 3-7 同轴度、对称度、圆跳动和全跳动公差值   μm

主参数 d(D)、B、L/mm	公差等级											
	1	2	3	4	5	6	7	8	9	10	11	12
≤1	0.4	0.6	1.0	1.5	2.5	4	6	10	15	25	40	60
≥1～3	0.4	0.6	1.0	1.5	2.5	4	6	10	20	40	60	120
>3～6	0.5	0.8	1.2	2	3	5	8	12	25	50	80	150
>6～10	0.6	1	1.5	2.5	4	6	10	15	30	60	100	200
>10～18	0.8	1.2	2	3	5	8	12	20	40	80	120	250
>18～30	1	1.5	2.5	4	6	10	15	25	50	100	150	300
>30～50	1.2	2	3	5	8	12	20	30	60	120	200	400
>50～120	1.5	2.5	4	6	10	15	25	40	80	150	250	500

注：主参数为被测要素的宽度或直径。

对于位置度，由于被测要素类型繁多，国家标准只规定了公差值数系，而未规定公差等级，如表 3-8 所示。

表 3-8 位置度公差值数系表   μm

1	1.2	1.5	2	2.5	3	4	5	6	8
1×10^n	1.2×10^n	1.5×10^n	2×10^n	2.5×10^n	3×10^n	4×10^n	5×10^n	6×10^n	8×10^n

注：n 为正整数。

形位公差值(公差等级)常用类比法确定。主要考虑零件的使用性能、加工的可能性和经济性等因素。表 3-9～表 3-12 可供类比时参考。

表 3-9 直线度、平面度公差等级应用

公差等级	应用举例
5	1级平板、2级宽平尺、平面磨床的纵导轨、垂直导轨、立柱导轨及工作台,液压龙门刨床和转塔车床床身导轨,柴油机进气、排气阀门导杆

续表

公差等级	应用举例
6	普通机床导轨面,如卧式车床、龙门刨床、滚齿机、自动车床等的床身导轨、立柱导轨,柴油机壳体
7	2级平板,机床主轴箱,摇臂钻床底座和工作台,镗床工作台,液压泵盖,减速器壳体结合面
8	机床传动箱体,挂轮箱体,车床溜板箱体,柴油机汽缸体,连杆分离面,缸盖结合面,汽车发动机缸盖,曲轴箱结合面,液压管件和端盖连接面
9	3级平板,自动车床床身底面,摩托车曲轴箱体,汽车变速箱壳体,手动机械的支承面

表 3-10　圆度、圆柱度公差等级应用

公差等级	应用举例
5	一般计量仪器主轴,测杆外圆柱面,陀螺仪轴径,一般机床主轴轴径及主轴轴承孔,柴油机、汽油机活塞、活塞销,与 E 级滚动轴承配合的轴径
6	仪表端盖外圆柱面,一般机床主轴及前轴承孔、泵、压缩机的活塞,汽缸,汽油发动机凸轮轴,纺机锭子,减速传动轴轴径,高速船用柴油机、拖拉机曲轴主轴径,与 E 级滚动轴承配合的外壳孔,与 G 级滚动轴承配合的轴径
7	大功率低速柴油机曲轴轴径、活塞、活塞销、连杆、汽缸,高速柴油机箱体轴承孔,千斤顶或压力油缸活塞,机车传动轴,水泵及通用减速器转轴轴径,与 G 级滚动轴承配合的外壳孔
8	低速发动机、大功率曲柄轴轴径,压气机连杆盖、体,拖拉机汽缸、活塞,炼胶机冷铸轴辊,印刷机传墨辊,内燃机曲轴轴径,柴油机凸轮轴承孔,凸轮轴,拖拉机,小型船用柴油机汽缸套
9	空气压缩机缸体,液压传动筒,通用机械杠杆与拉杆用套筒销子,拖拉机活塞环、套筒孔

表 3-11　平行度、垂直度、倾斜度公差等级应用

公差等级	应用举例
4,5	卧式车床导轨,重要支承面,机床主轴孔对基准的平行度,精密机床重要零件,计量仪器、量具、模具的基准面和工作面,主轴箱体重要孔,通用减速器壳体孔,齿轮泵的油孔端面,发动机轴和离合器的凸缘,汽缸支承端面,安装精密滚动轴承的壳体孔的凸肩
6,7,8	一般机床的基准面和工作面,压力机和锻锤的工作面,中等精度钻模的工作面,机床一般轴承孔对基准面的平行度,变速器箱体孔,主轴花键对定心直径部位轴线的平行度,重型机械轴承盖端面,卷扬机、手动传动装置中的传动轴,一般导轨,主轴箱体孔,刀架、砂轮架,汽缸配合面对基准轴线,活塞销孔对活塞中心线的垂直度,滚动轴承内、外圈端面对轴线的垂直度

续表

公差等级	应用举例
9,10	低精度零件,重型机械滚动轴承端盖、柴油机、煤气发动机箱体曲轴孔、曲轴颈、花键轴和轴肩端面,皮带运输机端盖等端面对轴线的垂直度,手动卷扬机及传动装置中的轴承端面,减速器壳体平面

表3-12 同轴度、对称度、跳动公差等级应用

公差等级	应用举例
5,6,7	这是应用范围较广的公差等级。用于形位精度要求较高,尺寸公差等级为IT8及高于IT8的零件。5级常用于机床轴径,计量仪器的测量杆,汽轮机主轴,柱塞油泵转子,高精度滚动轴承外圈,一般精度滚动轴承内圈,回转工作台端面跳动。7级用于内燃机曲轴、凸轮轴、齿轮轴、水泵轴,汽车后轮输出轴,电动机转子,印刷机传墨辊的轴径、键槽
8,9	常用于形位精度要求一般,尺寸公差等级IT9至IT11的零件。8级用于拖拉机发动机分配轴轴径,与9级精度以下齿轮相配的轴,水泵叶轮,离心泵体,棉花精梳机前后磙子,键槽等。9级用于内燃机汽缸套配合面,自行车中轴

在确定形位公差值(公差等级)时,还应注意下列情况:

(1) 在同一要素上给出的形状公差值应小于位置公差值。如要求平行的两个平面,其平面度公差值应小于平行度公差值。

(2) 圆柱形零件的形状公差(轴线直线度除外)一般应小于其尺寸公差值。

(3) 平行度公差值应小于其相应的距离公差值。

(4) 对于下列情况:①孔相对于轴;②细长的孔或轴;③距离较大的孔或轴;④宽度较大(一般大于1/2长度)的零件表面;⑤线对线、线对面相对于面对面的平行度、垂直度。考虑到加工的难易程度和除主参数外其他因素的影响,在满足功能要求的情况下,可适当降低1~2级选用。

(5) 凡有关标准已对形位公差作出规定的,如与滚动轴承相配合的轴和壳体孔的圆柱度公差、机床导轨的直线度公差等,都应按相应的标准确定。

3.5.3 公差原则的选择

1. 独立原则

独立原则是处理形位公差与尺寸公差关系的基本原则,主要应用在以下场合:

(1) 尺寸精度和形位精度要求都较严,并需分别满足要求。如齿轮箱体上的孔,为保证与轴承的配合和齿轮的正确啮合,要分别保证孔的尺寸精度和孔心线的平行度要求。

(2) 尺寸精度与形位精度要求相差较大。如印刷机的滚筒、轧钢机的轧辊等零件,尺寸要求低,圆柱度要求高;平板的尺寸精度要求低,平面度要求高,应分别满足要求。

(3) 为保证运动精度、密封性等特殊要求,单独提出与尺寸精度无关的形位公差要求。如

机床导轨为保证运动精度,提出直线度要求,与尺寸精度无关;汽缸套内孔与活塞配合,为了内、外圆柱面均匀接触、并有良好的密封性能,在保证尺寸精度的同时,还要单独保证很高的圆度、圆柱度要求。

(4) 零件上的未注形位公差一律遵循独立原则。运用独立原则时,需用通用计量器具分别检测零件的尺寸和形位误差,检测较不方便。

2. 相关要求

(1) 包容要求主要用于需保证配合性质,特别是要求精密配合的场合,用最大实体边界来控制零件的尺寸和形位误差的综合结果,以保证配合要求的最小间隙或最大过盈。例如,$\phi30H7$Ⓔ 的孔与 $\phi30h6$Ⓔ 的轴配合可保证最小间隙为零。选用包容要求时,可用光滑极限量规来检测实际尺寸和体外作用尺寸,检测方便。

(2) 最大实体要求主要用于保证可装配性的场合。例如用穿过螺栓的通孔的位置度公差。选用最大实体要求时,其实际尺寸用两点法测量,体外作用尺寸用功能量规(即位置量规)进行检验,其检测方法简单易行。

(3) 最小实体要求主要用于需要保证零件的强度和最小壁厚等场合。选用最小实体要求时,因其体内作用尺寸不可能用量规检测,一般采用测量壁厚或要素间的实际距离等近似方法。

最大、最小实体要求适用于中心要素。

(4) 可逆要求与最大(或最小)实体要求联用,能充分利用公差带,扩大了被测要素实际尺寸的范围,使实际尺寸超过了最大(或最小)实体尺寸而体外(或体内)作用尺寸未超过最大(或最小)实体实效边界的废品变为合格品,提高了经济效益。在不影响使用要求的情况下可以选用。

几种常用公差原则的特点见表 3-13。

表 3-13 几种常用公差原则的特点

公差原则 (要求)		特殊标 注符号	遵守边界	形位误差检测方法	备 注
独立原则		无		用通用计量器具检测	只适用于任何要素
相关要求	包容要求	Ⓔ	最大实体边界	用光滑极限量规的通规	只适用于单一要素
	最大实体要求	Ⓜ	最大实体实效边界	用功能量规	只适用于中心要素
	最小实体要求	Ⓛ	最小实体实效边界	用通用量仪测量最小壁厚或最大距离等加以间接控制	只适用于中心要素
	可逆要求	Ⓡ	最大实体实效边界或最小实体实效边界	用功能量规	与最大实体要求或最小实体要求联合使用

3.5.4 基准的选择

基准要素的选择包括基准部位、基准数量、基准顺序的选择,力求使设计基准、定位基准、检测基准和装配基准尽量统一。合理地选择基准能提高零件的精度。

3.5.5 未注形位公差的规定

为了简化图样,对一般机床加工就能保证的形位精度,就不必在图样上注出形位公差。图样上没有标注形位公差的要素,其形位精度应按下列规定执行。

(1) 直线度、平面度、垂直度、对称度和圆跳动的未注公差分别规定了 H、K、L 三个公差等级,其中 H 级精度最高,L 级精度最低。

(2) 圆度的未注公差值等于直径的公差值,但不能超过圆跳动的未注公差值。

(3) 圆柱度误差由圆度、素线直线度和相对素线间的平行度误差等三部分组成,每一项误差均由各自的注出公差或未注公差控制,因此圆柱度的未注公差未作规定。

(4) 平行度的未注公差值等于被测要素和基准要素间的尺寸公差和被测要素的形状公差(直线度或平面度)的未注公差值中的较大者,并取两要素中较长者作为基准。

(5) 同轴度未注公差值等于径向圆跳动的未注公差值。

形位公差的未注公差值见表 3-14。我国国家标准规定的形位公差注出公差值与等效采用相应国际标准的形位公差的未注公差值具有完全不同的体系,两者的理论基础是完全不同的,因此无可比性。

表 3-14 形位公差的未注公差值

基本长度范围	公差等级											
	直线度、平面度			垂直度			对称度			圆跳动		
	H	L	K	H	L	K	H	L	K	H	L	K
≤10	0.02	0.05	0.1	0.2	0.4	0.6	0.5	0.6	0.6	0.1	0.2	0.5
>10~30	0.05	0.1	0.2									
>30~100	0.1	0.2	0.4									
>100~300	0.2	0.4	0.8	0.3	0.6	1			1			
>300~1 000	0.3	0.6	1.2	0.4	0.8	1.5		0.8	1.5			
>1 000~3 000	0.4	0.6	1.6	0.5	1	2		1	2			

其他项目均由各要素的注出或未注形位公差、线性尺寸公差或角度公差控制。

未注形位公差值由设计者自行选定,并在技术文件中予以明确。采用标准规定的未注形位公差等级,可在图样上标题栏附近注出标准号和公差等级的代号,例如,未注形位公差按 GB/T 1184—K 选定。

任务六 形位公差标注应注意的问题

形位公差的一般标注方法在机械制图课中已学过,在本章前面几节也见到不少标注示例,此处只介绍形位公差的一些特殊标注和标注时易出现的错误。形位公差的一些特殊标注见表 3-15。标注中易出现的错误举例见表 3-16 所示。

表 3-15 形位公差的一些特殊标注

含　义	举　例
对同一要素有一项以上的形位公差要求,其标注方法又一致时,可将框格并在一起	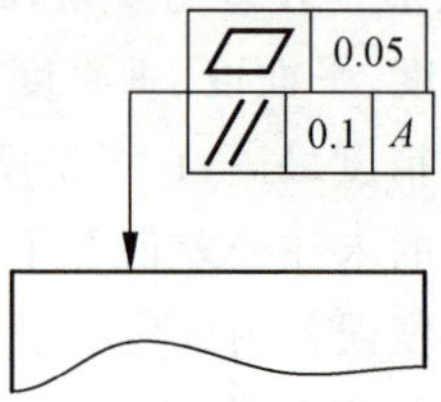 ▱ 0.05 ／／ 0.1 A
当被测要素为整个视图上的轮廓线时,应在指引线的转折处加注全周符号	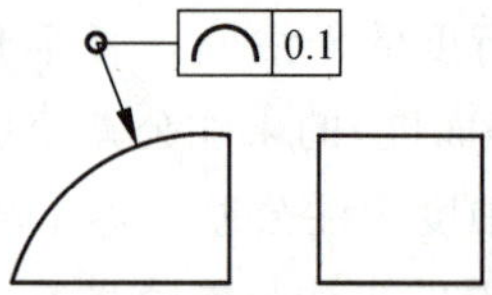 ⌒ 0.1
对被测要素任意局部范围内的公差要求(如右图中在任意 100 mm 长度内的直线度、在任意边长为 100 mm 的正方形范围内的平面度)	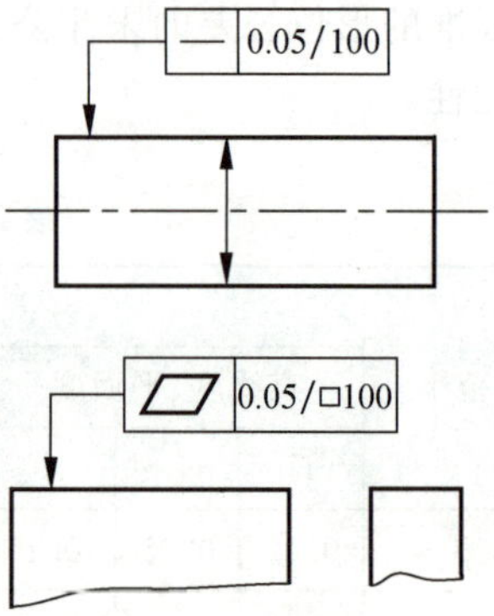 — 0.05/100　　▱ 0.05/□100
只允许从左向右减小(▷) 只允许从右向左减小(◁)	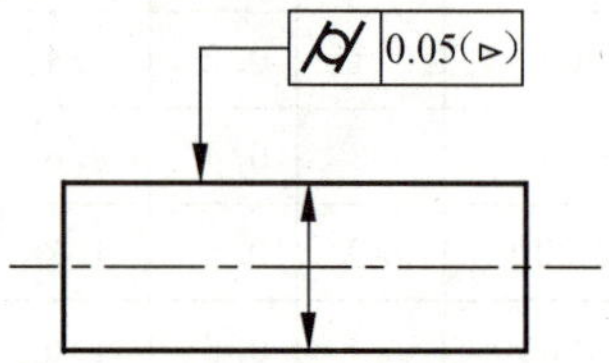 ⌀ 0.05(▷)
对具有对称形状的零件上实际无法分辨的两个相同要素间的位置公差应标注任意基准	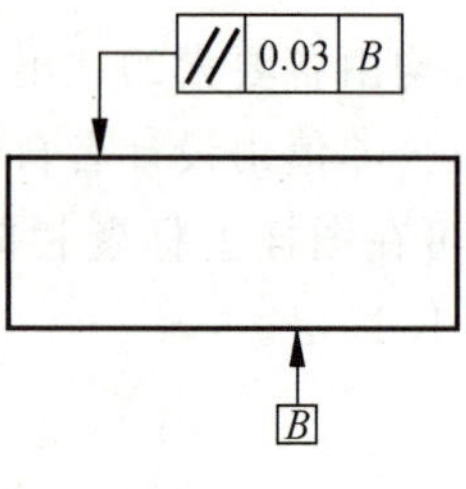 ／／ 0.03 B　　B

124

续表

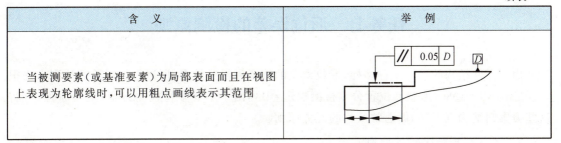

表 3-16　标注中易出现的错误举例

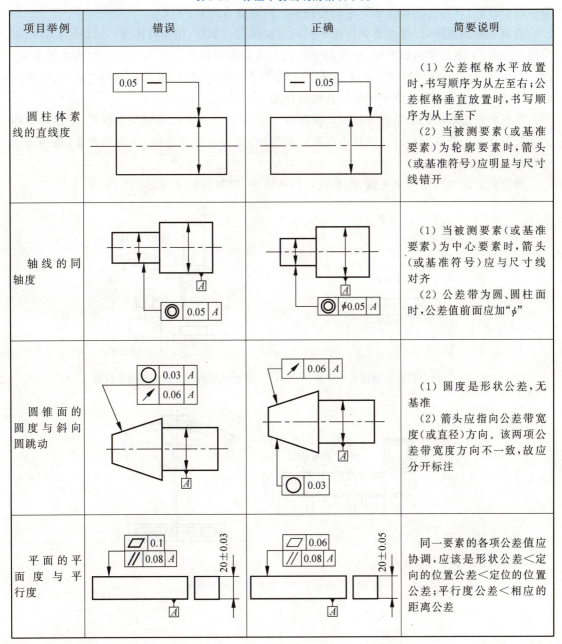

项目举例	错误	正确	简要说明
圆柱体素线的直线度			(1) 公差框格水平放置时，书写顺序为从左至右；公差框格垂直放置时，书写顺序为从上至下 (2) 当被测要素（或基准要素）为轮廓要素时，箭头（或基准符号）应明显与尺寸线错开
轴线的同轴度			(1) 当被测要素（或基准要素）为中心要素时，箭头（或基准符号）应与尺寸线对齐 (2) 公差带为圆、圆柱面时，公差值前面应加"ϕ"
圆锥面的圆度与斜向圆跳动			(1) 圆度是形状公差，无基准 (2) 箭头应指向公差带宽度（或直径）方向。该两项公差带宽度方向不一致，故应分开标注
平面的平面度与平行度			同一要素的各项公差值应协调，应该是形状公差＜定向的位置公差＜定位的位置公差；平行度公差＜相应的距离公差

任务七 形位误差的检测原则

由于零件结构的形式多种多样,形位误差的特征项目又较多,所以形位误差的检测方法很多。GB1958—1980《形状和位置公差检测规定》中列出了 100 多种检测方案,就其原理,可将这些方案归纳为五大类,即通常所称的五大原则。

1. 与理想要素比较的原则

与理想要素比较的原则是指测量时将被测实际要素与相应的理想要素作比较,在比较过程中获得数据,再按这些数据来评定形位误差。该原则应用最广。

应用该检测原则时,理想要素可用不同的方法体现。例如,用实物体现,刀口尺的刃口、平尺的工作面、一条拉紧的钢丝绳、平台和平板的工作面以及样板的轮廓等都可作为理想要素。图 3-92 所示为用刀口尺测量直线度误差,是以刃口作为理想直线,被测直线与之比较,根据光隙大小或用厚薄规(塞尺)测量来确定直线度误差。

理想要素也可用运动轨迹来体现。如图 3-93 所示为用圆度仪测量圆度误差,是以一个精密回转轴上的一个点(测头)在回转中所形成的轨迹(即产生的理想圆)为理想要素,被测圆与之比较求得圆度误差。

理想要素还可以用一束光线、水平线(面)来体现,如图 3-94 所示。

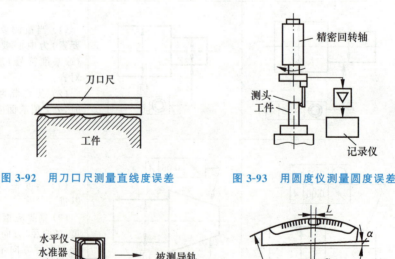

图 3-92 用刀口尺测量直线度误差　　图 3-93 用圆度仪测量圆度误差

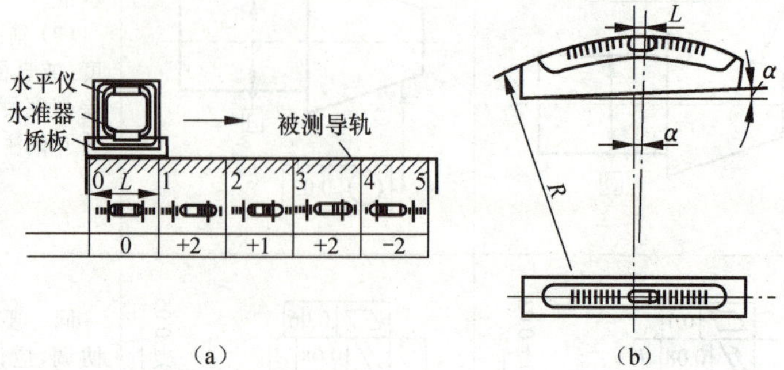

图 3-94 用水平仪测量导轨直线度误差

2. 测量坐标值原则

几何要素的特征总是可以在适当的坐标系中反映出来,因此用坐标测量装置(如三坐标测量机、工具显微镜等)测得被测要素各点的坐标值后,经数据处理就可获得形位误差。该原则对轮廓度、位置度的测量应用更为广泛。图 3-95 为用测量坐标值原则测量位置度误差的示例。由坐标测量机测得各孔实际位置的坐标值 (x_1,y_1)、(x_2,y_2)、(x_3,y_3)、(x_4,y_4),计算出实际坐标相对于理论正确尺寸的偏差 $\Delta x_i = x_i - x_i', \Delta y_i = y_i - y_i'$,于是各孔的位置度误差值可按下式求得:

$$\Delta f_i = 2\sqrt{\Delta x_i^2 + \Delta y_i^2} \qquad i = 1,2,3,4$$

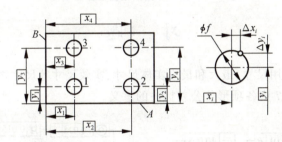

图 3-95 用测量坐标值原则测量位置度误差的示例

3. 测量特征参数的原则

特征参数是指能近似表示该要素的形位误差的参数,用该原则所得到的形位误差值与按定义确定的形位误差值相比,只是一个近似值。但应用该原则往往可以简化测量过程和设备,也不需要复杂的数据处理,所以在满足功能要求的情况下,采用该原则可以取得明显的经济效益。这类方法在生产现场用得较多。

4. 测量跳动的原则

跳动公差是按检测方法定义的,所以测量跳动的原则主要用于图样上标注了圆跳动或全跳动时误差的测量。

5. 控制实效边界原则

若按包容要求或最大实体要求给出形位公差,就相当于给定了最大实体边界或最大实效边界,就是要求被测要素的实际轮廓不得超出该边界。边界控制原则就是指用光滑极限量规的通规或位置量规通规的工作表面来模拟体外作用尺寸给定的边界,以便检测实际被测要素的体外作用尺寸的合格性。若量规的通规测头能够通过被测要素的实际轮廓,则表示被测要素的体外作用尺寸合格,否则就不合格。

例如,图 3-96(a)所示零件的位置度误差可用图 3-96(b)所示的功能量规检测。被测孔的最大实体实效尺寸为 $\phi 7.506$ mm,故量规 4 个小测量圆柱的公称尺寸也为 $\phi 7.506$ mm,基准要素 B 本身遵循最大实体要求,应遵循最大实体实效边界,边界尺寸为 $\phi 10.015$ mm,故量规定位部分的公称尺寸也为 $\phi 10.015$ mm(图中量规各部分的尺寸都是公称尺寸,实际设计量规时,还应按有关标准规定一定的公差)。检验时,量规能插入工件中,并且其端面与工件 A 面之间无间隙,工件上 4 个孔的位置度误差就是合格的。

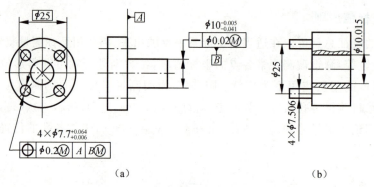

(a)   (b)

图 3-96 用功能量规检验位置度误差

习　　题

3-1　实际尺寸、作用尺寸、最大和最小实体尺寸、实效尺寸等尺寸之间有何区别和联系？

3-2　试解释图 3-97 中各项形位公差标注的意义。

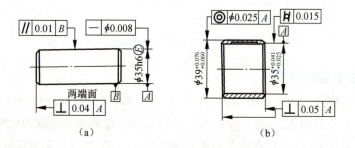

(a)   (b)

图 3-97　习题 3-2

3-3　试解释图 3-98 中各项形位公差标注的意义。

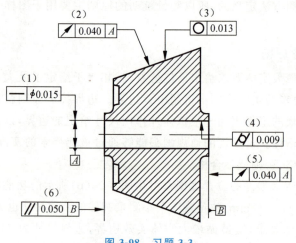

图 3-98　习题 3-3

3-4　试将下列各项形位公差要求标注在图 3-99 上。

（1）$\phi 100h8$ 圆柱面对 $\phi 40H7$ 孔轴线的圆跳动公差为 0.018 mm。

(2) φ40H7 孔遵守包容原则,圆柱度公差为 0.007 mm。

(3) 左、右两凸台端面对 φ40H7 孔轴线的圆跳动公差均为 0.012 mm。

(4) 轮毂键槽(中心平面)对 φ40H7 孔轴线的对称度公差为 0.02 mm。

3-5 试将下列各项形位公差要求标注在图 3-100 上。

(1) 2×φd 轴线对其公共轴线的同轴度公差均为 0.02 mm。

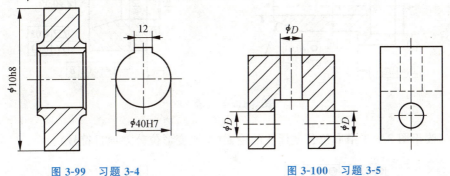

图 3-99 习题 3-4   图 3-100 习题 3-5

(2) φD 轴线对 2×φd 公共轴线的垂直度公差为 0.01 mm。

(3) φD 轴线对 2×φd 公共轴线的对称度公差为 0.02 mm。

3-6 将下列技术要求标注在图 3-101 上。

(1) φ30H7 内孔表面圆度公差为 0.006 mm。

(2) φ15H7 内孔表面圆柱度公差为 0.008 mm。

(3) φ30H7 孔轴线对 φ15H7 孔轴线的同轴度公差为 φ0.05 mm,并且被测要素采用最大实体要求。

(4) φ30H7 孔底端面对 φ15H7 孔轴线的端面圆跳动公差为 0.05 mm。

(5) φ35H6 的形状公差采用包容要求。

(6) 圆锥面的圆度公差为 0.01 mm,圆锥面对 φ15H7 孔轴线的斜向圆跳动公差为 0.05 mm。

3-7 试将下列各项形位公差要求标注在图 3-102 上。

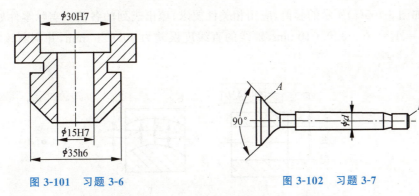

图 3-101 习题 3-6   图 3-102 习题 3-7

(1) 圆锥面 A 的圆度公差为 0.006 mm,素线的直线度公差为 0.005 mm。

(2) 圆锥面 A 轴线对 φd 轴线的同轴度公差为 φ0.015 mm。

(3) φd 圆柱面的圆柱度公差为 0.009 mm,φd 轴线的直线度公差为 φ0.012 mm。

(4) 右端面 B 对 φd 轴线的圆跳动公差为 0.01 mm。

3-8　改正图 3-103 中形位公差标注的错误(不改变形位公差项目符号)。

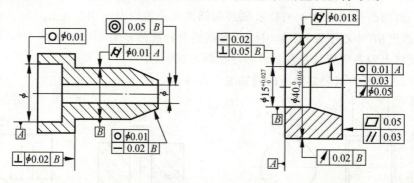

图 3-103　习题 3-8

3-9　改正图 3-104 中形位公差标注的错误(不改变形位公差项目符号)。

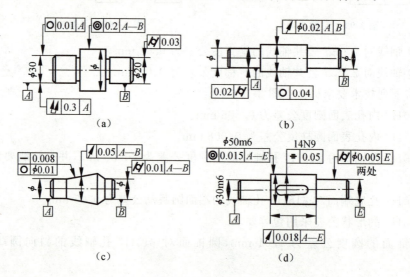

图 3-104　习题 3-9

3-10　如图 3-105(a)所示的套筒,应用相关性要求,填出表列的各值。实际零件如图 3-105(b)所示,$A_1 = A_2 = \cdots = \phi 20.010$ mm,轴线的直线度误差为 $\phi 0.025$ mm,并判断该零件是否合格?

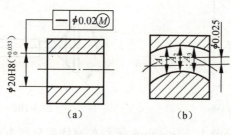

图 3-105　习题 3-10

图样序号	采用的公差要求	理想边界名称及边界尺寸/mm	允许的最大形状公差值/mm	实际尺寸合格范围/mm	检测方法
a					
b					
c					
d					

3-11 试将图 3-106 中图样的解释按表规定的栏目分别填写。

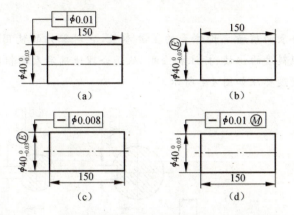

图 3-106　习题 3-11

采用的公差要求	最大实体尺寸/mm	最小实体尺寸/mm	允许最小的直线度公差值/mm	允许最大的直线度公差值/mm	实效尺寸	作用尺寸

项目四

表面粗糙度及检测

项目阅读

表面粗糙度是零件表面质量评价体系的主要参数,它对零件的使用性能有很大的影响。本项目着重介绍表面粗糙度的识读、标注和检测,从而合理地确定表面粗糙度参数值。减速器输出轴零件图表面粗糙度标注如图4-1所示。

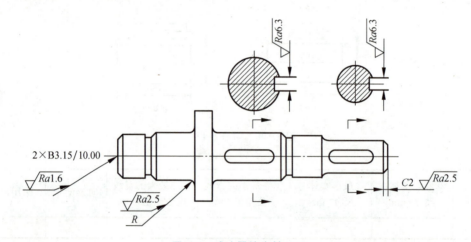

图4-1 减速器输出轴(二)

任务一 概 述

在切削加工过程中,由于刀具和被加工表面间的相对运动轨迹(即刀痕)、刀具和被加工表面间的摩擦、切削过程中切屑分离时表层金属材料的塑性变形以及工艺系统的高频振动等原因,零件表面会出现许多间距较小的、凹凸不平的微小的峰、谷。这种零件被加工表面上的微观几何形状误差称为表面粗糙度。表面粗糙度越小,则表面越光滑。

表面粗糙度的大小,对机械零件的使用性能有很大的影响,主要表现在以下几个方面。

(1) 表面粗糙度影响零件的耐磨性。表面越粗糙,配合表面间的有效接触面积减小,压强增大,磨损就越快。

(2) 表面粗糙度影响配合性质的稳定性。对间隙配合来说,表面越粗糙,就越易磨损,使工作过程中间隙逐渐增大;对过盈配合来说,由于装配时将微观凸峰挤平,减小了实际有效过盈,降低了连接强度。

（3）表面粗糙度影响零件的疲劳强度。粗糙的零件表面，存在较大的波谷，它们像尖角缺口和裂纹一样，对应力集中很敏感，从而影响零件的疲劳强度。

（4）表面粗糙度影响零件的抗腐蚀性。粗糙的表面易使腐蚀性气体或液体通过表面的微观凹谷渗入到金属内层，造成表面锈蚀。

（5）表面粗糙度影响零件的密封性。粗糙的表面之间无法严密地贴合，气体或液体通过接触面间的缝隙渗漏。

此外，表面粗糙度对零件的外观、测量精度也有一定的影响。

可见，表面粗糙度在零件几何精度设计中是必不可少的，作为零件质量评定指标是十分重要的。

我国参照 ISO 标准，陆续发布了 GB/T 3505—2009《产品几何技术规范 表面结构 轮廓法 表面结构的术语、定义及参数》、GB/T 1031—2009《表面粗糙度 参数及其数值》、GB/T 131—2006《机械制图表面粗糙度符号、代号及其注法》等国家标准，取代原表面粗糙度国家标准 GB/T 3505—2000、GB/T 1031—1985、GB/T 131—1993。

任务二　表面粗糙度的评定

任务分析

在评定零件表面质量时，不仅要求零件具有一定的尺寸精度和形位精度，还具有一定的表面粗糙度要求。本任务在认识表面粗糙度相关知识的基础上，对表面粗糙度参数的含义进行描述。

4.2.1　主要术语和定义

1. 取样长度 l_r

取样长度是指测量和评定表面粗糙度时所规定的一段基准线长度，如图 4-2 所示。取样长度的方向与轮廓总的走向一致。规定取样长度的目的在于限制和减弱其他几何形状误差，特别是表面波度对测量的影响，表面越粗糙，取样长度就越大。在所选取的取样长度内，一般至少包含五个波峰和波谷。

2. 评定长度 l_n

评定长度是指用于判别被评定轮廓表面粗糙度所必需的一段长度，如图 4-2 所示。

由于零件各部分的表面粗糙度不一定均匀，为了充分合理地反映表面的特性，通常取几个取样长度（测量后的算术平均值作为测量结果）来评定表面粗糙度，一般 $l_n = 5l_r$。如被测表面均匀性较好，可选用小于 $5l_r$ 的评定长度；反之，可选用大于 $5l_r$ 的评定长度。

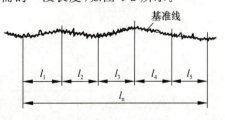

图 4-2　取样长度和评定长度

3. 轮廓中线 m

轮廓中线：是定量计算表面粗糙度数值大小的一条基准线，基准线通常有以下两种：

(1) 轮廓最小二乘中线。在取样长度范围内,实际被测轮廓线上的各点至一条假想线的距离的平方和为最小,即 $\sum Y_i^2 = \mathrm{Min}$,这条假想线就是最小二乘中线,如图 4-3(a)中的 O_1O_1 和 O_2O_2 所示。

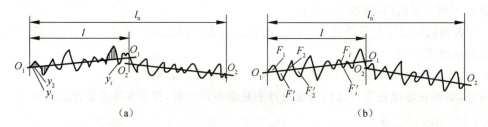

图 4-3 轮廓中线
(a) 最小二乘中线;(b) 算术平均中线

(2) 轮廓算术平均中线。在取样长度内,由一条假想线将实际轮廓分成上、下两部分,而且使上部分面积之和等于下部分面积之和,即 $\sum_{i=1}^{N} F_i = \sum_{i=1}^{n} F'_i$。这条假想线就是轮廓算术平均中线,如图 4-3(b) 中的 O_1O_1 和 O_2O_2 所示。

在轮廓图形上确定最小二乘中线的位置比较困难,在实际工作中可用算术平均中线代替最小二乘中线。通常轮廓算术平均中线可用目测估计来确定。

4.2.2 表面粗糙度的评定参数

为了满足对表面不同的功能要求,国家标准 GB/T 3505—2009 从表面微观几何形状的高度、间距和形状等三个方面的特征,规定了相应评定参数。

1. 高度特征参数——主参数

(1) 轮廓算术平均偏差 Ra:在取样长度内,被测表面轮廓上各点至基准线距离 y_i 的绝对值的平均值,如图 4-4 所示。用下式表示为

$$Ra = \frac{1}{l} \int_0^l | y(x) | \, \mathrm{d}x \qquad (4\text{-}1)$$

或近似为

$$Ra = \frac{1}{n} \sum_{i=1}^{n} | y_i | \qquad (4\text{-}2)$$

式中 $y(x)$——表面轮廓上点到基准线的距离;

y_i——表面轮廓上第 i 个点到基准线的距离;

l——取样长度;

n——取样数。

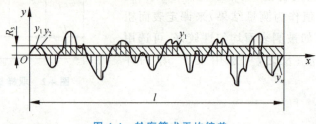

图 4-4 轮廓算术平均偏差

轮廓算术平均偏差 Ra,意为平均偏距的绝对值;Ra 越大,表面越粗糙。Ra 较全面地反映表面粗糙度的高度特征,概念清楚,检测方便,为当前世界各国普遍采用。

(2) 微观不平度十点高度 R_y:在取样长度内,被测实际轮廓上 5 个最大轮廓峰高的平均值与 5 个最大轮廓谷深的平均值之和,如图 4-5 所示。用下式表示为

$$R_y = \frac{1}{5}\left(\sum_{i=1}^{5} y_{pi} + \sum_{i=1}^{5} y_{vi}\right) \quad (4\text{-}3)$$

式中　y_{pi}——第 i 个最大轮廓峰高;
　　　y_{vi}——第 i 个最大轮廓谷深,谷深取成正值。

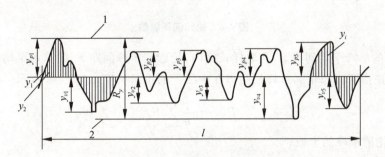

图 4-5　高度特征参数
1—轮廓峰顶线;2—轮廓谷底线

微观不平度十点高度 R_y,意为平均高度;R_y 越大,表面越粗糙。R_y 也是当前世界上用得较多的一个参数。它的优点是易在光学仪器上测量,缺点是只考虑了峰顶和峰谷等有限的几个点,传递的信息有一定的局限性。

(3) 轮廓最大高度 R_z:在取样长度内,轮廓的峰顶线与轮廓谷底线之间的距离。用下式表示为

$$R_z = |y_{p\max}| + |y_{v\max}| \quad (4\text{-}4)$$

轮廓峰顶线和轮廓谷底线,分别指在取样长度 l 内,平行于基准线并分别通过轮廓最高点和最低点的线,如图 4-5 所示。

轮廓最大高度 R_z,意为最大高度。R_z 虽只能说明在取样长度内轮廓上最突出的情况,但测量极为方便,对某些不允许出现较深加工痕迹的表面更具实用意义。

在评定表面粗糙度时,可在上述三个参数中选取。标准推荐优先选用 Ra。

在 GB/T 3505—1983 中,R_z 是指"微观不平度的十点高度",而在 GB/T 3505—2000 中,R_z 是指"轮廓的最大高度"。在使用中的一些表面粗糙度测量仪器大多是测量以前的 R_z 参数。因此,当采用现行的技术文件和图样时必须小心慎重,因为用不同类型的仪器按不同的规则计算所取得的结果之间的差别并不都是微小可忽略的。

2. 间距特征、形状特征参数——附加参数

(1) 轮廓微观不平度的平均间距 S_m:在取样长度内,轮廓微观不平度间距 S_{mi} 的平均值。所谓轮廓微观不平度间距 S_{mi},是指含有一个轮廓峰和相邻轮廓谷一段中线的长度,如图 4-6 所示。用下式表示为

$$S_m = \frac{1}{n}\sum_{i=1}^{n} S_{mi} \quad (4\text{-}5)$$

式中　　n——轮廓微观不平度间距个数；

　　　　S_{mi}——第 i 个微观不平度间距。

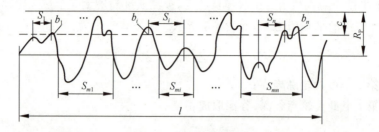

图 4-6　轮廓间距参数

（2）轮廓的单峰平均间距 S_i：在取样长度内，轮廓的单峰间距 S_i 的算术平均值。所谓轮廓单峰间距 S_i，是指两相邻轮廓单峰最高点在中线上的投影长度，如图 4-6 所示。用下式表示为

$$R_{S_m} = \frac{1}{n} \sum_{i=1}^{n} S_i \qquad (4-6)$$

式中　　n——轮廓单峰的个数；

　　　　S_i——第 i 个轮廓单峰间距。

S_m 和 R_{S_m} 能直观地反映加工痕迹的细密程度。

（3）轮廓的支承长度率 $R_{mr(c)}$：在取样长度内，一平行于基准线的线与轮廓相截所得到的各段截线长度 b_i（图 4-6）之和与取样长度 l 之比。用下式表示为

$$R_{mr(c)} = \frac{1}{l} \sum_{i=1}^{n} b_i \qquad (4-7)$$

$R_{mr(c)}$ 是对应于不同的水平截距而给出的。$R_{mr(c)}$ 能反映接触面积的大小。$R_{mr(c)}$ 越大，表面的承载能力及耐磨性越好。

在三个附加评定参数中，S_m 和 R_{S_m} 是属于间距特征参数，$R_{mr(c)}$ 属于形状特征参数。在 GB/T 3505—2009 中，只规定了 R_{S_m} 和 $R_{mr(c)}$。

4.2.3　表面粗糙度国家标准

表面粗糙度的评定参数值已经标准化，设计时应根据国家标准规定的参数值系列选取。国家标准 GB/T 1031—2009 对参数系列值的规定有基本系列和补充系列，要求优先选用基本系列，见表 4-1、表 4-2、表 4-3、表 4-4 和表 4-5。

表 4-1　Ra、R_z 参数与取样长度 l_r 的对应关系（摘自 GB/T 1031—2009）

$Ra/\mu m$	$R_z/\mu m$	l_r/mm	$l_n(l_n=5l_r)/mm$
≥0.008～0.02	0.025～0.10	0.08	0.4
≥0.02～0.1	0.10～0.50	0.25	1.25
≥0.1～2.0	0.50～10.0	0.8	4.0
≥2.0～10.0	10.0～50.0	2.5	12.5
≥10.0～80.0	50.0～320	8.0	40.0

表 4-2 轮廓算术平均偏差 Ra 的数值(摘自 GB/T 1031—2009)　　　　μm

基本系列	0.012、0.025、0.05、0.1、0.2、0.4、0.8、1.6、3.2、6.3、12.5、25、50、100
补充系列	0.008、0.010、0.016、0.020、0.032、0.040、0.063、0.080、0.125、0.160、0.25、0.32、0.50、0.63、1.00、1.25、2.0、2.5、4.0、5.0、8.0、10.0、16.0、20、32、40、63、80

表 4-3 轮廓不平度最大高度 R_z 的数值(摘自 GB/T 1031—2009)　　　　μm

基本系列	0.025、0.05、0.1、0.2、0.4、0.8、1.6、3.2、6.3、12.5、25、50、100、200、400、800、1 600
补充系列	0.025、0.032、0.040、0.050、0.063、0.080、0.125、0.160、0.63、1.00、1.25、2.0、2.5、4.0、5.0、8.0、10.0、16.0、20、32、40、63、80、125、160、250、320、500、630、1 000、1 250

表 4-4 轮廓单元的平均宽度 R_{sm} 的数值(摘自 GB/T 1031—2009)　　　　mm

基本系列	0.006、0.012 5、0.025、0.050、0.1、0.2、0.4、0.8、1.6、3.2、6.3、12.5

表 4-5 轮廓支承长度率 $R_{mr(c)}$ 的数值(摘自 GB/T 1031—2009)

$R_{mr(c)}$/%	10	15	20	30	40	50	60	70	80	90

任务三　表面粗糙度的符号及标注

任务分析

图样上给定的表面特征(符)号是对完成后表面的要求。GB/T 131—2009 对表面粗糙度代(符)号及其标注作出了规定。本任务在认识表面粗糙度相关知识的基础上,使学生了解及如何在零件图上标注表面粗糙度符号。

4.3.1　表面粗糙度符号

表面粗糙度符号及其意义见表 4-6。

表 4-6　表面粗糙度的图形符号及其含义

符号名称	符号样式	含义及说明
基本图形符号	∨	未指定工艺方法的表面;基本图形符号仅用于简化代号标注,当通过一个注释解释时可单独使用,没有补充说明时不能单独使用
扩展图形符号	∨	用去除材料的方法获得表面,如通过车、铣、刨、磨等机械加工的表面;仅当其含义是"被加工表面"时可单独使用

续表

符号名称	符号样式	含义及说明
扩展图形符号		用不去除材料的方法获得表面,如铸、锻等;也可用于保持上道工序形成的表面,不管这种状况是通过去除材料或不去除材料形成的
完整图形符号		在基本图形符号或扩展图形符号的长边上加一横线,用于标注表面结构特征的补充信息
工件轮廓各表面图形符号		当在某个视图上组成封闭轮廓的各表面有相同的表面结构要求时,应在完整图形符号上加一圆圈,标注在图样中工件的封闭轮廓线上。

4.3.2 表面粗糙度代号

图形符号的画法如图 4-7 所示,表 4-7 列出了图形符号尺寸。

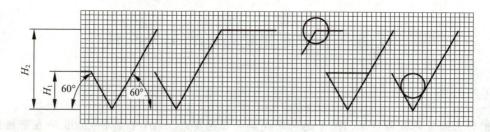

图 4-7 图形符号的画法

表 4-7 图形符号的尺寸　　　　　　　　　　　　　　　　　mm

数字与字母的高度 h	2.5	3.5	5	7	10	14	20
高度 H_1	3.5	5	7	10	14	20	28
高度 H_2(最小值)	7.5	10.5	15	21	30	42	60

注:H_2 取决于标注内容。

标注表面粗糙度参数时应使用完整图形符号。在完整图形符号中注写了参数代号、极限值等要求后,称为表面粗糙度代号,其示例见表 4-9。对其他附加要求,如加工方法、加工纹理方向(见表 4-8)、加工余量等附加参数,可根据需要确定是否标注。

表 4-8 加工纹理方向符号

符号	说明	示意图	符号	说明	示意图
=	纹理平行于标注代号的视图的投影面		C	纹理呈近似同心圆	
⊥	纹理垂直于标注代号的视图的投影面		R	纹理呈近似放射形	
X	纹理呈两相交的方向				
M	纹理呈多方向		P	纹理无方向或呈凸起的细粒状	

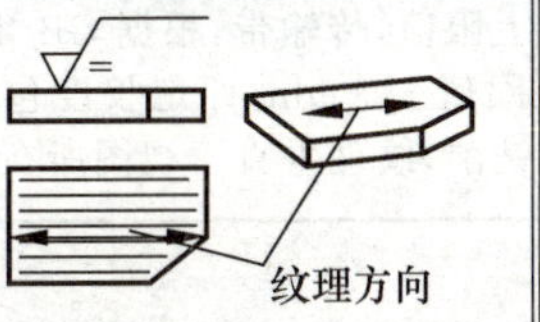

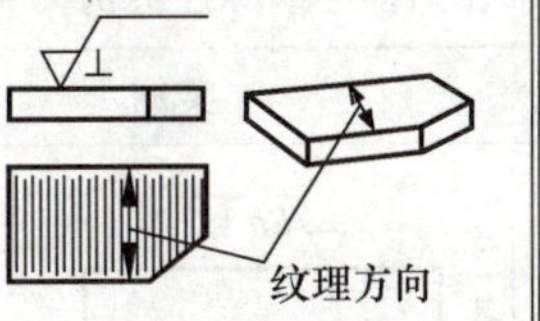

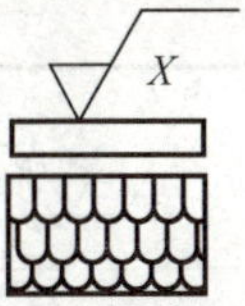

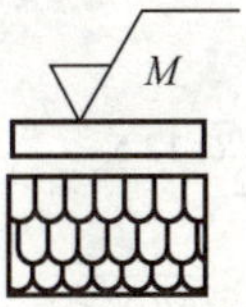

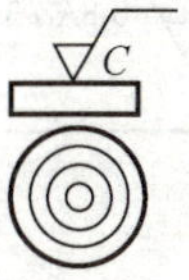

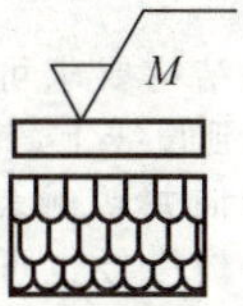

形位公差附加要求标注：

符号	意义
（+）	仅允许中间部分向材料外凸起
（−）	仅允许中间部分向材料里凹入
（▷）	仅允许按符号尖端所指方向缩小
（◁）	

4.3.3 表面粗糙度代(符)号在图样上的标注

表面粗糙度代号示例及表面粗糙度符号在图样上的标注方法见表 4-9 和表 4-10。

表 4-9 表面粗糙度代号示例

代号	含义/说明
$\sqrt{Ra\,1.6}$	表示去除材料，单向上限值，默认传输带，R 轮廓，粗糙度算术平均偏差 1.6 μm，评定长度为 5 个取样长度（默认），"16%规则"（默认）
$\sqrt{Rz\,\max\,0.2}$	表示不允许去除材料，单向上限值，默认传输带，R 轮廓，粗糙度最大高度的最大值 0.2 μm，评定长度为 5 个取样长度（默认），"最大规则"
$\sqrt{\substack{U\,Ra\,\max\,3.2 \\ L\,Ra\,0.8}}$	表示不允许去除材料，双向极限值，两极限值均使用默认传输带，R 轮廓，上限值：算术平均偏差 3.2 μm，评定长度为 5 个取样长度（默认），"最大规则"，下限值：算术平均偏差 0.8 μm，评定长度为 5 个取样长度（默认），"16%规则"（默认）

续表

代号	含义/说明
铣 ∛−0.8Ra3 6.3	表示去除材料,单向上限值,传输带:根据GB/T6062,取样长度0.8 mm,R轮廓,算术平均偏差极限值6.3 μm,评定长度包含3个取样长度,"16%规则"(默认),加工方法:铣削,纹理垂直于视图所在的投影面

表 4-10 表面结构要求在图样中的标注实例

说明	实例
表面结构要求对每一表面一般只标注一次,并尽可能注在相应的尺寸及其公差的同一视图上。表面结构图形符号不应倒着标注,也不应指向左侧标注。表面结构的注写和读取方向与尺寸的注写和读取方向一致	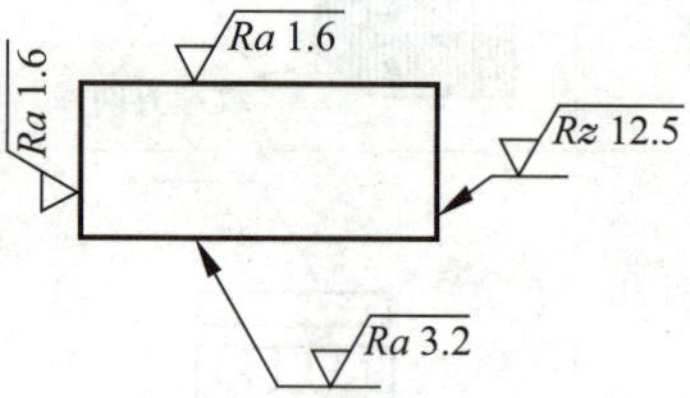
表面结构要求可标注在轮廓线或其延长线上,其符号应从材料外指向并接触表面。必要时表面结构符号也可用带箭头和黑点的指引线引出标注	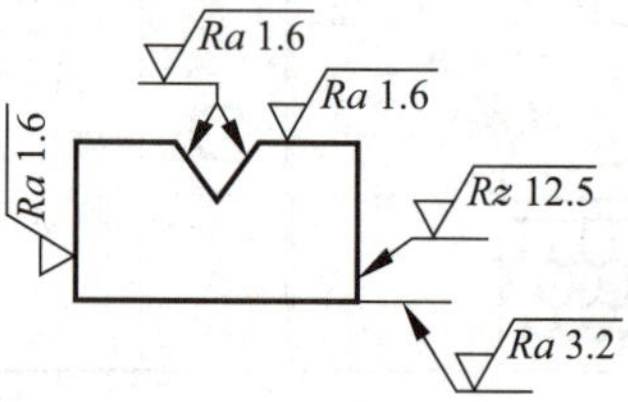 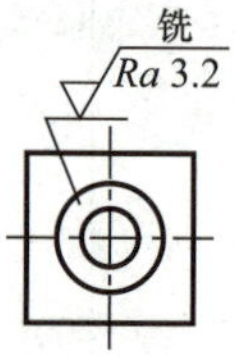 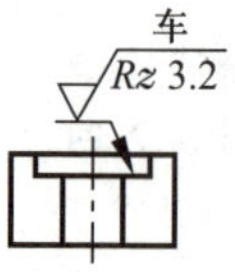
在不致引起误解时,表面结构要求可以标注在给定的尺寸线上	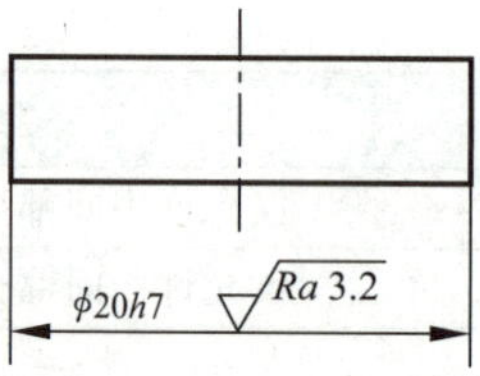 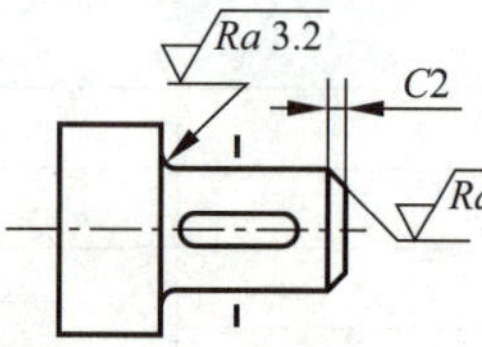 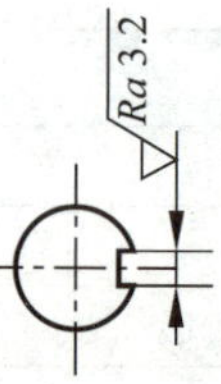
续表表面结构要求可以标注在几何公差框格的上方	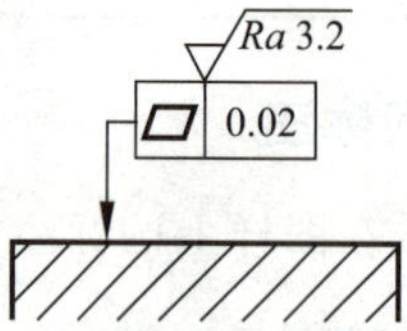 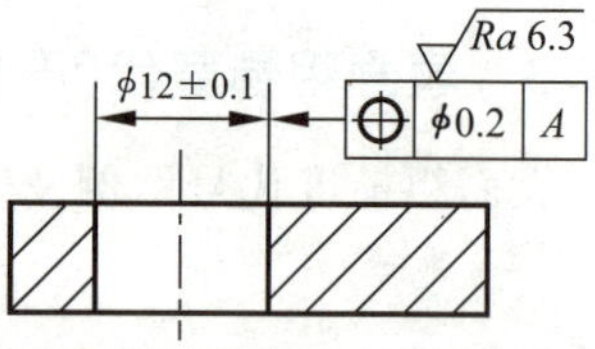
如果在工件的多数表面有相同的表面结构要求,则其表面结构要求可统一标注在图样的标题栏附近,此时,表面结构要求的代号后面应有以下两种情况:①在圆括号内给出无任何其他标注的基本符号(图 a);②在圆括号内给出不同的表面结构要求(图 b)	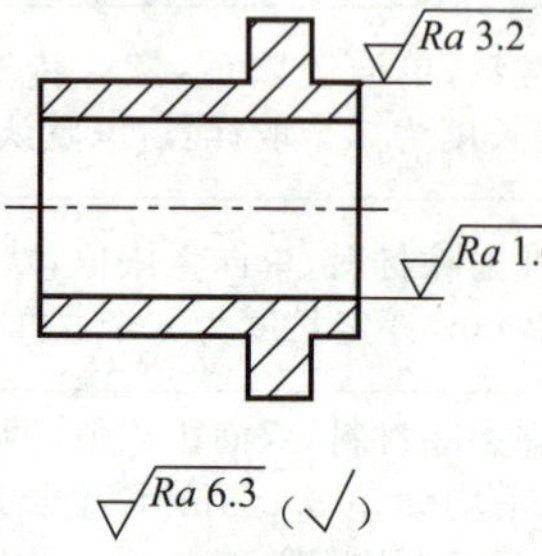 (a) 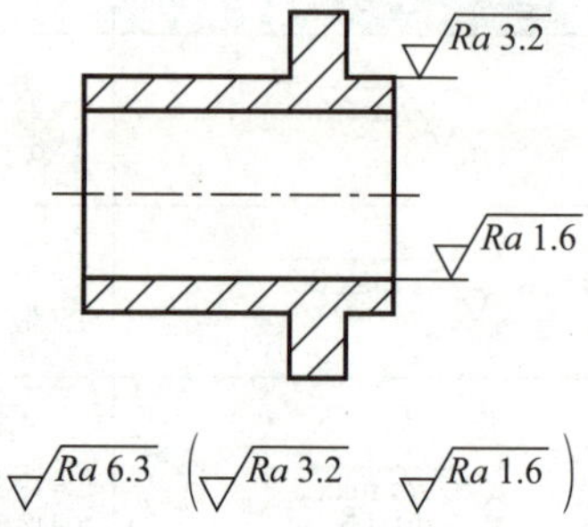 (b)

续表

说明	实例
当多个表面有相同的表面结构要求或图纸空间有限时,可以采用简化注法。 ① 用带字母的完整图形符号,以等式的形式,在图形或标题栏附近,对有相同表面结构要求的表面进行简化标注(图 a); ② 用基本图形符号或扩展图形符号,以等式的形式给出对多个表面共同的表面结构要求(图 b)	(a) $\sqrt{Y} = \sqrt{Ra\,3.2}$ $\sqrt{Z} = \sqrt{Ra\,6.3}$ (b) $\sqrt{} = \sqrt{Ra\,3.2}$ $\sqrt{} = \sqrt{Ra\,6.3}$ $\sqrt{} = \sqrt{Ra\,25}$

表面粗糙度代(符)号标注示例如图 4-8、图 4-9、图 4-10 所示。

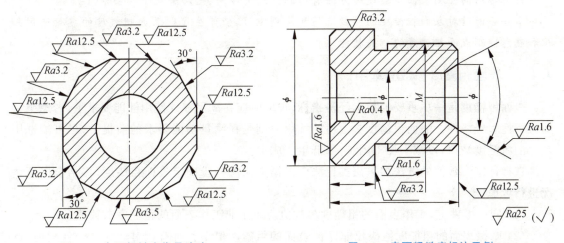

图 4-8　表面粗糙度代号注法　　　　　图 4-9　表面粗糙度标注示例

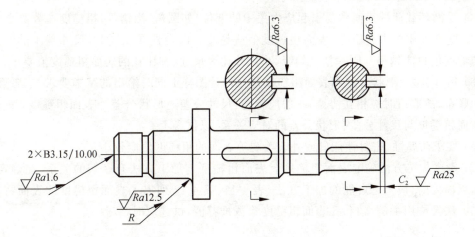

图 4-10　中心孔、键槽(工作面)、圆角、倒角的表面粗糙度可简化标注示例

随堂练习

识读下列表面粗糙度代号。

$\sqrt{3.2max}$ $\sqrt{\substack{3.2 \\ R_y12.5}}$ $\sqrt{\substack{R_a3.2max \\ R_z1.6min}}$

任务四　选用和检测表面粗糙度

任务分析

在实际工作中,由于表面粗糙度和零件的功能关系十分复杂,很难全面而精细地按零件表面功能要求来准确确定粗糙度的参数值。选用时要综合考虑使用性能和经济性两方面因素,原则是:在满足使用性能的前提下,参数的允许值尽可能大。

目前常用的检测表面粗糙度的方法有:比较法、干涉法、光切法及印模法等。

本任务通过对表面粗糙度的参数选用和检测学习,使学生了解表面粗糙度的参数选用知识和熟悉检测表面粗糙度的相关技能。

4.4.1　表面粗糙度参数的选用

表面粗糙度是一项重要的技术经济指标,选取时应在满足零件使用性能要求下,考虑工艺的可行性和经济性。表面粗糙度参数值的选用原则是在满足功能要求的前提下,尽可能选用较大的粗糙度数值,以减小加工困难,降低生产成本。

选择评定参数值的方法多采用类比法。根据类比法初步确定表面粗糙度,再结合以下情况进行考虑。

(1) 同一零件上,工作表面的粗糙度参数值应小于非工作表面的粗糙度参数值。

(2) 摩擦表面的粗糙度值应比非摩擦表面的粗糙度值小。对有相对运动的工件表面,运动速度越高,其表面粗糙度值也应越小。

(3) 受循环载荷的表面和易引起应力集中的部位(如圆角、沟槽等)粗糙度参数要小。

(4) 配合性质要求越稳定,表面粗糙度值应越小。配合性质相同时,尺寸越小的结合面,表面粗糙度值也应越小。同一精度等级,小尺寸比大尺寸、轴比孔的表面粗糙度值要小。

(5) 尺寸公差、形状公差和表面粗糙度是在设计图样上同时给出的基本要求,三者互相存在密切联系,故取值时应相互协调,一般应符合:尺寸公差＞形状公差＞表面粗糙度,表 4-9 列出了表面粗糙度与尺寸公差、形状公差的对应关系,以供参考。

(6) 要求防腐蚀、密封性能好或外表美观等表面的粗糙度值应较小。

(7) 考虑加工方法确定表面粗糙度。表面粗糙度与加工方法有密切的关系,在确定零件的表面粗糙度时,应考虑可能的加工方法,表 4-11、表 4-12 列出了表面粗糙度的表面特征、经济加工方法及应用举例,轴和孔表面粗糙度参数推荐值,供选取时参考。

表 4-11　表面粗糙度的表面特征、经济加工方法应用举例 μm

表面微观特征		Ra	R_z	加工方法	应用举例
粗糙表面	可见刀痕	>20~40	>80~160	粗车、粗刨、粗铣、钻、毛锉、锯断	半成品粗加工过的表面,非配合的加工表面,如轴端面、倒角、钻孔、齿轮和带轮侧面、键槽底面、垫圈接触面等
	微见刀痕	>10~20	>40~80		
半光表面	微见加工痕迹	>5~10	>20~40	车、刨、铣、镗、钻、粗铰	轴上不安装轴承、齿轮处的非配合表面,紧固件的自由装配表面,轴和孔的退刀槽等
	微见加工痕迹	>2.5~5	>10~20	车、刨、铣、镗、磨、拉、粗刮、滚压	半精加工表面,箱体、支架、盖面、套筒等和其他零件结合而无配合要求的表面,需要发蓝的表面等
	看不清加工痕迹	>1.25~2.5	>6.3~10	车、刨、铣、镗、磨、拉、刮、压、铣齿	接近于精加工表面,箱体上安装轴承的镗孔表面,齿轮的工作面
光表面	可辨加工痕迹方向	>0.6~1.25	>3.2~6.3	车、镗、磨、拉、刮、精铰、磨齿、滚压	圆柱销、圆锥销、与滚动轴承配合的表面,卧式车床导轨面,内、外花键定心表面等
	微辨加工痕迹方向	>0.3~0.63	>1.6~3.2	精铰、精镗、磨、刮、滚压	要求配合性质稳定的配合表面,工作时受交变应力的重要零件,较高精度车床的导轨面
	不可辨加工痕迹方向	>0.1~0.32	>0.8~1.6	精磨、研磨、超精加工	精密机床主轴锥孔、顶尖圆锥面、发动机曲轴、凸轮轴工作表面、高精度齿轮齿面
极光表面	暗光泽面	>0.0~0.16	>0.4~0.8	精磨、研磨、普通抛光	精密机床主轴轴径表面,一般量规工作表面,汽缸套内表面,活塞销表面等
	亮光泽面	>0.0~0.08	>0.2~0.4	超精磨、精抛光、镜面磨削	精密机床主轴轴径表面,滚动轴承的滚珠,高压液压泵中柱塞和柱塞套配合表面
	镜状光泽面	>0.01~0.04	>0.05~0.2		
	镜面	≤0.01	≤0.05	镜面磨削、超精研	高精度量仪、量块的工作表面,光学仪器中的金属镜面

表 4-12　表面粗糙度 Ra 的推荐选用值 μm

应用场合	公差等级	公称尺寸/mm					
		≤50		>50~120		>120~500	
		轴	孔	轴	孔	轴	孔
经常装拆零件的配合表面	IT5	≤0.2	≤0.4	≤0.4	≤0.8	≤0.4	≤0.8
	IT6	≤0.4	≤0.8	≤0.8	≤1.6	≤0.8	≤1.6
	IT7	≤0.8		≤1.6		≤1.6	
	IT8	≤0.8	≤1.6	≤1.6	≤3.2	≤1.6	≤3.2

续表

应用场合			公称尺寸/mm					
过盈配合	压入装配	IT5	≤0.2	≤0.4	≤0.4	≤0.8	≤0.4	≤0.8
		IT6~IT7	≤0.4	≤0.8	≤0.8	≤1.6	≤1.6	≤1.6
		IT8	≤0.8	≤1.6	≤1.6	≤3.2	≤3.2	≤3.2
	热装	—	≤1.6	≤3.2	≤1.6	≤3.2	≤1.6	≤3.2
滑动轴承的配合表面		公差等级	轴			孔		
		IT6 IT9	≤0.8			≤1.6		
		IT10 IT12	≤1.6			≤3.2		
		液体湿摩擦条件	≤0.4			≤0.8		
圆锥结合的工作面			密封结合		对中结合		其他	
			≤0.4		≤1.6		≤6.3	
密封材料处的孔、轴表面		密封形式	速度(m·s⁻¹)					
			<3		3~5		>5	
		橡胶圈密封	0.8~1.6(抛光)		0.4~0.8(抛光)		0.2~0.4(抛光)	
		毛毡密封	0.8~1.6(抛光)					
		迷宫式	3.2~6.3					
		涂油槽式	3.2~6.3					
精密定心零件的配合表面		IT5~IT8	径向跳动	2.5	4	6	10	16	25
			轴	≤0.05	≤0.1	≤0.1	≤0.2	≤0.4	≤0.8
			孔	≤0.1	≤0.2	≤0.2	≤0.4	≤0.8	≤1.6
V带和平带轮工作表面			带轮直径/mm					
			<120		120~315		>315	
			1.6		3.2		6.3	
箱体分界面（减速箱）		类型	有垫片			无垫片		
		需要密封	3.2~6.3			0.8~1.6		
		不需要密封	6.3~12.5					

例 4-1 判断下列每对配合（或工件）使用性能相同时，哪一个表面粗糙度要求高？为什么？

(1) ϕ50H7/f6 和 ϕ50H7/h6　　　(2) ϕ30h7 和 ϕ90h7

(3) ϕ40H7/e6 和 ϕ40H7/r6　　　(4) ϕ60g6 和 ϕ60G6

解：(1) ϕ50H7/h6 要求高些，因为它是零间隙配合，对表面粗糙度比小间隙配合 ϕ50H7/f6 更敏感。

(2) ϕ30h7 要求高些，因为 ϕ90h7 尺寸较大，加工更困难，故应放松要求。

(3) ϕ40H7/r6 要求高些，因为是过盈配合，为连接可靠、安全，应减少粗糙度，以避免装配时将微观不平的峰、谷挤平而减少实际过盈量。

(4) ϕ60g6 要求高些，因为精度等级相同时，孔比轴难加工。

4.4.2 表面粗糙度的测量

表面粗糙度常用的检测方法有：比较法、光切法、干涉法、印模法等。

1. 比较法

比较法是将被测表面和表面粗糙度样板直接进行比较,两者的加工方法和材料应尽可能相同,否则将产生较大误差。可用肉眼或借助放大镜、比较显微镜比较;也可用手摸、指甲划动的感觉来判断被测表面的粗糙度。

这种方法多用于车间,评定一些表面粗糙度参数值较大的工件,评定的准确性在很大程度上取决于检验人员的经验。

2. 光切法

应用"光切原理"来测量表面粗糙度的方法称之为光切法。光切法常用于测量 R_z 值为 $0.5\sim0.8\ \mu m$ 的表面。常用的仪器是双管显微镜(光切显微镜)如图 4-11 所示。该种仪器适宜于车、铣、刨或其他类似加工方法所加工的零件平面和外圆表面。

光切法的基本原理如图 4-12 所示。光切显微镜由两个镜管组成,右为投射照明管,左为观察管,两个镜管轴线成 90°。照明管中光源 1 发出的光线经过聚光镜 2、光阑 3 及物镜 4 后,形成一束平行光带,这束平行光带以 45°的倾角投射到被测表面,光带在粗糙不平的波峰 S_1 和波谷 S_2 处产生反射,S_1 和 S_2 经观察管的物镜 4 后分别成像于分划板 5 的 S_1'' 和 S_2'。若被测表面微观不平度高度为 h,轮廓峰 S_1 与 S_2 在 45°截面上的距离为 h_1,S_1' 与 S_2' 之间的距离 h_1' 是 h_1 经物镜后的放大像,若测得 h_1',便可求出表面微观不平度高度 h。

$$h = h_1 \cos 45° = \frac{h_1'}{K} \cos 45° \tag{4-8}$$

式中 K——物镜的放大倍数。

图 4-11 双管显微镜

1—光源;2—立柱;3—锁紧螺钉;
4—微调手轮;5—粗调手轮;6—底座;
7—工作台;8—物镜组;9—测微鼓轮;
10—目镜;11—照相机插座

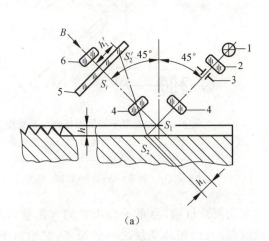

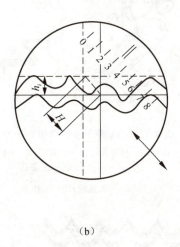

图 4-12 光切显微镜测量原理

1—光源;2—聚光镜;3—光阑;4—物镜;5—分划板;6—目镜

测量时使目镜测微器中分划板上十字线的横线与波峰对准,记录下第一个读数,然后移动十字线,使十字线的横线对准波谷,记录下第二个读数。由于分划板十字线与分划板移动方向成45°角,故两次读数的差值即为图中的 H,H 与 h_1' 的关系为

$$h_1' = H\cos 45° \tag{4-9}$$

将式(4-9)代入式(4-8)得

$$h = \frac{H}{K}\cos^2 45° = \frac{H}{2K} \tag{4-10}$$

令

$$i = \frac{1}{2K}$$

则 $h = iH$

式中 i——使用不同放大倍数的物镜时鼓轮的分度值,它由仪器的说明书给定。

3. 干涉法

干涉法是指利用光学干涉原理来测量表面粗糙度的一种方法。常用仪器是干涉显微镜。

图4-13是国产6JA型干涉显微镜外形图,其光学系统见图4-14。光源1发出的光线经聚光镜2和反光镜3转向,通过分光阑4、5、聚光镜6投射到分光镜7上,通过分光镜7的半透半反膜后分成两束。一束光透过分光镜7,经补偿镜8、物镜9射至被测表面 P_2,再由 P 反射经原光路返回,再经分光镜7反射向目镜14。另一束光经分光镜7反射,经滤光片17、物镜10射至参考镜 P_1,再由 P_1 反射回来,透过分光镜射向目镜14。两束光在目镜14的焦平面上相遇叠加。由于被测表面粗糙不平,所以这两路光束相遇后形成与其相应的起伏不平的干涉条纹,如图4-15所示。

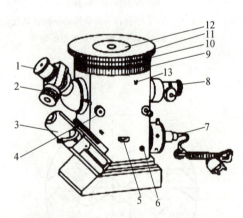

图4-13 6JA型干涉显微镜外形图
1—目镜;2—测微鼓轮;3—照相机;6—手柄;
4、5、8、13(背面)—手轮;7—光源;
9、10、11—滚花轮;12—工作台

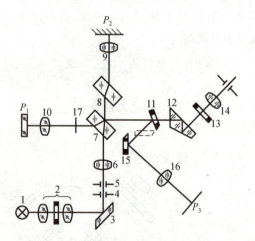

图4-14 6JA型干涉显微镜光学系统图
1—光源;2、6、13—聚光镜;3、11、15—反光镜;
4、5—光阑;7—分光镜;8—补偿镜;14—目镜;
9、10、16—物镜;12—折射镜;17—滤光片

利用测微目镜,测量干涉条纹的弯曲量(即其峰谷读数差)及两相邻条纹之间的距离(它相当于半波长),即可算出相应的峰、谷高度差 h。

图4-15 干涉条纹

$$h = \frac{a}{b}\frac{\lambda}{2} \qquad (4-11)$$

式中 　a——干涉条纹的弯曲量；

　　　b——相邻干涉条纹的间距；

　　　λ——光波波长。

干涉法主要用于测量表面粗糙度的 R_z 和 R_y 值，其测量范围通常为 $0.05 \sim 0.8\ \mu m$，干涉法不适于测量非规则表面（如磨、研磨等）的 S_m。

4. 印模法

印模法是指用塑性材料将被测表面印模下来，然后对印模表面进行测量。

常用的印模材料有川蜡、石蜡和低熔点合金等。这些材料的强度和硬度都不高，故一般不用针触法测量它。由于印模材料不可能填满谷底，且取下印模时往往使印模波峰削平，所以测得印模的 R_z 值比实际略有缩小。一般需根据实验修正。

印模法适用于大尺寸零件的内表面，测量范围为 $R_z = 0.8 \sim 330\ \mu m$。

>> 随堂练习

常用的表面粗糙度的测量仪器有哪几种？各适合测量哪些评定参数？

习　题

4-1　表面粗糙度对零件的使用性能有哪些影响？

4-2　为什么要规定取样长度和评定长度？它们之间有什么关系？

4-3　表面粗糙度国家标准中规定了哪些评定参数？怎样选择？

4-4　选择表面粗糙度时应考虑哪些原则？

4-5　在一般情况下，$\phi 40H7$ 和 $\phi 80H7$ 相比，$\phi 30H7/f6$ 和 $\phi 30H7/s6$ 相比，哪个应选较小的表面粗糙度值？

4-6　解释图 4-16 所示零件上标出的各表面粗糙度要求的含义。

4-7　试判断图 4-17 所示零件表面粗糙度标注是否有错，若有加以改正。

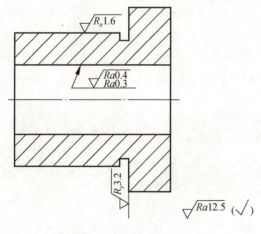

图 4-16　习题 4-6 图

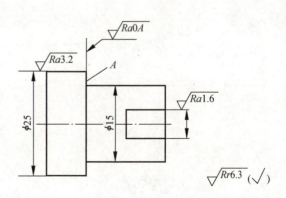

图 4-17　习题 4-7 图

4-8 试将下列表面粗糙度要求标注在图 4-18 上。

(1) 用去材料的方法获得表面 a 和 b，要求表面粗糙度参数 Ra 的上限值为 $1.6\ \mu m$。

(2) 用任何方法加工 ϕd_1 和 ϕd_2 圆柱面，要求表面粗糙度参数 R_z 的上限值为 $6.3\ \mu m$ 下限值为 $3.2\ \mu m$。

(3) 其余用去材料的方法获得各表面，要求 Ra 的最大值均为 $12.5\ \mu m$。

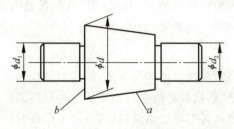

图 4-18 习题 4-8 图

项目五

光滑极限量规

项目阅读

光滑极限量规是一种没有刻度的专用检验工具,如图 5-1 所示,它被广泛应用于成批大量生产中。本项目通过量规尺寸及公差带,量规的设计两个任务的学习,使学生熟悉量规的使用方法、结构及设计原则。

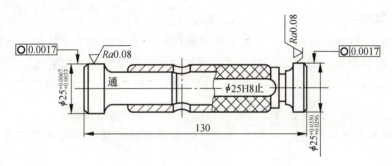

图 5-1 光滑极限量规图

任务一 概　　述

任务分析

通过对光滑极限量规的分类和使用的介绍,使学生对其有初步认识。

光滑极限量规是一种没有划度的专用量具,它不能确定工件的实际尺寸,只能确定工件尺寸是否处于规定的极限尺寸范围内。因量规结构简单,制造容易,使用方便,因此广泛应用于成批大量生产中。

量规的形状与被检验工件的形状相反,其中检验孔的量规称为塞规,它由通规和止规组成,通规是按孔的下极限尺寸设计的,作用是防止孔的作用尺寸小于其下极限尺寸;止规是按孔的上极限尺寸设计的,作用是防止孔的实际尺寸大于其上极限尺寸,如图 5-2(a)所示。检验轴的量规称为卡规,它的通规是按轴的上极限尺寸设计的,其作用是防止轴的作用尺寸大于其上极限尺寸;止规是按轴的下极限尺寸设计的,其作用是防止轴的实际尺寸小于其下极限尺寸,如图 5-2(b)所示。

用量规检验零件时,只有通规通过,止规不通过,被测件才合格。

光滑极限量规的标准是 GB/T 1957—2006，仍适用于检测国标《极限与配合》(GB/T 1800)规定的公称尺寸至 500 mm，公差等级 IT6～IT16 的采用包容要求的孔与轴。

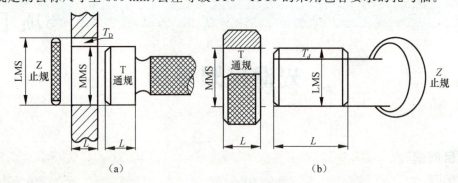

图 5-2　光滑极限量规

量规按照用途分为以下几种。

1. 工作量规

在零件制造过程中，生产工人检验工件时所使用的量规称为工作量规。通规用代号 T 表示，止规用代号 Z 表示。通常使用新的或者磨损较少的量规作为工作量规。

2. 验收量规

检验人员或者用户代表验收工件时所用的量规称为验收量规。

验收量规不需要另行制造，一般选择磨损较多或者接近其磨损极限的工作量规作为验收量规。

3. 校对量规

用于检验轴用工作量规的量规称为校对量规，由于孔用工作量规使用通用计量器具检验，所以不需要校对量规。校对量规有以下几种：

校通一通（TT）是检验轴用工作量规通规的校对量规。校对时，应该通过，否则通规不合格。

校止一通（ZT）是检验轴用工作量规止规的校对量规。校对时，应该通过，否则止规不合格。

校通一损（TS）是检验轴用工作量规通规是否达到磨损极限的校对量规。校对时，应该不通过轴用工作量规（通规），否则该通规已到或者超过磨损极限，不应该再使用。

任务二　工作量规设计

量规是专用量具，它的制造精度要求比被检验工件更高，但不能将量规工作尺寸正好加工到某一规定值，故对量规工作尺寸也要规定制造公差。

5.2.1　工作量规公称尺寸

工作量规中的通规是用来检验工件的作用尺寸是否超过最大实体尺寸（轴的上极限尺寸

或者孔的下极限尺寸),工作量规中的止规是检验工件的实际尺寸是否超过最小实体尺寸(轴的下极限尺寸或孔的上极限尺寸),各种量规即以被检验的极限尺寸为公称尺寸。

5.2.2 工作量规公差带

1. 工作量规公差带的大小——制造公差、磨损公差

量规是一种精密检验工具,制造量规和工件一样,不可避免地会产生误差,故必须规定制造公差。量规制造公差的大小决定了量规制造的难易程度。工作量规通规在工作时,要经常通过被检验工件,其工作表面不可避免地会产生磨损,为了使通规具有一定的使用寿命,需要留出适当的磨损储量,因而,工作量规通规除规定制造公差外,还需规定磨损公差。磨损公差的大小,决定量规的使用寿命。

止规由于不经常通过零件,磨损量少,所以只规定了制造公差。

制造公差:我国量规国家标准 GB/T 1957—2006 规定,量规公差带采用"内缩方案"。即将量规的公差带全部限制在被测孔、轴公差带之内,它能有效地控制误差,从而保证产品质量与互换性。通规的制造公差带对称于 Z 值(称为公差带位置要素),其允许磨损量以工件的最大实体尺寸为极限;止规的制造公差带是从工件的最小实体尺寸算起,分布在尺寸公差带之内。其公差带分布如图 5-3 所示。

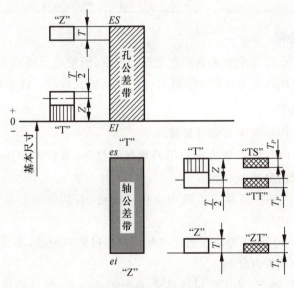

□ 工作量规制造公差带
▓ 工作量规通规磨损公差带
▩ 校对量规制造公差带

图 5-3 量规公差带

工作量规的制造公差 T 和通规公差带位置要素 Z 是综合考虑了量规的制造水平和一定的使用寿命,按被检验零件的公差等级和公称尺寸给定的。具体数值见表 5-1。

2. 磨损极限

通规的磨损极限尺寸就是零件的最大实体尺寸。

由图 5-2 所示的几何关系,可以得出工作量规上、下极限偏差的计算公式,见表 5-2。

表 5-1　IT6-IT11 级工作量规制造公差与位置要素值　　　　　　　　　　　　μm

工件公称尺寸/mm	IT6			IT7			IT8			IT9			IT10			IT11		
	TI6	T	Z	IT7	T	Z	IT8	T	Z	IT9	T	Z	IT10	T	Z	IT11	T	Z
≤3	6	1	1	10	1.2	1.3	14	1.6	2	25	2	3	40	2.4	4	60	3	6
>3～6	8	1.2	1.4	12	1.4	2	18	2	2.6	30	2.4	4	48	3	5	75	4	8
>6～10	9	1.4	1.6	15	1.8	2.4	22	2.4	3.2	36	2.8	5	58	3.6	6	90	5	9
>10～18	11	1.6	2	18	2	2.8	27	2.8	4	43	3.4	6	70	4	8	110	6	11
>18～30	13	2	2.4	21	2.4	3.4	33	3.4	5	52	4	7	84	5	9	130	7	13
>30～50	16	2.4	2.8	25	3	4	39	4	6	62	5	8	100	6	11	160	8	16
>50～80	19	2.8	3.4	30	3.6	4.6	46	4.6	7	74	6	9	120	7	13	190	9	19
>80～120	22	3.2	3.8	35	4.2	5.4	54	5.4	8	87	7	10	140	8	15	220	10	22

表 5-2　工作量规极限偏差的计算

	塞规	卡规		塞规	卡规
通端上极限偏差	$T_s = EI + Z + \dfrac{1}{2}T$	$T_{sd} = EI - Z + \dfrac{1}{2}T$	止端上极限偏差	$Z_s = ES$	$Z_{sd} = ei + T$
通端下极限偏差	$T_i = EI + Z - \dfrac{1}{2}T$	$T_{ai} = EI - Z - \dfrac{1}{2}T$	止端下极限偏差	$Z_i = ES - T$	$Z_{ai} = ei$

3. 验收量规公差带

在量规国家标准中,没有单独规定验收量规公差带,但规定了检验部门应该使用磨损较多的通规,用户代表应使用接近工件最大实体尺寸的通规以及接近工件最小实体尺寸的止规。

4. 校对量规公差带

如前所述,只有轴用量规才有校对量规。

校通—通量规(TT)其作用是防止轴用通规尺寸过小,其公差带从通规的下极限偏差算起,向轴用通规公差带内分布。

校止—通量规(ZT)其作用是防止轴用止规尺寸过小,其公差带是从止规的下极限偏差起,向轴用止规公差带内分布。

校通—损量规(TS)其作用是防止通规在使用中超过磨损极限,其公差带是从通规的磨损极限起,向轴用通规公差带内分布。

校对量规的尺寸公差 T_P 为工作量规尺寸 T 公差的一半,校对量规的形状公差应控制在其尺寸公差带内。

5.2.3　量规设计的原则及其结构

光滑极限量规的设计应符合极限尺寸判断原则(泰勒原则),即孔或轴的作用尺寸不允许超过最大实体尺寸,在任何位置上的实际尺寸不允许超过最小实体尺寸。其尺寸关系:

对于孔:　　　　　　　　$D_M(D_{\min}) \leq D_{fe} \quad D_a \leq D_L(D_{\max})$ 　　　　(5-1)

对于轴:　　　　　　　　$d_L(d_{\min}) \leq d_a \quad d_{fe} \leq d_M(d_{\max})$ 　　　　(5-2)

根据这一原则,通规应设计成全形的,即除其尺寸为最大实体尺寸外,其轴向长度还应与被检工件的长度相同。若通规不是全形规,会造成检验错误。

图 5-4 为用通规检验轴的示例,轴的作用尺寸已经超过最大实体尺寸,为不合格件,通规应不通过,检验结果才是正确的,但是不全形的通规却能通过,造成误判。

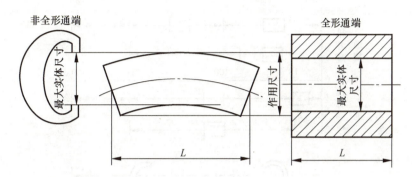

图 5-4　通规形状对检验的影响

止规用于检验工件的实际尺寸,理论上其形状应该为不全形(两点式),否则也会造成检验误差。止规形状不同对检验结果的影响如图 5-5 所示,轴在 y—y 方向的实际尺寸已经超出最小实体尺寸(轴的下极限尺寸),正确的检验情况是:止规在该位置上通过,从而判断出该轴不合格。但用全形止规检验时,因其他部位的阻挡,却通不过该轴,造成误判。所以符合极限尺寸判断原则的通规,其结构形式为全形规,而止规的结构则应为点状,即非全形规。

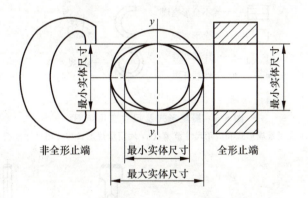

图 5-5　止规形状不同对检验结果的影响

但在实际应用中,为了便于使用和制造,极限量规常偏离了上述原则。例如,为了使用已标准化的量规,标准通规的长度常常不等于工件的配合长度;对大尺寸的孔和轴的塞规(杆规和卡规)检验,以代替笨重的全形塞规。再比如,因环规通规不能检验正在顶尖上加工的工件及曲轴,而允许用卡规代替。对于止规,由于测量时,点接触易于磨损,故止规不得不以小平面、圆柱面或者球面代替。检验小孔用的止规,为制造方便和增加刚度,常常采用全形塞规;检验薄壁工件时,为了防止两点状止规造成工件变形,也采用全形止规。

为了尽量避免在使用中因偏离泰勒原则检验时造成的误差,操作时一定要注意。例如,使用非全形的通端塞规时,应在被检验孔的全长上,沿圆周的几个位置上检验;使用卡规时,应在被检验轴的配合长度内的几个部位,并围绕被检验轴圆周的几个位置上检验。

选用量规结构形式时,必须考虑工件的结构、大小、产量和验收效率等。图 5-6 列出了不同尺寸范围下的通规、止规的形式及应用范围。图 5-6(a)为孔用量规,图 5-6(b)为轴用量规。图 5-7 分别给出了几种常用的轴用、孔用量规的结构形式,供设计时使用,图 5-7(a)为轴用量规,图 5-7(b)、图 5-7(c)和图 5-7(d)为非全形孔用量规。

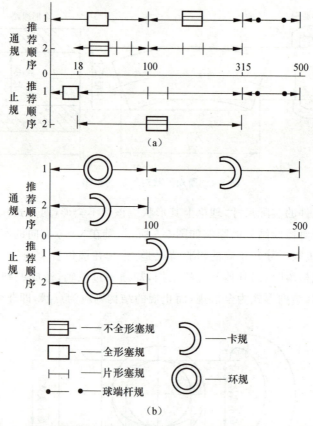

图 5-6 量规形式及尺寸应用范围

(a) 孔用量规形式和应用尺寸范围;(b) 轴用量规形式和应用尺寸范围

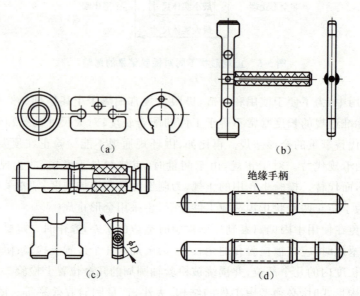

图 5-7 常用量规结构形式

5.2.4 工作量规设计举例

光滑极限量规工作尺寸计算的一般步骤如下：

（1）按照极限与配合（GB/T 1800.3—1998）确定孔、轴的上、下极限偏差。

（2）按照表 5-1 查出工作量规制造公差 T 值和位置要素 Z 值。按工作量规制造公差 T，确定工作量规形状公差。

（3）计算各种量规的极限偏差或工作尺寸，画出公差带图。

例 5-1 设计检验 $\phi 30 \text{H8/f7}\text{Ⓔ}$ 孔、轴用工作量规。

解：(1) 确定量规的类型。参考图 5-6，检验 $\phi 30 \text{H8}$ 的孔用全形塞规，检验 $\phi 30 \text{f7}$ 的轴用卡规。

(2) 查表 1-4、表 1-8、表 1-7 得 $\phi 30 \text{H8/f7}$ 孔、轴尺寸标注分别为 $\phi 30 \text{H8}^{+0.033}_{0}$、$\phi 30 \text{f7}^{-0.020}_{-0.041}$。

(3) 计算各种量规的极限偏差：

① $\phi 30 \text{H8}$ 孔用塞规。

通规　上极限偏差 $= EI + Z + \dfrac{T}{2} = (0 + 0.005 + 0.0017)\text{mm} = +0.0067\text{mm}$

　　　下极限偏差 $= EI + Z - \dfrac{T}{2} = (0 + 0.005 - 0.0017)\text{mm} = +0.0033\text{mm}$

　　　磨损极限 $= EI = 0$

止规　　上极限偏差 $= ES = +0.033\text{mm}$

　　　下极限偏差 $= ES - T = (+0.033 - 0.0034)\text{mm} = +0.0296\text{mm}$

② $\phi 30 \text{f7}$ 轴用卡规。

通规　上极限偏差 $= es - Z + \dfrac{T}{2} = (-0.020 - 0.0034 + 0.0012)\text{mm} = -0.0222\text{mm}$

　　　下极限偏差 $= es - Z - \dfrac{T}{2} = (-0.020 - 0.0034 - 0.0012)\text{mm} = -0.0246\text{mm}$

磨损极限 $= es = -0.020\text{mm}$

止规　　上极限偏差 $= ei + T = (-0.041 + 0.0024)\text{mm} = -0.0386\text{mm}$

　　　下极限偏差 $= ei = -0.041\text{mm}$

将计算结果列于表 5-3。

表 5-3　量规工作尺寸计算　　　　　　　　　　　　mm

	代号	量规上极限偏差	量规下极限偏差	量规尺寸标注	
孔 $\phi 30^{+0.033}_{0}$	T	+0.0067	+0.0033	$30^{+0.0067}_{+0.0033}$	$30.0067^{0}_{-0.0034}$
	Z	+0.033	+0.0296	$30^{+0.033}_{+0.0296}$	$30.0330^{0}_{-0.0034}$
轴 $\phi 30^{-0.020}_{-0.041}$	T	−0.0222	−0.0246	$30^{-0.0222}_{-0.0246}$	$29.9754^{+0.0024}_{0}$
	Z	−0.0386	−0.041	$30^{-0.0386}_{-0.041}$	$29.959^{+0.0024}_{0}$
	TT	−0.0234	−0.0246	$30^{-0.0234}_{-0.0246}$	$29.9766^{0}_{-0.0012}$
	TS	−0.0020	−0.0234	$30^{-0.0020}_{-0.0234}$	$29.9778^{0}_{-0.0012}$
	ZT	−0.0398	−0.041	$30^{-0.0398}_{-0.041}$	$29.9602^{0}_{-0.0002}$

(4) 绘制工作量规的公差带图(图 5-8),量规的标注方法如图 5-9 所示。

5.2.5 量规的其他技术要求

1. 量规的材料

量规的材料可用淬硬钢(碳素工具钢、合金工具钢)和硬质合金,也可在测量面上镀以耐磨材料。

2. 量规工作面硬度

量规测量表面的硬度对量规使用寿命有一定影响,其测量面的硬度应为 HRC58～HRC65。

3. 量规的形位公差

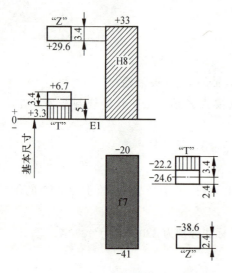

图 5-8 孔、轴工作量规的公差带图

量规的形位公差应控制在尺寸公差带内,形状公差为尺寸公差的 50%,考虑到制造和测量的困难,当量规尺寸公差小于 0.001 mm 时,其形状公差仍取 0.001 mm。

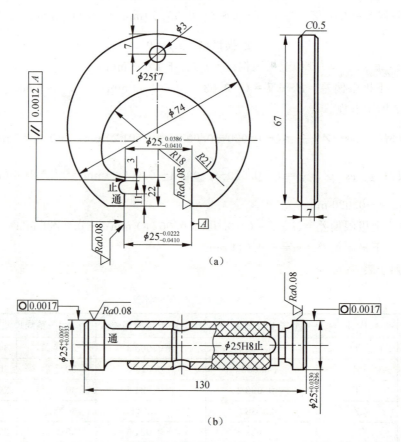

图 5-9 量规的标注方法

4. 量规工作面的粗糙度

量规测量面的粗糙度主要从量规使用寿命、工件表面粗糙度以及量规制造的工艺水平考虑。一般量规工作面的粗糙度应比被检工件的粗糙度要求更严格些，量规测量面粗糙度要求可以参照表 5-4 选取。

表 5-4 量规测量面的粗糙度参数 Ra 值

工作量规	工件公称尺寸/mm		
	≤120	>120～315	>315～500
	$Ra/\mu m$		
IT6 级孔用量规	≤0.025	≤0.05	≤0.1
IT6～IT9 级轴用量规 IT6～IT9 级孔用量规	≤0.05	≤0.2	≤0.2
IT10～IT12 级孔、轴用量规	≤0.1	≤0.2	≤0.4
IT13～IT16 级孔、轴用量规	≤0.2	≤0.4	≤0.4

习　题

5-1　光滑极限量规的通规和止规分别控制工件的什么尺寸？

5-2　光滑极限量规的基本特征是什么？

5-3　设计检验 $\phi 30H7/t6$Ⓔ 配合的孔、轴工作量规，并画出公差带图。

项目六

其他常用零件的检测

项目阅读

在实际生产中,我们经常会遇到轴承、键、螺纹和齿轮这样的零件,而这些零件的检测常需要一些专用的量具和特殊方法,因此我们必须学会用这些专用的量具和特殊方法对零件进行检测,来判断其是否合格。

任务一 滚动轴承的公差与配合

任务分析

滚动轴承是机器上广泛应用的一种传动支承标准部件。本任务通过对滚动轴承的精度等级及应用,滚动轴承内径、外径的公差带及其特点和滚动轴承的配合三项任务的学习,使学生熟悉轴承的分类,轴承公差带的特点,从而能够正确选择滚动轴承的配合。

6.1.1 滚动轴承的组成及分类

滚动轴承是机器上广泛应用的一种传动支承标准部件。其基本结构如图6-1所示。

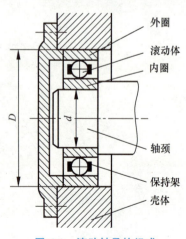

图6-1 滚动轴承的组成

滚动轴承由内圈、外圈、滚动体和保持架组成。其内圈内径 d 与轴颈配合,外圈外径 D 与孔座配合,滚动体是承载并使轴承形成滚动摩擦的元件,它们的尺寸、形状和数量由承载能力和载荷方向等因素决定。保持架是一组隔离元件,其作用是将轴承内的滚动体均匀分开,使每个滚动体均匀地轮流承受相等的载荷,并保持滚动体在轴承内、外滚道间正常滚动。

滚动轴承按可承受负荷的方向分为向心轴承、向心推力轴承和推力轴承等;按滚动体的形状分为球轴承、滚子轴承、滚针轴承等。滚动轴承工作时,内圈和外圈以一定的转速做相对转动。滚动轴承的工作性能和使用寿命不仅取决于轴承本身的制造精度,还与滚动轴承相配合的轴颈和外壳孔的尺寸公差、形位公差和表面粗糙度以及安装正确与否等因素有关,这在国家标准 GB/T 275—1993 中均作了规定。

6.1.2 滚动轴承的精度等级及应用

根据 GB/T 307.1—1994、GB/T 307.1—2005、GB/T 307.2—2005、GB/T 307.3—2005 和 GB/T 307.4—2002 规定，向心轴承的公差等级，由低到高依次分为 0、6、5、4 和 2 五级；圆锥滚子轴承的公差等级分为 0、6、5 和 4 四级；推力轴承的公差等级分为 0、6、5 和 4 四级。仅向心轴承有 2 级，圆锥滚子轴承有 6X 级，而无 6 级。

0 级轴承在机械制造业中应用最广，通常称为普通级，在轴承代号标注时不予注出。它用于旋转精度要求不高、中等负荷、中等转速的一般机构中，如普通机床和汽车的变速机构。

6 级轴承应用于旋转精度和转速要求较高的旋转机构中，如普通机床主轴的后轴承等。

5、4 级轴承应用于旋转精度和转速要求高的旋转机构中，如高精度机床、磨床、精密丝杠车床和滚齿机等的主轴轴承。

2 级轴承应用于旋转精度和转速要求特别高的旋转机构中，如精密坐标镗床和高精度齿轮磨床主轴等轴承。

机床主轴轴承精度等级可参照表 6-1 选用。

表 6-1 机床主轴轴承精度等级

轴承类型	精度等级	应用情况
200 300	4、2	高精度磨床、丝锥磨床、螺纹磨床、磨齿机、插齿刀磨床（2 级）
36000 46000	5	精密镗床、内圆磨床、齿轮加工机床
	6	卧式车床、铣床
3182100	4	精密丝杠车床、高精度车床、高精度外圆磨床
	5	精密车床、精密铣床、转塔车床、外圆磨床、多轴车床、镗床
	6	卧式车床、自动车床、铣床、立式车床
2000 3000	6	精密车床及铣床的后轴承
7000	2、4	坐标镗床（2 级）、磨齿机（4 级）
	5	精密车床、精密铣床、镗床、精密转塔车床、滚齿机
	6	铣床、车床
8000	6	一般精度机床

6.1.3 滚动轴承内径、外径的公差带及其特点

由于滚动轴承是标准部件，所以轴承内圈与轴颈的配合采用基孔制，轴承外圈与外壳孔的配合采用基轴制，以实现完全互换。

滚动轴承的内圈通常是随轴一起旋转的，为防止内圈和轴颈的配合面之间相对滑动而导致磨损，影响轴承的工作性能，因此要求配合具有一定的过盈，但由于内圈是薄壁件，其过盈量不能太大。

如果作为基准孔的轴承内圈内径仍采用基本偏差代号 H 的公差带布置,轴颈公差带从GB/T 1801—2009 中的优先、常用和一般公差带中选取,则这样的过渡配合的过盈量太小,而过盈配合的过盈量又太大,不能满足轴承工作的需要。若轴颈采用非标准的公差带,则违反了标准化和互换性原则。为此,滚动轴承国家标准规定:轴承内径为基准孔公差带,但位于以公称内径 d 为零线的下方,即上极限偏差为零,下极限偏差为负值,如图 6-2 所示。此时,当它与GB/T 1801—2009 中的过渡配合的轴相配合时,能保证获得一定大小的过盈量,从而满足轴承的内孔与轴颈的配合要求。

滚动轴承的外圈安装在外壳孔中,通常不旋转。标准规定轴承外圈外径的公差带分布于以其公称直径 D 为零线的下方,即上极限偏差为零,下极限偏差为负值。它与 GB/T 1801—2009 中基本偏差代号为 h 的公差带相类似,但公差值不同。如图 6-2 所示。

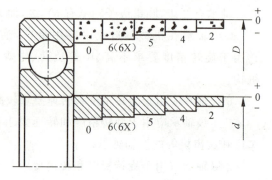

图 6-2 滚动轴承内、外径公差带

6.1.4 滚动轴承与轴颈和外壳孔的配合

由于轴承内径和外径本身的公差带在轴承制造时已确定,因此轴承内圈和轴颈、外圈和外壳孔的配合面间需要的配合性质,要由轴颈和外壳孔的公差带决定。也就是说,轴承配合的选择就是确定轴颈和外壳孔的公差带。

国家标准 GB/T 275—1993《滚动轴承与轴和外壳孔的配合》对与 0 级和 6(6X) 级轴承配合的轴颈规定了 17 种公差带,基本偏差代号从 g~r,精度等级除 h8 以外,从 6~7 级,与轴承内孔形成过渡配合和过盈配合,无间隙配合。

对与 0 级和 6(6X) 级轴承配合的外壳孔,规定了 16 种公差带,基本偏差代号从 G~P,精度除 H8 外,从 6~7 级,与轴承外圆形成间隙、过渡或过盈配合,如图 6-3 所示,它们分别选自 GB/T 1800.1—2009 中的轴、孔公差带,设计时应从这些公差带中选取。

6.1.5 滚动轴承配合的选择

1. 配合选择的主要依据

配合的选用,通常是根据滚动轴承套圈相对于负荷的状况、负荷的类型和大小、轴承的尺寸大小、轴承的游隙等因素来进行。

1) 轴承承受负荷的类型。作用在轴承上的径向负荷一般是由定向负荷和旋转负荷合成的。根据轴承所承受的负荷对于套圈作用的不同,可分为以下三类:

(1) 固定负荷轴承运转时,作用在轴承上的合成径向负荷相对静止,即合成径向负荷始终不变地作用在套圈滚道的某一局部区域上,则该套圈承受着固定负荷。如图 6-4(a) 中的外圈和图 6-4(b) 中的内圈,它们均受到一个定向的径向负荷 F_r 作用。其特点是只有套圈的局部滚道受到负荷的作用。

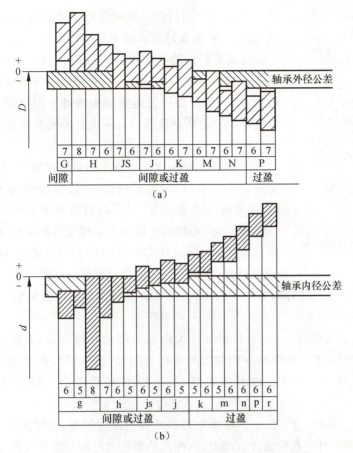

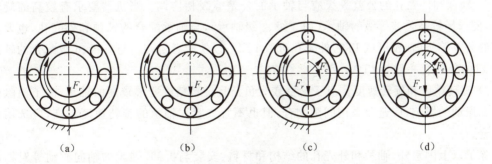

图 6-3 滚动轴承与外壳孔和轴颈配合的常用公差带
(a) 轴承与外壳配合常用公差带；(b) 轴承与轴颈配合常用公差带

图 6-4 轴承套圈与负荷的关系
(a) 定向负荷、内圈转动；(b) 定向负荷、外圈转动；(c) 旋转负荷、内圈转动；(d) 旋转负荷、外圈转动

(2) 旋转负荷 轴承运转时，作用在轴承上的合成径向负荷与套圈相对旋转，依次作用在套圈的整个轨道上，则该套圈承受旋转负荷。如图 6-4(a) 中的内圈和图 6-4(b) 中的外圈，都承受旋转负荷。其特点是套圈的整个圆周滚道顺次受到负荷的作用。

(3) 摆动负荷 轴承运转时，作用在轴承上的合成径向负荷在套圈滚道的一定区域内相对摆动，则该套圈承受摆动负荷。如图 6-4(c) 和图 6-4(d) 所示，轴承套圈同时受到定向负荷和旋转负荷的作用，两者的合成负荷将由小到大，再由大到小地周期性变化。当 $F_r > F_c$ 时(图 6-5)，合成负荷在轴承下方 AB 区域内摆动，不旋转的套圈承受摆动负荷，旋转的套圈承受旋转负

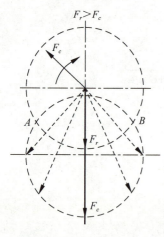

图 6-5 摆动负荷变化的区域

荷。当 $F_r>F_c$ 时,合成负荷沿整个圆周变动,不旋转的套圈承受旋转负荷,而旋转的套圈承受摆动负荷。

受固定负荷的套圈配合应选松一些,一般应选用过渡配合或具有极小间隙的间隙配合。受旋转负荷的套圈配合应选较紧的配合,一般应选用过盈量较小的过盈配合或有一定过盈量的过渡配合。受摆动负荷的套圈配合的松紧程度应介于前两种负荷之间。

2) 轴承负荷的大小。轴承在负荷作用下,套圈会产生变形,使配合受力不均匀,引起松动。因此,当受冲击负荷或重负荷时,一般应选择比正常、轻负荷时更紧密的配合。GB/T 275—1993 规定,向心轴承负荷的大小可用当量动负荷 P_r 与额定动负荷 C_r 的比值区分:$P_r \leqslant 0.07C_r$ 时为轻负荷;$0.7C_r<P_r \leqslant 0.15C_r$ 时为正常负荷;$P_r>0.15C_r$ 时为重负荷。负荷越大,配合过盈量应越大。

3) 轴承尺寸大小。随着轴承尺寸的增大,选择的过盈配合的过盈量越大,间隙配合的间隙量越大。

4) 轴承游隙。游隙过大,会引起转轴较大的径向跳动和轴向窜动,轴承产生较大的振动和噪声;游隙过小,尤其是轴承与轴颈或外壳孔采用过盈配合时,则会使轴承滚动体与套圈产生较大的接触应力,引起轴承的摩擦发热,以致降低寿命。因此轴承游隙的大小应适度。

5) 工作温度。轴承工作时,由于摩擦发热和其他热源的影响,使轴承套圈的温度经常高于与它相配合轴颈和外壳孔的温度。由此,内圈因热膨胀与轴颈的配合变松,外圈因热膨胀与外壳孔的配合变紧,所以轴承工作温度高于 100 ℃时,应对选择的配合进行修正。

6) 轴颈和外壳孔的公差等级应与轴承的公差等级相协调。当机器要求有较高的旋转精度时,要选择较高公差等级的轴承(如 5 级、4 级轴承),与轴承配合的轴颈和外壳孔,也要选择较高的公差等级(轴颈可取 IT5,外壳孔可取 IT6),以使两者协调。与 0 级、6 级配合的轴颈一般为 IT6,外壳孔一般为 IT7。

7) 旋转精度和旋转速度。对于承受较大负荷且旋转精度要求较高的轴承,为了消除弹性变形和振动的影响,应避免采用间隙配合,但也不宜太紧。轴承的旋转速度越高,应选用越紧的配合。

除了以上因素外,轴颈和外壳孔的结构和材料、安装与拆卸、轴承的轴向游动等对轴承的运转也有影响,应当作全面的分析考虑。

2. 公差等级的选择

与滚动轴承相配合的轴、孔的公差等级和轴承的精度有关。与 0、6(6X)级轴承配合的轴,其公差等级一般为 IT6,外壳孔为 IT7。

对旋转精度和运转平稳性有较高要求的场合,在提高轴承公差等级的同时,轴承配合部位也应按相应精度提高。

3. 公差带的选择

向心轴承和轴的配合,轴公差带代号按表 6-2 选择;向心轴承与外壳孔的配合,孔公差带代号按表 6-3 选择;推力轴承和轴的配合,轴公差带代号按表 6-4 选择;推力轴承和外壳孔的配合,孔公差带代号按表 6-5 选择。

表 6-2 向心轴承和轴的配合轴公差带代号(摘自 GB/T 275—1993)

运转状态		负荷状态	深沟球轴承、调心球轴承和角接触轴承	圆柱滚子轴承和圆锥滚子轴承	调心滚子轴承	公差带
说明	举例		轴承公称内径/mm			
旋转的内圆负荷及摆动负荷	一般通用机械、电动机、机床、主轴、泵、内燃机、直齿轮传动装置、铁路机车车辆轴箱、载碎机等	轻负荷	<18 >18~100 >100~200 —	— <40 >40~140 >140~200	— <40 >40~100 >100~200	h5 j6① k6① m6①
		正常负荷	<18 >18~100 >100~140 >140~200 >200~250 — — —	— <40~100 >100~140 >140~200 >200~400 — — —	— <40 >40~65 >65~100 >100~140 >140~280 >280~500 —	j5 js5 k5② m5② m6 n6 p6 r6 —
		重负荷	— — — —	>50~140 >140~200 >200 —	>50~100 >100~140 >140~200 >200	n6 p6③ r6 r7
固定的内侧负荷	静止轴上的各种轮子,张紧轮绳、振动筛、惯性振动器	所有负荷	所有尺寸			f6 k6① h6 j6
仅有轴向负荷			所有尺寸			j6、jn6
圆锥孔轴承						
所有负荷③	铁路机车车辆轴箱		装在退卸套上的所有尺寸			h8(IT6)④⑤
	一般机械传动		装在紧定套上的所有尺寸			h9(IT7)④⑤

注:① 凡对精度有较高要求场合,应用 j5,k5,…代替 j6,k6,…。
② 圆锥滚子轴承、角接触球轴承配合对游隙的影响不大,可用 k6,m6 代替 k5,m5。
③ 重负荷下轴承游隙应选大于 0 组。
④ 凡有较高的精度或转速要求的场合,应选 h7(IT5)代替 h8(IT6)。
⑤ IT6、IT7 表示圆柱度公差数值。

表 6-3　向心轴承和外壳的配合孔公差带代号（摘自 GB/T 275—1993）

运转状态		负荷状态	其他情况	公差带	
说明	举例			球轴承	滚子轴承
固定的外圈负荷	一般机械、铁路机车车辆轴箱、电动机、泵、曲轴主轴承	轻、正常、重	轴向易移动,可采用剖分式外壳	H7、G7	
		冲击	轴向能移动,采用整体或剖分式外壳	J7、JS7	
摆动负荷		轻、正常			
		正常、重		K7	
		冲击		M7	
旋转的外圈负荷	张紧滑轮、轮毂轴承	轻	轴向不移动,采用整体式外壳	J7	K7
		正常		K7、M7	M7、N7
		重			N7、P7

注：① 并列公差带随尺寸的增大从左至右选择,对旋转精度有较高要求时,可相应提高一个公差等级。
　　② 不适用于剖分式外壳。

表 6-4　推力轴承和轴的配合轴公差带代号（摘自 GB/T 275—1993）

运转状态	负荷状态	推力球轴承和推力滚子轴承	推力调心滚子轴承	公差带
		轴承公称内径/mm		
仅有轴向负荷		所有尺寸		j6,js6
固定的轴圈负荷	径向和轴向联合负荷	—	≤250	J6
		—	>250	js6

表 6-5　推力轴承和外壳的配合孔公差带代号（摘自 GB/T 275—1993）

运转状态	负荷状态	轴承类型	公差带	备注
仅有轴向负荷		推力球轴承	H8	
		推力圆柱、圆锥滚子轴承	H7	
		推力调心滚子轴承		外壳孔与座圈间间隙为 0.001D（D 为轴承的公称外径）
固定的座圈负荷	径向和轴向联合负荷	推力角接触球轴承、推力圆锥滚子轴承、推力调心滚子轴承	H7	
旋转的座圈负荷或摆动负荷			K7	普通使用条件
			M7	有较大径向负荷时

6.1.6　配合表面及端面的形位公差和表面粗糙度

为保证轴承正常运转,除了正确选择轴承与轴颈及外壳孔的公差等级及配合外,还应对轴颈及外壳孔的形位公差及表面粗糙度提出要求。

1. 配合表面及端面的形位公差

因轴承套圈为薄壁件,装配后靠轴颈和外壳孔来矫正,故套圈工作时的形状与轴颈及外壳孔表面形状密切相关。为保证轴承正常工作,对轴颈和外壳孔表面应提出圆柱度公差要求。

为保证轴承工作时有较高的旋转精度,应限制与套圈端面接触的轴肩及壳体孔肩的倾斜,以避免轴承装配后滚道位置不正而使旋转不平稳,因此规定了轴肩和壳体孔肩的端面跳动公差。形位公差值见表 6-6。

表 6-6 轴和外壳孔的形位公差值(摘自 GB/T 275—1993)

公称尺寸		圆柱度 t				端面圆跳动 t_1			
		轴颈		外壳孔		轴肩		外壳孔肩	
		轴承公差等级							
		0	6(6X)	0	6(6X)	0	6(6X)	0	6(6X)
超过	到	公差值/μm							
—	6	2.5	1.5	4	2.5	5	3	8	5
6	10	2.5	1.5	4	2.5	6	4	10	6
10	18	3.0	2.0	5	3.0	8	5	12	8
18	30	4.0	2.5	6	4.0	10	6	15	10
30	50	4.0	2.5	7	4.0	12	8	20	12
50	80	5.0	3.0	8	5.0	15	10	25	15
80	120	6.0	4.0	10	6.0	15	10	25	15
120	180	8.0	5.0	12	8.0	20	12	30	20
180	250	10.0	7.0	14	10.0	20	12	30	20
250	315	12.0	8.0	116	12.0	25	15	40	25
315	400	13.0	9.0	18	13.0	25	15	40	25
400	500	15.0	10.0	20	15.0	25	15	40	25

2. 配合表面及端面的粗糙度要求

表面粗糙度的大小直接影响配合的性质和连接强度,因此,凡是与轴承内、外圈配合的表面通常都对粗糙度提出了较高的要求,按表 6-7 选择。

表 6-7 配合面的表面粗糙度(摘自 GB/T 275—1993)

轴或轴承座直径/mm		轴或外壳配合表面直径公差等级							
		IT7			IT6			IT5	
		表面粗糙度(符合 GB1030 第一系列)/μm							
超过	到	R_z	Ra		R_z	Ra		R_z	Ra
			磨	车		磨	车		磨	车
—	80	10	1.6	3.2	6.3	0.8	1.6	4	0.4	0.8
80	500	16	1.6	3.2	10	1.6	3.2	6.3	0.8	1.6
端面		25	3.2	6.3	15	3.2	6.3	10	1.6	3.2

例 6-1 在 C616 车床主轴后支承上,装有 G 级单列深沟球轴承(型号 G310),轴承尺寸为 50×110×27,额定动负荷 C_r=32 000 N,径向负荷 P_r=4 000 N。试确定与轴承配合的轴颈和外壳孔的配合尺寸和技术要求。

解:按给定条件,P_r/C_r=4 000/32 000=0.125,属于正常负荷。减速器的齿轮传递动力,内圈承受旋转负荷,外圈承受固定负荷。

按轴承类型和尺寸规格,查表 6-2,轴颈公差带为 k5;查表 6-3,外壳孔的公差带为 G7 或 H7 均可,但由于该轴旋转精度要求较高,可相应提高一个公差等级,选定 H6;查表 6-6,轴颈的圆柱度公差为 0.004 mm,轴肩的圆跳动公差为 0.012 mm,外壳孔的圆柱度公差为 0.010 mm,孔肩的圆跳动公差为 0.025 mm;查表 6-7,轴颈表面粗糙度要求 Ra=0.4 μm,轴肩表面 Ra=1.6 μm,外壳孔表面 Ra=1.6 μm,孔肩表面 Ra=3.2 μm,轴颈和外壳孔的配合尺寸和技术要求在图样上的标注如图 6-6 所示。

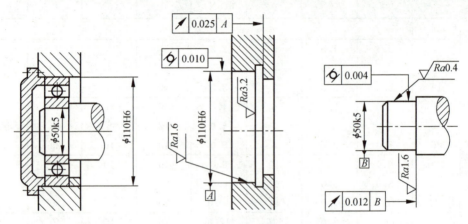

图 6-6 与轴承配合的轴颈和外壳孔技术要求的标注

随堂练习

1. 滚动轴承的精度是根据什么分的?共有几级?代号是什么?
2. 选择轴承与结合件配合的主要依据是什么?
3. 滚动轴承的内、外径公差带布置有何特点?

任务二 键与花键的公差与配合

任务分析

键连接(图 6-7)和花键连接广泛用于轴和轴上传动件(如齿轮、皮带轮、手轮和联轴器等)之间的可拆卸连接,用以传递转矩和运动,有时也作轴向滑动的导向,特殊场合还能起到定位和保证安全的作用。本项目通过对平键连接及花键连接的学习,使学生掌握平键连接的公差与配合和花键连接的公差与配合,以便在工程实际中能够确定配合精度和配合种类。

项目六 其他常用零件的检测

图 6-7 键连接

6.2.1 平键连接的公差与配合

1. 概述

键又称单键,按其结构形式不同,分为平键、半圆键、切向键和楔键等四种。其中平键又分为普通型平键和导向型平键两种。本节主要讨论平键连接。

平键连接是由键、轴、轮毂三个零件结合,通过键的侧面分别与轴槽、轮毂槽的侧面接触来传递运动和转矩,键的上表面和轮毂槽底面留有一定的间隙。因此,键和轴槽的侧面应有足够大的实际有效面积来承受负荷,并且键嵌入轴槽要牢固可靠,防止松动脱落。所以,键宽和键槽宽 b 是决定配合性质和配合精度的主要参数,为主要配合尺寸,应规定较严的公差;而键长 L、键高 h、轴槽深 t_1 和轮毂槽深 t_2 为非配合尺寸,其精度要求较低。平键连接方式及主要结构参数如图 6-8 所示。

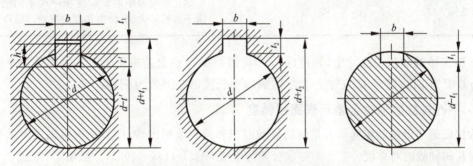

图 6-8 平键连接方式及主要结构参数

2. 平键连接的公差与配合

平键是标准件,平键连接是键与轴及轮毂三个零件的配合,考虑工艺上的特点,为使不同的配合所用键的规格统一,利于采用精拔型钢来制作,国家标准规定键连接采用基轴制配合。

为保证键在轴槽上紧固,同时又便于拆装,轴槽和轮毂槽可以采用不同的公差带,使其配合的松紧不同,国家标准 GB/T 1095—2003《平键键槽的剖面尺寸》对平键与键槽和轮毂槽的宽度规定了三种连接类型,即正常连接、紧密连接和松连接,对轴和轮毂的键槽宽各规定了三种公差带。而国家标准 GB/T 1096—2003《普通型平键》对键宽规定了一种公差带 h8,这样就构成了三组配合。其配合尺寸(键与键槽宽)的公差带均从 GB/T 1801—2009 标准中选取,键宽与键槽宽 b 的公差带如图 6-9 所示。

具体的公差带和各种连接的配合性质及应用见表 6-8。平键与键槽的剖面尺寸及键槽的公差与极限偏差见表 6-9。

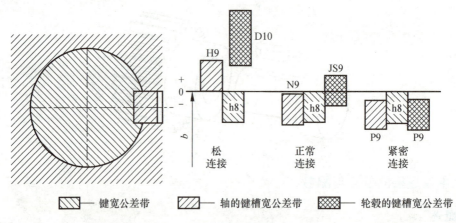

图 6-9 平键连接的公差带

表 6-8 平键连接的三组配合及应用

配合种类	尺寸 b 的公差带			配合性质及应用场合
	键	轴键槽	轮毂键槽	
松连接	h8	H9	D10	用于导向平键,轮毂可在轴上移动
正常连接	h8	N9	JS9	键在轴键槽中和轮毂槽中均固定,用于载荷不大的场合
紧密连接	h8	P9	P9	键在轴键槽中和轮毂键槽中均牢固地固定,用于载荷较大、有冲击和双向扭矩的场合

平键连接的非配合尺寸中,轴槽深 t_1 和轮毂槽深 t_2 的公差带见表 6-9;矩形普通平键键高 h 的公差带为 h11;键长 L 的公差带为 h14;轴槽长度的公差带为 H14。

3. 平键连接的形位公差及表面粗糙度

为保证键与键槽的侧面具有足够的接触面积和避免装配困难,应分别规定轴槽对轴线和轮毂槽对孔的轴线的对称度公差。对称度公差等级按 GB/T 1184—1996,一般取 7~9 级。

轴槽与轮毂槽的两个工作侧面为配合表面,表面粗糙度 Ra 值取 1.6~3.2 μm。槽底面等为非配合表面,表面粗糙度 Ra 值取 6.3 μm。

4. 平键连接的公差与配合的选用

参见表 6-9,根据轴径确定平键的规格参数。

参见表 6-8,根据平键的使用要求和应用场合来选择键连接的松紧类型。

参见表 6-9,确定键槽、轮毂槽的宽度、深度尺寸和公差。

根据国标推荐,确定键槽的形位公差和各表面的粗糙度要求。

5. 图样标注

键槽的图样标注如图 6-10 所示。

6.2.2 矩形花键连接

花键连接是用在轴径向均布的外花键和在轮毂孔上带有相应内花键相配合的可拆连接。

表 6-9 普通平键键槽的剖面尺寸与公差(摘自 GB/T 1095—2003) mm

轴	键	键槽										
		宽度 b					深度				半径	
			极限偏差				轴 t		毂 t_1			
		基本尺寸	松连接		正常连接		紧密连接	基本尺寸	极限偏差	基本尺寸	极限偏差	最大	最小
			轴 H9	毂 D10	轴 N9	毂 JS9	轴和毂 P9						
公称直径 d	键尺寸 $b\times h$												
自 6~8	2×2	2	+0.025 0	+0.060 +0.020	-0.004 -0.029	±0.0125	-0.006 -0.031	1.2	+0.1 0	1.0	+0.1 0	0.08	0.16
>8~10	3×3	3						1.8		1.4			
>10~12	4×4	4	+0.030 0	+0.078 +0.030	0 -0.030	±0.015	-0.012 -0.042	2.5		1.8		0.16	0.25
>12~17	5×5	5						3.0		2.3			
>17~22	6×6	6						3.5		2.8			
>22~30	8×7	8	+0.036 0	+0.098 +0.040	0 -0.036	±0.018	-0.015 -0.051	4.0	+0.2 0	3.3	+0.2 0	0.25	0.40
>30~38	10×8	10						5.0		3.3			
>38~44	12×8	12	+0.043 0	+0.120 +0.052	0 -0.043	±0.0215	-0.018 -0.061	5.0		3.3			
>44~50	14×9	14						5.5		3.8			
>50~58	16×10	16						6.0		4.3		0.40	0.60
>58~65	18×11	18						7.0		4.4			
>65~75	20×12	20	+0.052 0	+0.149 +0.065	0 -0.052	±0.026	-0.022 -0.074	7.5		4.9			
>75~85	22×11	22						9.0		5.4			

注：① $(d-t)$ 和 $(d-t_1)$ 两组合尺寸的极限偏差按相应的 t 和 t_1 的极限偏差选取，但 $(d-t)$ 的极限偏差应取负号(—)。
② 在 GB/T 1096—2003 中没有给出相应轴径的公差直径，此表为根据一般受力情况推荐的轴的公称直径值。

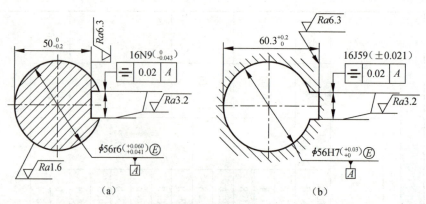

图 6-10 键槽尺寸和公差的图样标注
(a) 轴键槽；(b) 轮毂键槽

与平键连接相比，花键连接的承载能力强，对中性和导向性好，对轴的削弱较小，一般用于载荷较大、定心精度要求高和经常作轴向滑移的场合，在机械制造领域应用广泛。花键可用作固定连接，也可用作滑动连接。

花键按其截面形状可分为矩形花键、渐开线花键和三角形花键，本节讨论应用最广的矩形花键。

1. 矩形花键连接的特点

矩形花键连接由内花键（花键孔）与外花键（花键轴）构成，用于传递转矩和运动。其连接应保证内花键与外花键的同轴度、连接强度和传递强度的可靠性，对要求轴向滑动的连接，还应保证导向精度。

2. 矩形花键的配合尺寸及定心方式

GB/T 1144—2001 规定矩形花键的键数 N 为偶数（有 6、8、10），键齿均布于全圆周。按承载能力，矩形花键分为中、轻两个系列。对同一小径，两个系列的键数相同，键（槽）宽相同，仅大径不相同。中系列的承载能力强，多用于汽车、拖拉机等制造业；轻系列的承载能力相对低，多用于机床制造业。矩形花键的尺寸系列见表 6-10。

表 6-10 矩形花键公称尺寸系列（摘自 GB/T 1144—2001） mm

小径 d	轻系列				中系列			
	规格 $N\times d\times D\times B$	键数 N	大径 D	键宽 B	规格 $N\times d\times D\times B$	键数 N	大径 D	键宽 B
23	6×23×26×6	6	26	6	6×23×28×6	6	28	6
26	6×26×30×6	6	30	6	6×26×32×6	6	32	6
28	6×28×32×7	6	32	7	6×28×34×7	6	34	7
32	8×32×36×6	8	36	6	8×32×38×6	8	38	6
36	8×36×40×7	8	40	7	8×36×42×7	8	42	7
42	8×42×46×8	8	46	8	8×42×48×8	8	48	8
46	8×46×50×9	8	50	9	8×46×54×9	8	54	9
52	8×52×58×10	8	58	10	8×52×60×10	8	60	10
56	8×56×62×10	8	62	10	8×56×65×10	8	65	10
62	8×62×68×12	8	68	12	8×62×72×12	8	72	12
72	10×72×78×12	10	78	12	10×72×82×12	10	82	12

矩形花键主要尺寸有小径 d、大径 D、键（槽）宽 B，如图 6-11 所示。

矩形花键连接的结合面有三个，即大径结合面、小径结合面和键侧结合面。要保证三个结合面同时达到高精度的定心作用很困难，也没有必要。实用中，只需以其中之一为主要结合面，确定内、外花键的配合性质。确定配合性质的结合面称为定心表面。

每个结合面都可作为定心表面，所以花键连接有三种定心方式：小径 d 定心、大径 D 定心和键（槽）宽 B 定心，如图 6-12 所示。

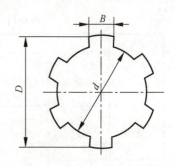

图 6-11 矩形花键主要尺寸

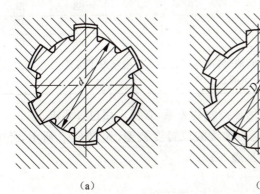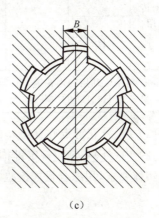

(a)　　　　　　　　　　(b)　　　　　　　　　　(c)

图 6-12 矩形花键连接的定心方式

GB/T 1144—2001 规定矩形花键以小径结合面作为定心表面，即采用小径定心。定心直径 d 的公差等级较高，非定心直径 D 的公差等级较低，并且非定心直径 D 表面之间有相当大的间隙，以保证它们不接触。键齿侧面是传递转矩及导向的主要表面，故键（槽）宽 B 应具有足够的精度，一般要求比非定心直径 D 要严格。

3. 矩形花键的公差与配合

GB/T 1144—2001 规定，矩形花键的尺寸公差带采用基孔制，其尺寸公差带见表 6-11。表 6-11 中所给定的公差带是成品零件的公差带，对于拉削后不进行热处理或拉削后热处理的零件，因所用拉刀不同，故采用不同的公差带。

花键尺寸公差带选用的一般原则是：当定心精度要求高或传递扭矩大时，应选用精密传动用的尺寸公差带。反之，可选用一般用的尺寸公差带。矩形花键规定了滑动、紧滑动和固定三种配合。前两种在工作过程中，既可传递扭矩，且花键套还可以在轴上移动；而后一种只用来传递扭矩，花键套在轴上无轴向移动。

当要求定位精度高、传递扭矩大或经常需要正、反转变动时，应选择紧一些的配合。当内、外花键需要频繁相对滑动或配合长度较大时，可选择松一些的配合。

由表 6-11 可以看出，内外花键小径 d 的公差等级相同，且比相应的大径 D 和键宽 B 的公差等级都高；大径只有一种配合为 H10/a11。

4. 矩形花键的形位公差和表面粗糙度

为保证定心表面的配合性质，应对矩形花键规定如下要求：

表 6-11 内、外花键的尺寸公差带(摘自 GB/T 1144—2001)

用 途	内花键				外花键			装配形式
	小径 d	大径 D	键宽 B		小径 d	大径 D	键宽 B	
			拉削后不热处理	拉削后热处理				
一般用	H7	H10	H9	H11	f7	d10		滑动
					g7		f9	紧滑动
					h7		h10	固定
精密传动用	H5	H10	H7 H9		f5	a11	d8	滑动
					g5		f7	紧滑动
					h5		h8	固定
	H6				f6		d8	滑动
					g6		f7	紧滑动
					h6		h8	固定

注：① 精密传动用的内花键,当需要控制键侧配合间隙时,槽宽可选 H7,一般情况下可选 H9。
② d 为 H6、H7 的内花键,允许与高一级的外花键配合。

(1) 内、外花键定心直径 d 的尺寸公差与形位公差的关系,必须采用包容要求。

(2) 内(外)花键应规定键槽(键)侧面对定心轴线的位置度公差,如图 6-13 所示,并采用最大实体要求,用综合量规检验。位置度公差见表 6-12。

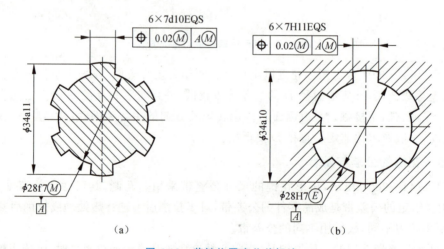

图 6-13 花键位置度公差标注

(a) 外花键；(b) 内花键

表 6-12 矩形花键的位置度公差(摘自 GB/T 1144—2001)   mm

键槽宽或键宽 B		3	3.5～6	7～10	12～18
键槽宽		0.010	0.015	0.020	0.025
键宽	滑动、固定	0.010	0.015	0.020	0.025
	紧滑动	0.006	0.010	0.013	0.016

(3) 单件小批生产,采用单项测量时,应规定键槽(键)的中心平面对定心轴线的对称度和等分度,并采用独立原则。公差值见表 6-13,标注如图 6-14 所示。

表 6-13　矩形花键对称度公差(摘自 GB/T 1144—2001)　　　　　　　　mm

键槽宽或键宽 B	3	3.5～6	7～10	12～18
一般用	0.010	0.012	0.015	0.018
精密传动用	0.006	0.008	0.009	0.011

注：矩形花键的等分度公差与键宽的对称公差相同。

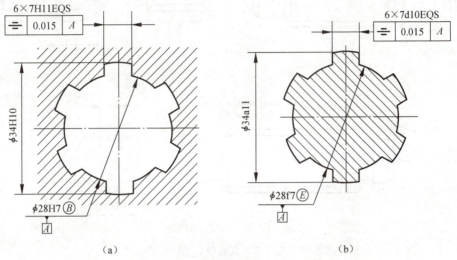

图 6-14　花键对称度公差标注
(a) 内花键；(b) 外花键

(4) 对较长的花键可根据性能自行规定键侧对轴线的平行度公差。

(5) 矩形花键的表面粗糙度 Ra 推荐值：

对于内花键，小径表面$\leqslant 1.6~\mu m$，大径表面 $6.3~\mu m$，键槽侧面 $3.2~\mu m$。

对于外花键，小径表面$\leqslant 0.8~\mu m$，大径表面 $3.2~\mu m$，键槽侧面 $1.6~\mu m$。

5. 图样标注

矩形花键的标记代号应按规定的次序标注，即键数(N)×小径(d)×大径(D)×键(键槽)宽(B)，其各自的公差带代号可分别标注在各自的公称尺寸之后。例如，8×52×58×10 依次表示键数为 8，小径为 52 mm，大径为 58 mm，键(键槽)宽为 10 mm。

矩形花键的标记按花键规格所规定的顺序书写，另需加上配合或公差带代号。其在图样上标注如图 6-15 所示。图 6-15(a)为一花键副，表示花键数为 6，小径配合为 23H7/f7，大径配合为 28H10/a11，键宽配合为 6H11/d10，在零件图上，花键公差带可仍按花键规格顺序注出，如图 6-15(b)、6-15(c)所示。

6.2.3　键的检测

1. 平键的检测

1) 尺寸检测。在单件、小批量生产中，通常采用游标卡尺、千分尺等通用计量器具来测量键槽宽度和深度。在成批、大量生产中，则可采用极限量规来测量，如图 6-16 所示。

2) 对称度误差检测。在单件、小批量生产中，可用 V 形块、分度头和百分表来测量，在大批量生产中一般用综合量规来检验，如对称度极限量规。只要量规通过即为合格，如图 6-17 所示。

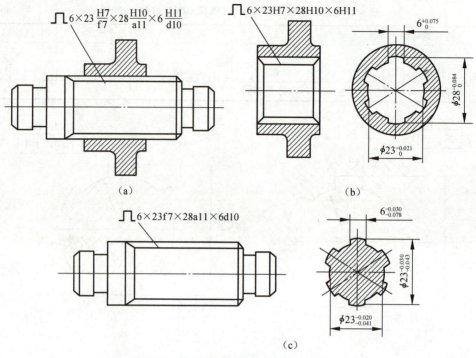

图 6-15 矩形花键配合及公差的图样标注
(a) 在装配图样上的标注;(b) 内花键的标注;(c) 外花键的标注

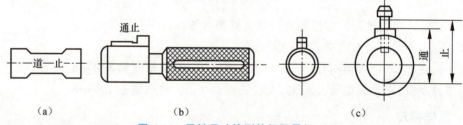

图 6-16 平键尺寸检测的极限量规
(a) 键槽宽度极限尺寸量规;(b) 轮毂槽深度极限尺寸量规;(c) 轴槽深度极限尺寸量规

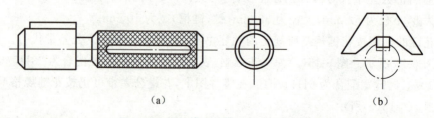

图 6-17 轮毂槽和键槽对称度极限量规
(a) 轮毂槽对称度极限量规;(b) 键槽对称度极限量规

2. 矩形花键的检测

矩形花键的检测包括尺寸检测和形位误差的检测。单件、小批量生产时,花键的尺寸和位置误差用千分尺、游标卡尺、指示表等通用计量器具进行测量。在成批、大量生产时,内(外)花键用花键综合塞(环)规来同时检验内(外)花键的小径、大径、各键宽(键槽宽)、大径对小径的同轴度和键(键槽)的位置度等项目。此外,还要用单项止端塞(卡)规或普通计量器具检测其小径、大径、各键宽(键槽宽)的实际尺寸是否超越其最小实体尺寸。

检测内、外花键时，如果花键综合量规能通过，而单项止端量规不能通过则表示被检测的内、外花键合格，反之，即为不合格。内、外花键综合量规如图 6-18 所示。

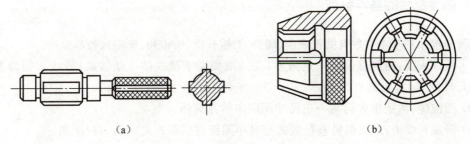

图 6-18 矩形花键的综合量规
(a) 花键塞规；(b) 花键环规

随堂练习

1. 平键连接的特点是什么？主要几何参数有哪些？
2. 平键连接为什么只对键(槽)宽规定较严的公差？
3. 平键连接采用何种基准制？花键连接又采用何种基准制？
4. 矩形花键的定心方式有几种？为什么国家标准规定矩形花键采用小径定心？

任务三　圆锥和角度的公差与配合

任务分析

图 6-19 是相互配合内外圆锥。圆锥结合是一种常用的典型配合，在机械、仪器和工具中应用广泛。根据机器功能要求，零件不仅要达到较高的尺寸公差和形位公差要求，还必须使内外圆锥的配合面达到 70% 以上，这就要求我们在零件加工过程中应及时对零件进行测量，保证零件的合格性。

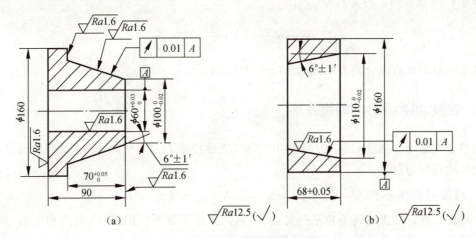

图 6-19 圆锥零件
(a) 外圆锥；(b) 内圆锥

通过对圆锥的检测,学会测量方法、正确使用常用的量具,并完成对圆锥的相关计算和公差确定。

6.3.1 圆锥配合的基本参数

锥度与锥角的基本参数有圆锥表面、圆锥、圆锥长度、圆锥角、圆锥直径和锥度。

(1) 圆锥表面:由与轴线成一定角度,且一端相交于轴线的一条线段(母线),围绕着该轴线旋转形成的表面,如图 6-20 所示。

(2) 圆锥体:由圆锥表面与一定尺寸所限定的几何体。

(3) 圆锥长度 L:最大圆锥直径截面与最小圆锥直径截面之间的轴向距离。

(4) 圆锥角 α:在通过圆锥轴线的截面内,两条素线间的夹角。

(5) 圆锥直径:指与圆锥轴线垂直截面内的直径。

(6) 锥度 C:两个垂直圆锥轴线截面的圆锥直径 D 和 d 之差与其两截面间的轴向距离 L 之比,如图 6-21 所示,即

$$C = \frac{D-d}{L} \tag{6-1}$$

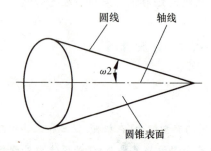

图 6-20 圆锥表面的形成

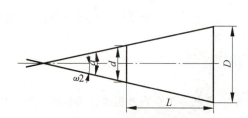

图 6-21 圆锥的几何参数

锥度 C 与圆锥角 α 的关系为

$$C = 2\tan\frac{\alpha}{2} = 1 : \frac{1}{2} \text{ 或 } \cot\frac{\alpha}{2} \tag{6-2}$$

锥度一般用比值或分式表示,例如,$C=1:20$ 或 $1/20$。

6.3.2 锥度、锥角系列与圆锥公差

圆锥公差适用于锥度 C 从 $1:3$ 至 $1:500$、圆锥长度 L 从 $6\sim630$ mm 的光滑圆锥,也适用于棱体的角度与斜度。

1. 锥度与锥角系列

一般用途圆锥的锥度与锥角系列见表 6-14。为便于圆锥件的设计、生产和控制,表中给出了圆锥角或锥度的推算值,其有效位数可按需要确定。为保证产品的互换性,减少生产中所需的定值工、量具规格,在选用时应当优先选用第一系列。

表 6-14 一般用途圆锥的锥度与锥角系列(摘自 GB/T 157—2001)

基本值		推算值		应用举例
系列 1	系列 2	锥角 α	锥度 C	
120°		—	—	1:0.288 675	节气阀、汽车、拖拉机阀门
90°		—	—	1:0.500 000	重型顶尖,重型中心孔,阀的阀销锥体
	75°	—	—	1:0.651 613	埋头螺钉,小于 10 的螺锥
60°		—	—	1:0.866 025	顶尖,中心孔,弹簧夹头,埋头钻
45°		—	—	1:1.207 107	埋头、埋头铆钉
30°		—	—	1:1.866 025	摩擦轴节,弹簧卡头,平衡块
1:3		18°55′28.7″	18.924 644°	—	受力方向垂直于轴线易拆开的连接
	1:4	14°15′0.1″	14.250 033°	—	
1:5		11°25′16.3″	11.421 186°	—	受力方向垂直于轴线的连接,锥形摩擦离合器、磨床主轴
	1:6	9°31′38.2″	9.527 283°	—	
	1:7	8°10′16.4″	8.171 234°	—	
	1:8	7°9′9.6″	7.152 669°	—	重型机床主轴
1:10		5°43′29.3″	5.724 810°	—	受轴向力和扭转力的联结处,主轴承受轴向力
	1:12	4°46′18.8″	4.771 888°	—	
	1:15	3°49′15.9″	3.818 305°	—	承受轴向力的机件,如机车十字头轴
1:20		2°51′51.1″	2.864 192°	—	机床主轴,刀具刀杆尾部,锥形绞刀,心轴
1:30		1°54′34.9″	1.909 683°	—	锥形绞刀,套式绞刀,扩孔钻的刀杆,主轴颈部
1:50		1°8′45.2″	1.145 877°	—	锥销,手柄端部,锥形绞刀,量具尾部
1:100		34′22.6″	0.572 953°	—	受其静变负载不拆开的连接件,如心轴等
1:200		17′11.3″	0.286 478°	—	导轨镶条,受震及冲击负载不拆开的连接件
1:500		6′52.5″	0.114 592°	—	

特殊用途圆锥的锥度与锥角系列见表 6-15。它仅适用于某些特殊行业,在机床、工具制造中,广泛使用莫氏锥度。常用的莫氏锥度共有 7 种,从 0 号至 6 号,使用时只有相同号的莫氏内、外锥才能配合。

表 6-15 特殊用途圆锥的锥度与锥角系列(摘自 GB/T 157—2001)

基本值	推算值		说 明
	锥角 α	锥度 C	
7:24	16°35′39.4″	16.594 290°	1:3.428 571	机床主轴,工具配合
1:19.002	3°0′52.4″	3.014 554°	—	莫氏锥度 No.5

续表

基本值	推算值		说 明
	锥角 α	锥度 C	
1:19.180	2°59′11.7″	2.986 590°	—	莫氏锥度 No.6
1:19.212	2°58′53.8″	2.981 618°	—	莫氏锥度 No.0
1:19.254	2°58′30.4″	2.975 117°	—	莫氏锥度 No.4
1:19.922	2°52′31.5″	2.875 401°	—	莫氏锥度 No.3
1:20.020	2°51′40.8″	2.861 332°	—	莫氏锥度 No.2
1:20.047	2°51′26.9″	2.857 480°	—	莫氏锥度 No.1

2. 圆锥公差的基本参数

公称圆锥是指设计给定的理想形状的圆锥。它可用以下两种形式确定：

1) 一个公称圆锥直径（最大圆锥直径 D、最小圆锥直径 d、给定截面圆锥直径 d_x）、公称圆锥长度 L、公称圆锥角 α 或公称锥度 C。

2) 两个公称圆锥直径和公称圆锥长度 L，如图 6-22 所示。

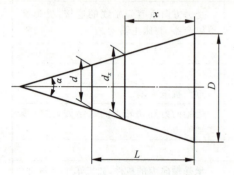

图 6-22 圆锥公差的基本参数

3. 圆锥公差项目

1) 圆锥直径公差 T_D：圆锥直径公差是指圆锥直径的允许变动量，它适用于圆锥全长上。圆锥直径公差带是在圆锥的轴剖面内，两锥极限圆锥所限定的区域，如图 6-23 所示。一般以最大圆锥直径为基础。

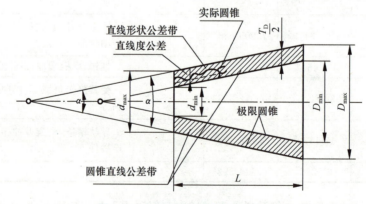

图 6-23 极限圆锥、圆锥直径公差带

所谓极限圆锥是指与公称圆锥共轴且圆锥角相等，直径分别为上极限尺寸和下极限尺寸的两个圆锥（D_{max}、D_{min}、d_{max}、d_{min}）。在垂直圆锥轴线的任一截面上，这两个圆锥的直径差都相等，如图 6-23 所示。

2) 圆锥角公差 AT：圆锥角公差是指圆锥角的允许变动量。圆锥角公差带是两个极限圆锥角所限定的区域，如图 6-24 所示。圆锥角公差

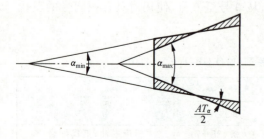

图 6-24 极限圆锥角

AT 共分 12 个公差等级,用 AT1、AT2~AT12 表示,其中 AT1 精度最高,其余依次降低。表 6-16 列出了 AT4~AT9 圆锥角公差值。

表 6-16 圆锥角公差数值（摘自 GB/T 11334—2005）

基本圆锥长度 L/mm		圆锥角公差等级						
		AT4		AT5		AT6		
		AT_α	AT_D	AT_α		AT_D	AT_α	AT_D
大于	至	μrad	μm	μrad		μm	μrad	μm
16	25	125	26″	>2.0~3.2	200	41″	>3.2~5.0	315	1′05″	>5.0~8.0
25	40	100	21″	>2.5~4.0	160	33″	>4.0~6.3	250	52″	>6.3~10.0
40	63	80	16″	>3.2~5.0	125	26″	>5.0~8.0	200	41″	>8.0~12.5
63	100	63	13″	>4.0~6.3	100	21″	>6.3~10.0	160	33″	>10.0~16.0
100	160	50	10″	>5.0~8.0	80	16″	>8.0~12.5	125	26″	>12.5~20.2

基本圆锥长度 L/mm		圆锥角公差等级						
		AT7		AT8		AT9		
		AT_α	AT_D	AT_α		AT_D	AT_α	AT_D
大于	至	μrad	μm	μrad		μm	μrad	μm
16	25	500	1′43″	>8.0~12.5	800	2′45″	>12.5~20.0	1 250	4′18″	>20~32
25	40	400	1′22″	>10.0~16.0	630	2′10″	>16.0~20.5	1 000	3′26″	>25~40
40	63	315	1′05″	>12.5~20.0	500	1′43″	>20.0~32.0	800	2′45″	>32~50
63	100	250	52″	>16.0~25.0	400	1′22″	>25.0~40.0	630	2′10″	>40~63
100	160	200	41″	>20.0~32.0	315	1′05″	>32.0~50.0	500	1′43″	>50~80

注：① AT_α 以角度单位（微弧度、度、分、秒）表示圆锥角公差值（1 μrad 等于半径为 1 m,弧长为 1 μm 所产生的角度,5 μrad≈1″,300 μrad≈1′）。

② AT_D 以线值单位（μm）表示圆锥角公差值。在同一圆锥长度内,AT_D 值有两个,分别对应于 L 的最大值和最小值。

圆锥角公差值按圆锥长度分尺寸段,其表示方法有以下两种：

AT_α 和 AT_D 的关系如下：$AT_D = AT_\alpha \times L \times 10^{-3}$

式中,AT_α 单位为 μrad；AT_D 单位为 μm；L 的单位为 mm。

例如,当 L=100,AT_α 为 9 级时,查表 6-16 得 AT_α=630 μrad 或 2′10″,AT_D=63 μm。若 L=50 mm,仍为 9 级,则 AT_D=630×50×10⁻³≈32 μm。

3) 给定截面圆锥直径公差 T_{DS}：给定截面圆锥直径是指在垂直于圆锥轴线的给定截面内圆锥直径的允许变动量,它仅适用于该给定截面的圆锥直径。其公差带是给定的截面内两同心圆所限定的区域,如图 6-25 所示。

T_{DS} 公差带所限定的是平面区域,而 T_D 公差带所限定的是空间区域,两者是不同的。

4) 圆锥形状公差 T_F：圆锥形状公差包括素线直线度公差和横截面圆度公差,其数值从形位标准中选取。

4. 圆锥公差的给定方法

对于一个具体的圆锥工件,并不都需要给定上述四项公差,而是根据工件使用要求来提出公差项目。GB11334—1989 中规定了两种圆锥公差的给定方法。

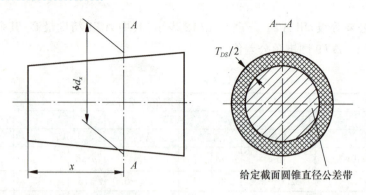

图 6-25　给定截面圆锥直径公差带

1) 给出圆锥的理论正确圆锥角 α（或锥度 C）和圆锥直径公差 T_D，由 T_D 确定两个极限圆锥。此时，圆锥角误差和圆锥的形状误差均应在极限圆锥所限定的区域内。图 6-26(a) 为此种给定方法的标注示例，图 6-26(b) 为其公差带。

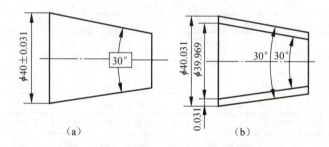

图 6-26　第一种公差给定方法的标注示例

当对圆锥角公差、形状公差有更高要求时，可再给出圆锥角公差 AT、形状公差 T_F。此时，AT、T_F 仅占 T_D 的一部分。

此种给定公差的方法通常运用于有配合要求的内、外圆锥。

2) 给出给定截面圆锥直径公差 T_{DS} 和圆锥角公差 AT。此时，T_{DS} 和 AT 是独立的，应分别满足，如图 6-27 所示。

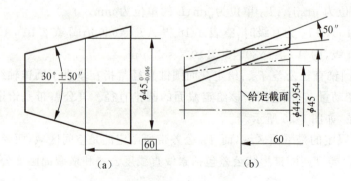

图 6-27　第二种公差给定方法的标注示例

5. 圆锥公差的标注

圆锥公差除按上述两种给定方法标注外，制图标准还规定可以按面轮廓度标注。

按 GB/T 15754—1995《技术制图 圆锥的尺寸和公差标注》标准中的规定,若锥度和圆锥的形状公差都控制在直径公差带内,标注时应在圆锥直径的极限偏差后面加注圆圈的符号 T,如图 6-28 所示。

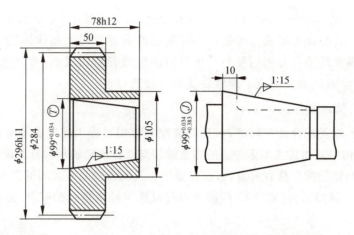

图 6-28 圆锥配合的标注示例

通常圆锥公差应按面轮廓度法标注,如图 6-29(a)和图 6-30(a)所示,它们的公差带分别如图 6-29(b)和图 6-30(b)所示。必要时还可以给出附加的形位公差要求,但只占面轮廓度公差的一部分,形位误差在面轮廓度公差带内浮动。

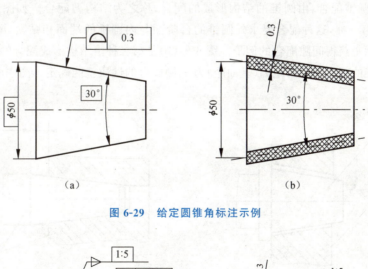

图 6-29 给定圆锥角标注示例

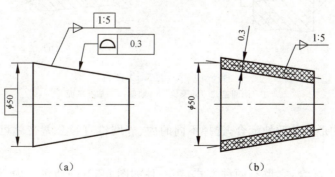

图 6-30 给定锥度标注示例

6.3.3 圆锥配合

1. 圆锥配合的定义

圆锥配合是指基本圆锥相同的内、外圆锥直径之间,由于结合不同所形成的关系。

圆锥配合时,其配合间隙或过盈是在圆锥素线的垂直方向上起作用的。但在一般情况下,可以认为圆锥素线垂直方向的量与圆锥径向的量两者差别很小,可以忽略不计,因此这里所讲的配合间隙或过盈为垂直于圆锥轴线的间隙或过盈。

2. 圆锥配合的种类

1) 间隙配合:这类配合具有间隙,而且在装配和使用过程中间隙大小可以调整。常用于有相对运动的机构中。如某些车床主轴的圆锥轴颈与圆锥滑动轴承衬套的配合。

2) 过盈配合:这类配合具有过盈,它能借助于相互配合的圆锥面间的自锁,产生较大的摩擦力来传递转矩。例如钻头(或铰刀)的圆锥柄与机床主轴圆锥孔的配合、圆锥形摩擦离合器中的配合等。

3) 过渡配合:这类配合很紧密,间隙为零或略小于零。主要用于定心或密封场合,如锥形旋塞、发动机中的气阀与阀座的配合等。通常要将内、外锥成对研磨,故这类配合一般没有互换性。

3. 圆锥配合的形成

1) 结构型圆锥配合:由圆锥的结构形成的配合,称之为结构型配合。如图 6-31(a)所示为结构型配合的第一种,这种配合要求外圆锥的台阶面与内圆锥的端面相贴紧,配合的性质就可确定。图中所示是获得间隙配合的例子。图 6-31(b)是第二种由结构形成配合的例子,它要求装配后,内、外圆锥的基准面间的距离(基面距)为 a,则配合的性质就能确定。图中所示是获得过盈配合的例子。

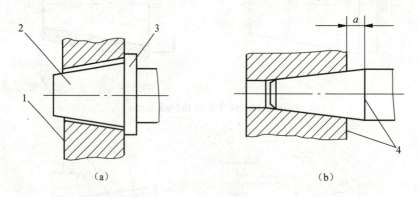

图 6-31 结构型圆锥配合

1—内圆锥;2—外圆锥;3—轴肩;4—基准平面

由圆锥的结构形成的两种配合,选择不同的内、外圆锥直径公差带就可以获得间隙、过盈或过渡配合。

2) 位移型圆锥配合:它也有两种方式,第一种如图 6-32(a)所示。内、外圆锥表面接触位置(不施加力)称实际初始位置,从这位置开始让内、外圆锥相对作一定轴向位移(E_a),则可获得间隙或过盈两种配合。图 6-32(b) 所示为间隙配合的例子。第二种则从实际初始位置开始,施加一定的装配力 F_s 而产生轴向位移,所以这种方式只能产生过盈配合。

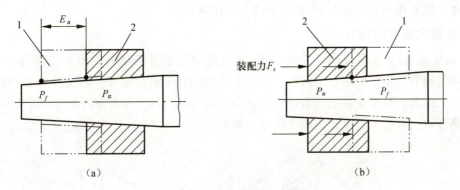

图 6-32 位移型圆锥配合

1—终止位置;2—实际初始位置

6.3.4 角度公差

在常见的机械结构中,常用到含角度的构件,如常见的燕尾槽、V 形架、楔块等,如图 6-29 所示。这些构件的主要几何参数是角度。角度的精度高低决定着其工作精度,故对角度这一几何参数也应提出公差要求。角度公差分两种,一种是角度注出公差;另一种是未注公差角度的极限偏差。

1. 角度注出公差

角度注出公差值可以从圆锥角公差表中查取。查取时,以形成角度的两个边的短边长度值为表中的 L 值。

2. 未注公差角度的极限偏差

国家对金属切削加工件的未注公差角度规定了极限偏差,即 GB11335—1989《未注公差角度的极限偏差》,将未注公差角度的极限偏差分为 3 个等级,即中等级(以 m 表示)、粗糙级(以 c 表示)、最粗级(以 V 表示)。每个等级列有不同的极限偏差值,见表 6-17。以角度的短边长度查取。用于圆锥时,以圆锥素线长度查取。

表 6-17 未注公差角度的极限偏差

公差等级	长度/mm				
	≤10	>10～50	>50～120	>120～400	>400
m(中等级)	±1°	±30′	±20′	±10′	±5′
c(粗糙级)	±1°30′	±1°	±30′	±15′	±10′
V(最粗级)	±3°	±2°	±1°	±30′	±20′

未注公差角度的公差等级在图样或技术文件上用标准号和公差等级表示,例如选用中等级时,表示为 GB11335—m。

6.3.5 角度与锥度的检测

锥角工件常用相对检测法、绝对测量法和间接测量法。

1. 角度和锥度的检验

1) 角度量块：角度量块代表角度基准，其功能与尺寸量块相同。图 6-33 所示为角度量块。角度量块有三角形和四边形两种。四边形量块的每个角均为量块的工作角，三角形量块只有一个工作角。角度量块也具有研合性，既可以单独使用，也可借助研合组成所需要的角度对被检角度进行检验。角度量块的工作范围为 10°～350°。

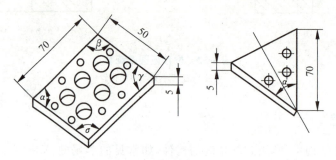

图 6-33 角度量块图

2) 90°角尺：90°角尺（又称直角尺）是另一种角度检验工具。其结构外形如图 6-34 所示。90°角尺可用于检验直角和划线。用 90°角尺检验，是靠角尺的边与被检直角的边相贴后透过的光隙量进行判断，属于比较法检验。若需要知道光隙的大小，可用标准光隙对比或塞尺进行测量。

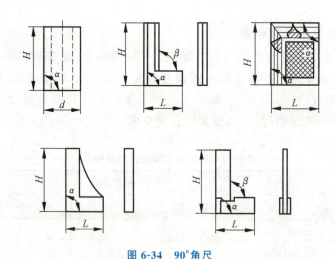

图 6-34 90°角尺

3) 圆锥量规：对圆锥体的检验，是检验圆锥角、圆锥直径、圆锥表面形状要求的合格性。检验内圆锥用的量规称为圆锥塞规，检验外圆锥用的圆锥量规称为圆锥套规，其外形如图 6-35 (a)、6-35(b)所示。在塞规的大端，有两条刻线，距离为 Z；在套规的小端，也有一个由端面和一条刻线所代表的距离 Z（有的用台阶表示），该距离值 Z 代表被检圆锥的直径公差 T_D 在轴向的量。被检的圆锥件,若直径合格,其端面(外圆锥为小端,内圆锥为大端)应在距离为 Z 的两条刻线之间,如图 6-35(c)所示,然后在圆锥面上均匀地涂上 2～3 条极薄的涂层(红丹或蓝油),使被检圆锥与量规面接触后转动 $\frac{1}{2} \sim \frac{1}{3}$ 周,看涂层被擦掉的情况,来判断圆锥角误差与圆锥表面形状误差的合格与否。若涂层被均匀地擦掉,表明锥角误差和表面形状误差都较小。反之,则表明存在误差,如用圆锥塞规检验内圆锥时,若塞规小端的涂层被擦掉,则表明被检内圆锥的锥角大了,若塞规的大端涂层被擦掉,则表明被检内圆锥的锥角小了。但不能测出具体的误差值。

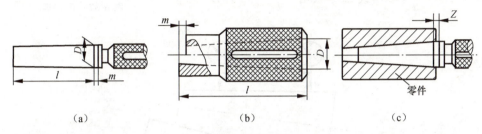

图 6-35　圆锥量规

(a)圆锥塞规;(b)圆锥套规;(c)检验零件

2. 角度和锥度的测量

1) 万能游标角度尺:万能游标角度尺是机械加工中常用的度量角度的量具,它的结构如图 6-36 所示。它是由主尺、基尺、制动器、扇形板、直角尺、直尺和卡块等组成的。万能游标角度尺是根据游标读数原理制造的。读数值为 $2'$ 和 $5'$,其示值误差分别不大于 $\pm 2'$ 和 $\pm 5'$。以读数值为 $2'$ 为例:主尺朝中心方向均匀刻有 120 条刻线,每两条刻线的夹角为 $1°$,游标上,在 $29°$ 范围内朝中心方向均匀刻有 30 条刻线,则每条刻线的夹角为 $29°/30 \times 60' = 58'$。因此,尺座刻度与游标刻度的夹角之差为 $60' - 29°/30 \times 60' = 2'$,即游标角度尺的分度值为 $2'$。调整基尺、角尺、直尺的组合可测量 $0° \sim 320°$ 范围内的任意角度。

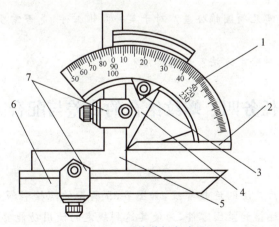

图 6-36　万能游标角度尺

1—主尺;2—基尺;3—制动器;4—扇形板;5—直角尺;6—直尺;7—卡块

2) 正弦规:正弦规是锥度测量中常用的计量器具,其结构形式如图 6-37 所示,测量精度可达±3′～±1′，但适宜测量小于40°的角度。

用正弦规测量外圆锥的锥度如图6-38所示。在正弦规的一个圆柱下面垫上高度为 h 的一组量块，已知两圆柱的中心距为 L，正弦规工作面和平板的夹角为 α，则 $h=L\sin\alpha$。用百分表测量圆锥面上相距为 l 的 a、b 两点，由 a、b 两点的读数之差 n 和 a、b 两点的距离 l 之比，即可求出锥度误差 ΔC，即

$$\Delta C = \frac{n}{l}(\text{rad}) \text{ 或 } \Delta\alpha = \tan^{-1}\frac{n}{l} \quad (6-3)$$

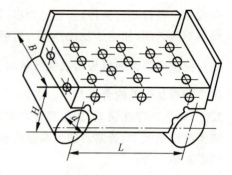

图6-37 正弦规

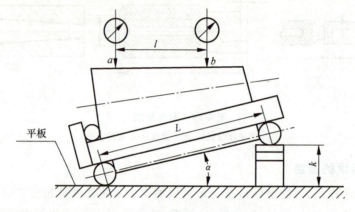

图6-38 正弦规测量锥角

随堂练习

1. 圆锥结合有哪些优点？对圆锥配合有哪些基本要求？
2. 某圆锥最大直径为100 mm，最小直径为90 mm，圆锥长度为100 mm，试确定圆锥角、素线角和锥度。
3. 国家标准规定了哪几项圆锥公差？对于某一圆锥工件，是否需要将几个公差项目全部标出？
4. 圆锥公差有哪几种给定方法？如何标注？

任务四　螺纹结合的公差与配合

任务分析

普通螺纹是应用最为广泛的连接螺纹，如图6-39所示的螺栓和螺母上的螺纹，在机械设备和仪器仪表中常用于连接和紧固零件，为使其达到规定的使用功能要求，并且保证螺纹结合的互换性，必须满足可旋性和连接可靠性两个基本要求。

通过对螺纹的检测，掌握普通螺纹的基本知识；识读螺纹的标记，学会普通螺纹的测量方法，学会使用普通螺纹的常用检测量具，并完成普通螺纹的相关计算和极限偏差的确定。

图 6-39 普通螺纹

6.4.1 相关专业知识

通过螺栓和螺母的轴向剖面图(图 6-40),可以清楚地看到普通螺纹的牙型以及确定牙型的几何参数。

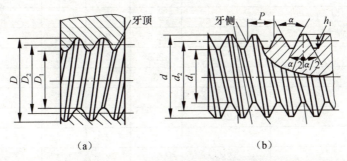

图 6-40 螺纹牙型上的主要参数

(a) 内螺纹;(b) 外螺纹

1. 普通螺纹的主要几何参数

1) 原始三角形高度 H:由原始三角形顶点沿垂直于螺纹轴线方向到其底边的距离,如图 6-41 所示。H 与螺距 P 的几何关系为 $H=\sqrt{3}P/2$。

2) 大径 $D(d)$:螺纹的大径是指与外螺纹的牙顶(或内螺纹的牙底)相切的假想圆柱的直径。内、外螺纹的大径分别用 D、d 表示,如图 6-41 所示。外螺纹的大径又称外螺纹的顶径。螺纹大径的公称尺寸为螺纹的公称直径。

3) 小径 $D_1(d_1)$:螺纹的小径是指与外螺纹的牙底(或内螺纹的牙顶)相切的假想圆柱的直径。内、外螺纹的小径分别用 D_1 和 d_1 表示。内螺纹的小径又称内螺纹的顶径。

4) 中径 $D_2(d_2)$:螺纹牙型的沟槽和凸起宽度相等处假想圆柱的直径称为螺纹中径。内、外螺纹中

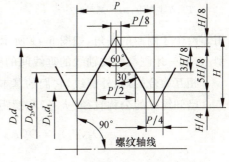

图 6-41 普通螺纹的基本牙型

径分别用 D_2 和 d_2 表示。

5) 螺距 P：在螺纹中径线(中径所在圆柱面的母线)上，相邻两牙对应两点间轴向距离称为螺距，用 P 表示，如图 6-41 所示。螺距有粗牙和细牙两种。国家标准规定了普通螺纹公称直径与螺距系列，见表 6-18。

表 6-18　直径与螺距标准组合系列(摘自 GB/T 193—2003)　　　　mm

公称直径 D、d			螺距 P				
第一系列	第二系列	第三系列	粗牙	细牙			
				2	1.5	1.25	1	0.75
10			1.5			1.25	1	0.75
		11	1.5				1	0.75
12			1.75		1.5	1.25	1	
	14		2		1.5	1.25	1	
		15			1.5		1	
16			2		1.5		1	
		17			1.5		1	
	18		2.5	2	1.5		1	
20			2.5	2	1.5		1	
	22		2.5	2	1.5		1	
24			3	2	1.5		1	
		25		2	1.5		1	
		26		2	1.5			
	27		3	2	1.5		1	
		28		2	1.5		1	

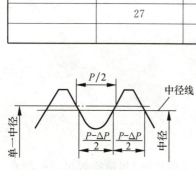

图 6-42　螺纹的单一中径

P—基本螺距；ΔP—螺距偏差

螺距与导程不同，导程是指同一条螺旋线在中径线上相邻两牙对应点之间的轴向距离，用 L 表示。对单线螺纹，导程 L 和螺距 P 相等。对多线螺纹，导程 L 等于螺距 P 与螺纹线数 n 的乘积，即 $L=nP$。

6) 单一中径：一个假想圆柱直径，该圆柱母线通过牙型上的沟槽宽度等于 1/2 基本螺距的地方，如图 6-42 所示。

7) 牙型角 α 和牙型半角 $\frac{\alpha}{2}$：牙型角是指在螺纹牙型上相邻两个牙侧面的夹角，如图 6-41 所示。普通螺纹的牙型角为 60°。牙型半角是指在螺纹牙型上，某一牙侧与螺纹轴线的垂线间的夹角，如图 6-41 所示。普通螺纹的牙型半角为 30°。

相互旋合的内、外螺纹，它们的基本参数相同。

已知螺纹的公称直径(大径)和螺距，用下列公式可计算出螺纹的小径和中径。

$$D_2(d_2) = D(d) - 2 \times \frac{3}{8}H = D(d) - 0.6495P \qquad (6-4)$$

$$D_1(d_1) = D(d) - 2 \times \frac{5}{8}H = D(d) - 1.0825P \qquad (6-5)$$

如有资料,则不必计算,可直接查螺纹表格。

8) 螺纹的旋合长度:螺纹的旋合长度是指两个相互旋合的内、外螺纹,沿螺纹轴线方向相互旋合部分的长度。如图 6-43 所示。

2. 普通螺纹的几何参数误差对互换性的影响

螺纹几何参数较多,加工过程中都会产生误差,都将不同程度地影响螺纹的互换性。其中,中径误差、螺距误差和牙型半角误差是影响互换性的主要因素。

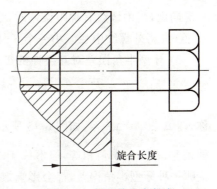

图 6-43　螺纹的旋合长度

1) 螺距误差对螺纹互换性的影响。普通螺纹的螺距误差有两种,一种是单个螺距误差,另一种是螺距累积误差。单个螺距误差是指单个螺距的实际值与理论值之差,与旋合长度无关,用 ΔP 表示。螺距累积误差是指在指定的螺纹长度内,包含若干个螺距的任意两牙,在中径线上对应的两点之间的实际轴向距离与其理论值(两牙间所有理论螺距之和)之差,与旋合长度有关,用 ΔP_Σ 表示。影响螺纹旋合性的主要是螺距累积误差。如图 6-44 所示。

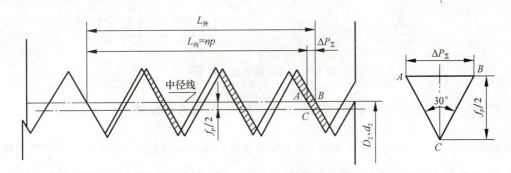

图 6-44　螺距累积误差对旋合性的影响

假设内螺纹无螺距误差,也无牙型半角误差,并假设外螺纹无半角误差但存在螺距累积误差,内、外螺纹旋合时,就会发生干涉(图 6-44 中阴影部分),且随着旋进牙数的增加,干涉量会增加,最后无法再旋合,从而影响螺纹的旋合性。

螺距误差主要是由加工机床运动链的传动误差引起的。若用成型刀具如板牙、丝锥加工,则刀具本身的螺距误差会直接造成工件的螺距误差。

螺距累积误差 ΔP_Σ 虽是螺纹牙侧在轴线方向的位置误差,但从影响旋合性来看,它和螺纹牙侧在径向的位置误差(外螺纹中径增大)的结果是相当的。可见螺距误差是与中径相关的,即可把轴向的 ΔP_Σ 转换成径向的中径误差。

为了使有螺距累积误差的外螺纹仍能与具有基本牙型的内螺纹自由旋合,必须将外螺纹中径减小一个 f_p 值(或将内螺纹中径加大一个 f_p 值),f_p 值称为螺距误差的中径当量。

图 6-44 中,由 △ABC 得

$$f_p = |\Delta P_\Sigma| \cot \frac{\alpha}{2}$$

对公制螺纹 $\alpha/2 = 30°$ 时,则

$$f_p = 1.732 |\Delta P_\Sigma| \qquad (6-6)$$

同理,当内螺纹有螺距误差时,为了保证内、外螺纹自由旋合,应将内螺纹的中径加大一个 f_p 值(或将外螺纹中径减小一个 f_p 值)。

2) 牙型半角误差对互换性的影响。螺纹牙型半角误差是指实际牙型半角与理论牙型半角之差,即 $\Delta\frac{\alpha}{2}=\frac{\alpha'}{2}-\frac{\alpha}{2}$。螺纹牙型半上角误差有两种,一种是螺纹的左、右牙型半角不对称,即 $\Delta\frac{\alpha}{2}_{左}\neq\Delta\frac{\alpha}{2}_{右}$,如图6-45所示。车削螺纹时,若车刀未装正,便会造成这种结果。另一种是左、右牙型半角相等,但不等于30°。这是由于加工螺纹的刀具角度不等于60°所致。不论哪一种牙型半角误差,都会影响螺纹的旋合性。

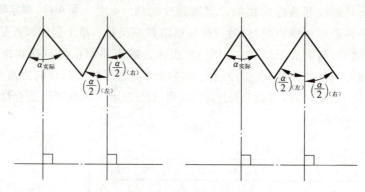

图 6-45 螺纹的牙型半角误差

假设内螺纹具有理想的牙型,且外螺纹无螺距误差,而外螺纹的左半角误差 $\Delta\frac{\alpha}{2}_{左}<0$,右半角误差 $\Delta\frac{\alpha}{2}_{右}>0$。由图6-45可知,由于外螺纹存在半角误差,当它与具有理想牙型内螺纹旋合时,将分别在牙的上半部 $3H/8$ 处和下半部 $H/4$ 处发生干涉(图6-45中阴影),从而影响内、外螺纹的旋合性。为了让一个有半角误差的外螺纹仍能与内螺纹自由旋合,必须将外螺纹的中径减小 $f_{\frac{\alpha}{2}}$,该减小量称为半角误差的中径当量。由图中的几何关系,可以推导出在一定的半角误差情况下,外螺纹牙型半角误差的中径当量 $f_{\frac{\alpha}{2}}$ 为

$$f_{\frac{\alpha}{2}}=0.073P\left(k_1\left|\Delta\frac{\alpha}{2}_{左}\right|+k_2\left|\Delta\frac{\alpha}{2}_{右}\right|\right) \tag{6-7}$$

式中 P——螺距;

k_1、k_2——修正系数。

k 的取值:当 $\Delta\frac{\alpha}{2}>0$ 时,$k=2$;当 $\Delta\frac{\alpha}{2}<0$ 时,$k=3$。

当外螺纹具有理想牙型,而内螺纹存在半角误差时,就需要将内螺纹的中径加大一个 $f_{\frac{\alpha}{2}}$ 量。如图6-46所示。

在国家标准中没有规定普通螺纹的牙型半角公差,而是折算成中径公差的一部分,通过检验中径来控制牙型半角误差。

3) 中径误差对螺纹互换性的影响。由于螺纹在牙侧面接触,因此中径的大小直接影响牙侧相对轴线的径向位置。外螺纹中径大于内螺纹中径,影响旋合性;外螺纹中径过小,影响连接强度。因此必须对内、外螺纹中径误差加以控制。

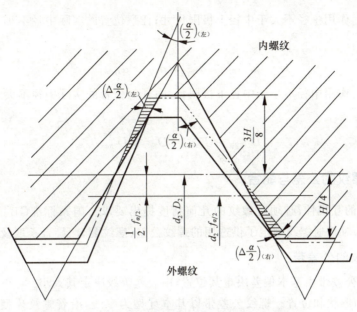

图 6-46 半角误差对螺纹旋合性的影响

综上所述,螺纹的螺距误差、牙型半角误差和中径误差都影响螺纹互换性。螺距误差、牙型半角误差可以用中径当量 f_p、$f_{\frac{\alpha}{2}}$ 来表征。

3. 保证普通螺纹互换性的条件

1) 普通螺纹作用中径的概念。螺纹牙型的沟槽和凸起宽度相等处假想圆柱的直径称为中径(D_2、d_2)。螺纹的牙槽宽度等于螺距一半处假想圆柱的直径称为单一中径($D_{2\text{单}-}$、$d_{2\text{单}-}$)。对于没有螺距误差的理想螺纹,其单一中径与中径数值一致。对于有螺距误差的实际螺纹,其中径和单一中径数值是不一致的。

内、外螺纹旋合时实际起作用的中径称为作用中径($D_{2\text{作用}}$、$d_{2\text{作用}}$)。

当外螺纹存在牙型半角误差时,为了保证其可旋合性,须将外螺纹的中径减小一个中径当量 $f_{\frac{\alpha}{2}}$,即相当于在旋合中外螺纹真正起作用的中径比理论中径增大了一个 $f_{\frac{\alpha}{2}}$。同理,当该外螺纹又存在螺距累积误差时,其真正起作用的中径又比原来增大了一个 f_p 值。因此,对于实际外螺纹而言,其作用中径为

$$d_{2\text{作用}} = d_{2\text{单}-} + (f_p + f_{\frac{\alpha}{2}}) \tag{6-8}$$

对于内螺纹而言,当存在牙型半角误差和螺距累积误差时,相当于在旋合中起作用的中径值减小了,即内螺纹的作用中径为

$$D_{2\text{作用}} = D_{2\text{单}-} - (f_p + f_{\frac{\alpha}{2}}) \tag{6-9}$$

显然,为使外螺纹与内螺纹能自由旋合,应保证 $D_{2\text{作用}} \geq d_{2\text{作用}}$。

2) 保证普通螺纹互换性的条件。作用中径将中径误差、螺距误差和牙型半角误差三者联系在了一起,它是影响螺纹互换性的主要因素,必须加以控制。螺纹连接中,若内螺纹单一中径过大,外螺纹单一中径过小,内、外螺纹虽可旋合,但间隙过大,影响连接强度。因此,对单一中径也应控制。控制作用中径以保证旋合性,控制单一中径以保证连接强度。

保证普通螺纹互换性的条件,遵循泰勒原则:

对于外螺纹:作用中径不大于中径上极限尺寸;任意位置的实际中径不小于中径下极限尺寸。即

$$d_{2\text{作用}} \leqslant d_{2\max} \quad d_{2a} \geqslant d_{2\min} \tag{6-10}$$

对于内螺纹:作用中径不小于中径下极限尺寸;任意位置的实际中径不大于中径上极限尺寸。即

$$D_{2\text{作用}} \geqslant D_{2\min} \quad D_{2a} \leqslant D_{2\max} \tag{6-11}$$

6.4.2 普通螺纹的公差与配合

要保证螺纹的互换性,必须对螺纹的几何精度提出要求。国家标准GB/T 197—2003《普通螺纹 公差》中,对普通螺纹规定了供选用的螺纹公差、螺纹配合、旋合长度及精度等级。

1. 普通螺纹的公差带

普通螺纹的公差带由基本偏差决定其位置,由公差等级决定其大小。

1) 公差带的形状和位置。螺纹公差带以基本牙型为零线,沿着螺纹牙型的牙侧、牙顶和牙底布置,在垂直于螺纹轴线的方向上计量。普通螺纹规定了中径和顶径的公差带,对外螺纹的小径规定了上极限尺寸,对内螺纹的大径规定了下极限尺寸,如图 6-47 所示。图中 ES、EI 分别是内螺纹的上、下极限偏差,es、ei 分别是外螺纹的上、下极限偏差,T_{D2}、T_{d2} 分别为内、外螺纹的中径公差。内螺纹的公差带位于零线上方,小径 D_1 和中径 D_2 的基本偏差相同,为下极限偏差 EI。外螺纹的公差带位于零线下方,大径 d 和中径 d_2 的基本偏差相同,为上极限偏差 es。

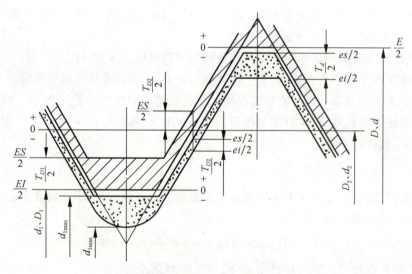

图 6-47 普通螺纹的公差带

国家标准 GB/T 197—2003 对内、外螺纹规定了基本偏差,用以确定内、外螺纹公差带相对于基本牙型的位置。对外螺纹规定了四种基本偏差,其代号分别为 h、g、f、e。对内螺纹规定了两种基本偏差,其代号分别为 H、G,如图 6-48 所示。

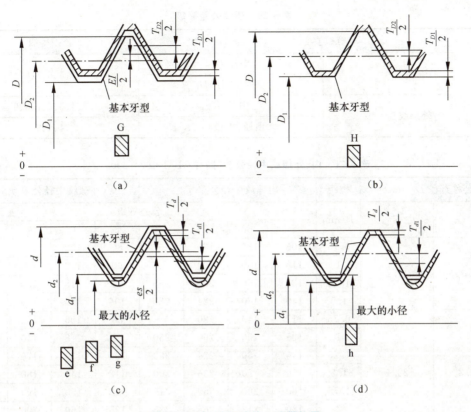

图 6-48 内、外螺纹的公差带位置

(a) 内螺纹公差带位置 G；(b) 内螺纹公差带位置 H；(c) 外螺纹公差带位置 e，f，g；(d) 外螺纹公差带位置 h

内、外螺纹的基本偏差值见表 6-19。

表 6-19 内、外螺纹的基本偏差（摘自 GB/T 197—2003） μm

螺距 P/mm	内螺纹 D_1、D_2		外螺纹 d、d_2			
	G	H	e	f	g	h
	EI		es			
0.75	+22	0	−56	−38	−22	0
0.8	+24	0	−60	−38	−24	0
1	+26	0	−60	−40	−26	0
1.25	+28	0	−63	−42	−28	0
1.5	+32	0	−67	−45	−32	0
1.75	+34	0	−71	−48	−34	0
2	+38	0	−71	−52	−38	0
2.5	+42	0	−80	−58	−42	0
3	+48	0	−85	−63	−48	0

2) 公差带的大小和公差等级。普通螺纹公差带的大小由公差等级决定。内、外螺纹中径、顶径公差等级见表 6-20，其中 6 级为基本级。各公差值见表 6-21、表 6-22。由于内螺纹加工困难，在公差等级和螺距值都一样的情况下，内螺纹的公差值比外螺纹的公差值大约大 32%。

表 6-20 螺纹公差等级

螺纹直径		公差等级
内螺纹	中径 D_2	4、5、6、7、8
	顶径（小径）D_1	4、5、6、7、8
外螺纹	中径 d_2	3、4、5、6、7、8、9
	顶径（小径）d_1	4、6、8

表 6-21 内、外螺纹中径公差（摘自 GB/T 197—2003） μm

公称直径 D/mm		螺距 P/mm	内螺纹中径公差 T_{D2}				外螺纹中径公差 T_{d2}			
>	≤		公差等级							
			5	6	7	8	5	6	7	8
5.6	11.2	0.75	106	132	170	—	80	100	125	—
		1	118	150	190	236	90	112	140	180
		1.25	125	160	200	250	95	118	150	190
		1.5	140	180	224	280	106	132	170	212
11.2	22.4	0.75	112	140	180	—	85	106	132	—
		1	125	160	200	250	95	118	150	190
		1.25	140	180	224	280	106	132	170	212
		1.5	150	190	236	300	112	140	180	224
		1.75	160	200	250	315	118	150	190	236
		2	170	212	265	335	125	160	200	250
		2.5	180	224	280	355	132	170	212	265
22.4	45	1	132	170	212	—	100	125	160	200
		1.5	160	200	250	315	118	150	190	236
		2	180	224	280	355	132	170	212	265
		3	212	265	335	425	160	200	250	315

表 6-22 内、外螺纹顶径公差（摘自 GB/T 197—2003） μm

公差项目	内螺纹顶径（小径）公差 T_{D1}				外螺纹顶径（大径）公差 T_d		
	5	6	7	8	4	6	8
0.75	150	190	236	—	90	140	—
0.8	160	200	250	315	95	150	236
1	190	236	300	375	112	180	280
1.25	212	265	335	425	132	212	335
1.5	236	300	375	475	150	236	375
1.75	265	335	425	530	170	265	425
2	300	375	475	600	180	280	450
2.5	355	450	560	710	212	335	530
3	400	500	630	800	236	375	600

2. 普通螺纹的选用公差带和配合选用

1）螺纹公差带的选用。螺纹的公差等级和基本偏差相组合可以生成许多公差带，考虑到定值刀具和量具规格增多会造成经济和管理上的困难,同时有些公差带在实际使用中效果不好,国家标准对内、外螺纹公差带进行了筛选,选用公差带时可参考表 6-23。除非特别需要,一般不选用表外的公差带。

表 6-23 普通螺纹的选用公差带(摘自 GB/T 197—2003)

精度等级	内螺纹公差带			外螺纹公差带		
	S	N	L	S	N	L
精密级	4H	5H	6H	(3h4h)	4h	(5h4h)
					(4g)	(5g4g)
中等级	*5H	*6H	*7H	(5h6h)	*6e	(7h6h)
	(5G)	(6G)	(7G)		*6f	(7g6g)
					*6g	
					*6h	(7e6e)
粗糙级	—	7H	8H		8g	(9g8g)
		(7G)	(8G)		(8e)	(9e8e)

注:① 大量生产的精制紧固螺纹,推荐采用带方框的公差带。
② 带星号 * 的公差带应优先选用,不带星号 * 的公差带其次选用,加括号的公差带尽量不用。

螺纹公差带代号由公差等级和基本偏差代号组成,它的写法是公差等级在前,基本偏差代号在后。外螺纹基本偏差代号是小写的,内螺纹基本偏差代号是大写的。表 6-23 中有些螺纹公差带是由两个公差带代号组成的,其中前面一个公差带代号为中径公差带,后面一个为顶径公差带。当顶径与中径公差带相同时,合写为一个公差带代号。

2) 配合的选用。内、外螺纹的选用公差带可以任意组成各种配合。国家标准要求完工后的螺纹配合最好是 H/g、H/h 或 G/h 的配合。为了保证螺纹旋合后有良好的同轴度和足够的联结强度,可选用 H/h 配合。要装拆方便,一般选用 H/g 配合。对于需要涂镀保护层的螺纹,根据涂镀层的厚度选用配合。镀层厚度为 5 μm 左右,选用 6H/6 g;镀层厚度为 10 μm 左右,则选用 6H/6f;若内、外螺纹均涂镀,可选用 6G/6e。

6.4.3 普通螺纹的标记

1. 单个螺纹的标记

螺纹的完整标记由螺纹代号、公称直径、螺距、旋向、螺纹公差带代号和旋合长度代号(或数值)组成。当螺纹是粗牙螺纹时,粗牙螺距省略标注(可查表 6-18 得螺距数值)。当螺纹为右旋螺纹时,不注旋向;当螺纹为左旋螺纹时,在相应位置写"LH"字样。当螺纹中径、顶径公差带相同时,合写为一个。当螺纹旋合长度为中等时,省略标注旋合长度。

例 6-2 解释螺纹标记 M20×2—7g6g—24—LH 的含义。
解:M——普通螺纹的代号;
    20——螺纹公称直径;
    2——细牙螺纹螺距(粗牙螺距不注);
    LH——左旋(右旋不注);
    7g——螺纹中径公差带代号,字母小写表示外螺纹;

6g——螺纹顶径公差带代号,字母小写表示外螺纹;

24——旋合长度数值。

例 6-3 解释螺纹标记 M10—5H6H—L 的含义。

解:M10 普通螺纹代号及公称直径,粗牙;

5H6H——螺纹中径、顶径公差带代号,大写字母表示内螺纹;

L——长旋合长度代号(中等旋合长度可不注)。

例 6-4 解释螺纹标记 M10×1—6g 的含义。

解:M10×1——普通螺纹代号、公称直径及细牙螺距;

6g——外螺纹中径和顶径公差带代号。

2. 螺纹配合在图样上的标注

标注螺纹配合时,内、外螺纹的公差带代号用斜线分开,左边为内螺纹公差带代号,右边为外螺纹公差带代号。例如:

$$M20 \times 2 - 6H/6g, \quad M20 \times 2 - 6H/5g6g - LH$$

6.4.4 螺纹的表面粗糙度要求

螺纹牙型表面粗糙度主要根据中径公差等级来确定。表 6-24 列出了螺纹牙侧表面粗糙度参数 Ra 的推荐值。

表 6-24 螺纹牙侧表面粗糙度参数 Ra 的推荐值　　　　mm

工　件	螺纹中径公差等级		
	4～5	6～7	7～9
	Ra 不大于		
螺栓、螺钉、螺母	1.6	3.2	3.2～6.3
轴及套上的螺纹	0.8～1.6	1.6	3.2

6.4.5 应用举例

例 6-5 一螺纹配合为 M20×2—6H/5g6g,试查表求出内、外螺纹的中径、小径和大径的极限偏差,并计算内、外螺纹的中径、小径和大径的极限尺寸。

解:(1) 确定内、外螺纹中径、小径和大径和公称尺寸。

已知标记中的公称直径为螺纹大径的公称尺寸,即 $D=d=20$ mm

从普通螺纹各参数的关系可知

$$D_1 = d_1 = d - 1.082\,5P = 17.835 \text{ mm}$$

$$D_2 = d_2 = d - 0.649\,5P = 18.701 \text{ mm}$$

实际工作中,可直接查有关手册。

(2) 确定内、外螺纹的极限偏差。

内螺纹中径、顶径(小径)的基本偏差代号为 H、公差等级为 6 级;外螺纹中径、顶径(大径)的基本偏差代号为 g,公差等级分别为 5 级、6 级。由表 6-19、表 6-21、表 6-22 可查算出内、外螺纹的极限偏差:

$$EI(D_2) = 0 \quad ES(D_2) = 0.212 \text{ mm} \quad EI(D) = 0$$
$$EI(D_1) = 0 \quad ES(D_1) = 0.375 \text{ mm}$$
$$es(d_2) = -0.038 \text{ mm} \quad ei(d_2) = -0.163 \text{ mm} \quad es(d_1) = -0.038 \text{ mm}$$
$$es(d) = -0.038 \text{ mm} \quad ei(d) = -0.318 \text{ mm}$$

(3) 计算内、外螺纹的极限尺寸。

由内、外螺纹的各公称尺寸及各极限偏差算出极限尺寸:

$$D_{2\max} = 18.913 \text{ mm}; D_{2\min} = 18.701 \text{ mm}$$
$$D_{1\max} = 18.210 \text{ mm}; D_{1\min} = 17.835 \text{ mm}$$
$$D_{\min} = 20 \text{ mm}$$
$$d_{2\max} = 18.663 \text{ mm}; d_{2\min} = 18.538 \text{ mm}$$
$$d_{\max} = 19.962 \text{ mm}; d_{\min} = 19.682 \text{ mm}$$

例 6-6 测得 M24—5g6g 实际螺栓的单一中径 $d_{2单-}=21.940$ mm,螺距误差 $\Delta P_\Sigma=50$ μm,牙型半角误差 $\Delta\frac{\alpha}{2}_左=-32'$,$\Delta\frac{\alpha}{2}_右=20'$,试判断该螺栓中径合格性。

解:(1) 根据 M24—5g6g,并查表 6-19、表 6-22 得 $d=24$ mm,$P=3$ mm,中径基本偏差 $es=-48$ μm,$T_{d2}=160$ μm。计算得 $d_2=22.051$ mm。

$$d_{2\max} = 22.003 \text{ mm}, d_{2\min} = 21.843 \text{ mm}$$

(2) 螺距偏差中径当量 $f_p = 1.732 \ |\Delta P_\Sigma| = 86.6$ μm

牙型半角偏差中径当量

$$f_{\alpha/2} = 0.073P\left[K_1\left|\Delta\frac{\alpha}{2}_左\right| + K_2\left|\Delta\frac{\alpha}{2}_右\right|\right] = 29.78 \text{ μm}$$

(3) 螺纹作用中径 $d_{2作用} = d_{2单-} + (f_p + f_{\alpha/2}) = 22.0564$ mm

(4) 根据泰勒原则,由于 $d_{2作用} > d_{2单-}$,故此螺纹不合格。

6.4.6 普通螺纹的测量

测量螺纹的方法有两类:单项测量和综合检验。单项测量是指用指示量仪测量螺纹的实际值,每次只测量螺纹的一项几何参数,并以所得的实际值来判断螺纹的合格性。单项测量有牙型量头法、量针法和影像法等。综合检验是指一次同时检验螺纹的几个参数,以几个参数的综合误差来判断螺纹的合格性。生产上广泛应用螺纹极限量规综合检验螺纹的合格性。

单项测量精度高,主要用于精密螺纹、螺纹刀具及螺纹量规的测量或生产中分析形成各参数误差的原因时使用。综合检验生产率高,适合于成批生产中精度不太高的螺纹件。

1. 普通内螺纹的综合检验

1) 准备量具。螺纹塞规如图 6-49 所示。
2) 检验步骤:
(1) 用硬棕刷清洗内螺纹和螺纹塞规的污物,并用布擦干净。

（2）把螺纹塞规放正，用螺纹塞规通端 T 旋入内螺纹，然后再用塞规止端。

3）检验评定结果。如果塞规通端 T 能顺利地与被检内螺纹在全长上旋合，塞规止端不能完全旋合，说明内螺纹的基本参数合格；否则内螺纹的某参数不合格。

2. 普通螺纹的单项测量

1）用螺纹千分尺测量。螺纹千分尺是测量低精度外螺纹中径的常用量具。它的结构与一般外径千分尺相似，所不同的是测量头，它有成对配套的、适用于不同牙型和不同螺距的测头，如图 6-50 所示。

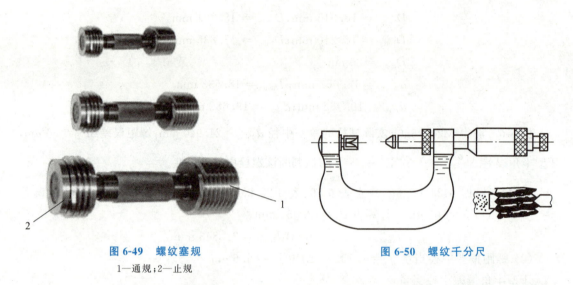

图 6-49　螺纹塞规
1—通规；2—止规

图 6-50　螺纹千分尺

2）用三针量法测量。三针量法具有精度高、测量简便的特点，可用来测量精密螺纹和螺纹量规。三针量法是一种间接量法。如图 6-51 所示，用三根直径相等的量针分别放在螺纹两边的牙槽中，用接触式量仪测出针距尺寸 M。

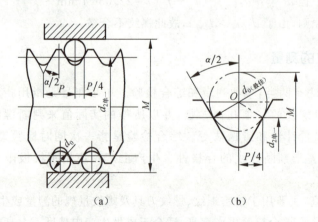

（a）　　　　　　　　（b）

图 6-51　三针量法测量螺纹中径

另外，在计量室里常在工具显微镜上采用影像法测量精密螺纹的各几何参数，可供生产上作工艺分析用。

随堂练习

1. 普通螺纹的基本几何参数有哪些？
2. 影响螺纹互换性的主要因数有哪些？
3. 螺纹中径、单一中径和作用中径三者有何区别和联系？
4. 解释下列螺纹标注的含义：
   (1) M24×2—5H6H—L
   (2) M20—7g6g
   (3) M30—6H/6g

任务五 圆柱齿轮传动精度与检测

任务分析

图 6-52 为常见的直齿圆柱齿轮。首先学习识读零件图上的圆柱齿轮标注的含义，然后在对圆柱齿轮的检测过程中，学会圆柱齿轮的检测方法，会正确使用其量具，并完成其有关计算和极限偏差的确定。

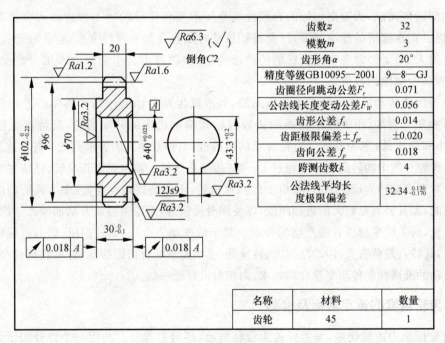

图 6-52 直齿圆柱齿轮

6.5.1 概述

齿轮传动在机器和仪器仪表中应用极为广泛，是一种重要的机械传动形式，通常用来传递运动或动力。齿轮传动的质量与齿轮的制造精度和装配精度密切相关。因此为了保证齿轮传动质量,就要规定相应的公差,并进行合理的检测。由于渐开线圆柱齿轮应用最广,本章主要介绍渐开线圆柱齿轮的精度设计及检测方法。2001年国家发布了GB/T 10095.1—2001及GB/T 10095.2—2001以代替GB/T 10095—1988。本章仅介绍齿轮的加工误差和齿轮副安装误差对传动精度的影响。

由于齿轮传动的类型很多,应用又极为广泛,因此对齿轮传动的使用要求也是多方面的。归纳起来使用要求可分为传动精度和齿侧间隙两个方面,一般有如下几方面要求。

1. 传递运动的准确性

传递运动的准确性就是要求齿轮在一转范围内,实际速比相对于理论速比的变动量应限制在允许的范围内,以保证从动齿轮与主动齿轮的运动准确协调。

2. 传递运动的平稳性

传递运动的平稳性就是要求齿轮在一个齿距范围内的转角误差的最大值限制在一定范围内,使齿轮副瞬时传动比变化小,以保证传动的平稳性。

3. 载荷分布的均匀性

载荷分布的均匀性就是要求齿轮啮合时,齿面接触良好,使齿面上的载荷分布均匀,避免载荷集中于局部齿面,使齿面磨损加剧,影响齿轮的使用寿命。

4. 齿轮副侧隙的合理性

侧隙即齿侧间隙,齿轮副侧隙的合理性就是要求啮合轮齿的非工作齿面间应留有一定的侧隙,以提供正常润滑的储油间隙,以及补偿传动时的热变形和弹性变形,防止咬死。但是,侧隙也不宜过大,对于经常需要正反转的传动齿轮副,侧隙过大会引起换向冲击,产生空程。所以,应合理确定侧隙的数值。

虽然对齿轮传动的使用要求是多方面的,但根据齿轮传动的用途和具体的工作条件的不同又有所侧重。例如,用于测量仪器的读数齿轮和精密机床的分度齿轮,其特点是传动功率小、模数小和转速低,主要要求是齿轮传动的准确性,对接触精度的要求就低一些。这类齿轮一般要求在齿轮一转中的转角误差不超过$1'\sim2'$,甚至是几秒。如齿轮需正反转,还应尽量减小传动侧隙。对于高速动力齿轮,如汽轮机上的高速齿轮,由于圆周速度高,三个方面的精度要求都是很严格的,而且要有足够大的齿侧间隙,以便润滑油畅通,避免因温度升高而咬死。汽车、机床的变速齿轮,对工作平稳性有极严格的要求。对于低速动力齿轮,如轧钢机、矿山机械和起重机用的齿轮,其特点是载荷大、传动功率大、转速低,主要要求啮合齿面接触良好、载荷分布均匀,而对传递运动的准确性和传动平稳性的要求,则相对可以低一些。

6.5.2 齿轮精度的评定指标及检测

在齿轮标准中齿轮误差、偏差统称为齿轮偏差,将偏差与公差共用一个符号表示,例如F_a既表示齿廓总偏差,又表示齿廓总公差。单项要素测量所用的偏差符号用小写字母加上相应的下标组成;而表示若干单项要素偏差组成的"累积"或"总"偏差所用的符号,采用大写字母加上相应的下标表示。

1. 影响齿轮传动准确性的偏差及检测

1) 切向综合总偏差F_i'。F_i'是指被测齿轮与理想精确的测量齿轮单面啮合检验时,在被测齿轮一转内,齿轮分度圆上实际圆周位移与理论圆周位移的最大差值,如图 6-53 所示。

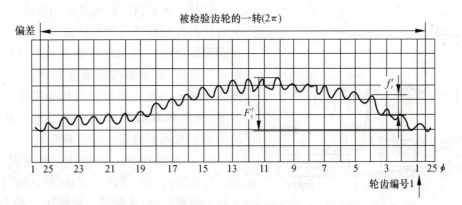

图 6-53 切向综合偏差

F_i' 反映了几何偏心、运动偏心以及基节偏差、齿廓形状偏差等影响的综合结果,而且是在近似于齿轮工作状态下测得的,所以它是评定传递运动准确性较为完善的综合指标。

F_i' 的测量用单面啮合综合测量仪(简称单啮仪)进行。由于单啮仪的制造精度要求很高,价格昂贵,目前生产中尚未广泛使用,因此常用其他指标来评定传递运动的准确性。

2) k 个齿距累积偏差 $\pm F_{pk}$ 与齿距累积总偏差 F_p。F_{pk} 是指在端平面上,在接近齿高中部的一个与齿轮轴线同心的圆上,任意 k 个齿距的实际弧长与理论弧长之差的代数差。

如图 6-54 所示,除另有规定,F_{pk} 值被限定在不大于 1/8 的圆周上评定。因此,F_{pk} 的允许适用于齿距数 k 为 2 到小于 $Z/2$ 的弧段内。通常,F_{pk} 取 $k=Z/8$ 就足够了。

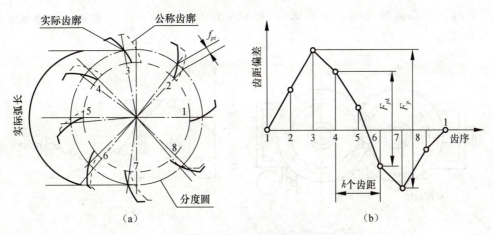

图 6-54 齿距偏差与齿距累积偏差

(a) 截面误差图;(b) 齿距累积偏差曲线

齿距累积总偏差 F_p 是指齿轮同侧齿面任意弧段($k=1$ 至 $k=z$)内的最大齿距累积偏差。它表现为齿距累积偏差曲线的总幅值。

齿距累积偏差主要是由滚切齿形过程中几何偏心和运动偏心造成的。它能反映齿轮一转中偏心误差引起的转角误差,因此 $F_p(F_{pk})$ 可代替作为评定齿轮运动准确性的指标。但 F_p 是逐齿测得的,每齿只测一个点,而 F_i' 是在连续运转中测得的,它更全面。由于 F_p 的测量可用较普及的齿距仪、万能测齿仪等仪器,因此是目前工厂中常用的一种齿轮运动精度的评定指标。

测量齿距累积误差通常用相对法，可用万能测齿仪或齿距仪进行测量。图 6-55 为万能测齿仪测齿距简图。首先以被测齿轮上任一实际齿距作为基准，将仪器指示表调零，然后沿整个齿圈依次测出其他实际齿距与作为基准的齿距的差值（称为相对齿距偏差），经过数据处理求出 F_p，（同时也可求得单个齿距偏差 f_{pt}）。

3）径向跳动 F_r。齿轮径向跳动 F_r 是指齿轮一转范围内，测头（球形、圆柱形、砧形）相继置于每个齿槽内时，从它到齿轮轴线的最大和最小径向距离之差。检查中，测头在近似齿高中部与左右齿面接触，如图 6-56 所示。

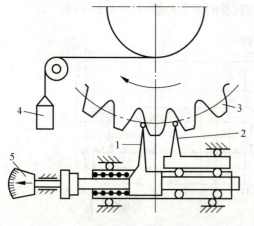

图 6-55 万能测齿仪测齿距简图

1—活动测头；2—固定测头；
3—被测齿轮；4—重锤；5—指示表

F_r 主要是由几何偏心引起的，不能反映运动偏心，它以齿轮一转为周期，属长周期径向误差，所以它必须与能揭示切向误差的单项指标组合，才能全面评定传递运动准确性。

径向跳动 F_r 可在齿轮跳动检查仪上进行检测。

4）径向综合总偏差 F_i''。F_i'' 是指在径向（双面）综合检验时，产品齿轮的左右齿面同时与测量齿轮接触，并转过一整圈时出现的中心距最大值和最小值之差。

F_i'' 的测量用双面啮合综合检查仪（简称双啮仪）进行，如图 6-57 所示。

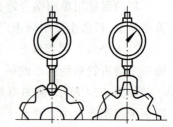

图 6-56 径向跳动

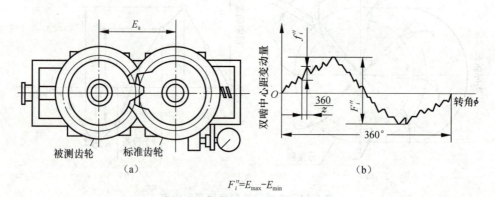

$F_i'' = E_{max} - E_{min}$

图 6-57 用双啮仪测径向综合误差

若齿轮存在径向误差（如几何偏心）及短周期误差（如齿形误差、基节偏差等），则齿轮与测量齿轮双面啮合的中心距会发生变化。

F_i'' 主要反映径向误差，由于 F_i'' 的测量操作简便，效率高，仪器结构比较简单，因此在成批生产时普遍应用。但其也有缺点，由于测量时被测齿轮齿面是与理想精确测量齿轮啮合，与工作状态不完全符合。F_i'' 只能反映齿轮的径向误差，而不能反映切向误差，所以 F_i'' 并不能确切和充分地用来评定齿轮传递运动的准确性。

5) 公法线长度变动 F_w。F_w 是指在齿轮一周范围内,实际公法线长度最大值与最小值之差,如图 6-58(a)所示。

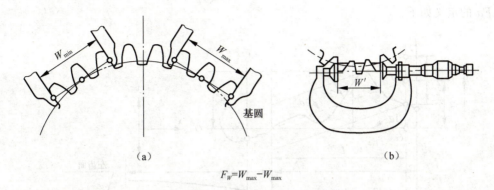

$$F_w = W_{max} - W_{max}$$

图 6-58 公法线长度变动量及测量

在齿轮新标准中没有 F_w 此项参数,但从我国的齿轮实际生产情况看,经常用 F_r 和 F_w 组合代替 F_p 或 F_i',这样检验成本不高且行之有效,故在此保留供参考。

F_w 是由运动偏心引起的,使各轮齿在齿圈上分布不均匀,使公法线长度在齿轮转一圈中,呈周期性变化。它反映齿轮加工时的切向误差,因此,可作为影响传递运动准确性指标中属于切向性质的单项性指标。

公法线长度变动量 F_w 可用公法线千分尺如图 6-58(b)所示,或公法线指示卡规进行测量。

2. 影响齿轮传动平稳性的偏差及检测

1) 一齿切向综合偏差 f_i'。f_i' 是指齿轮在一齿距内的切向综合。在一个齿距角内,过偏差曲线的最高、最低点,作与横坐标平行的两条直线,此平行线间的距离即为 f_i',如图 6-53 所示。f_i' 反映齿轮一齿内的转角误差,在齿轮一转中多次重复出现,评定齿轮传动平稳性精度的一项指标。

显然,一齿切向综合偏差越大,频率越高,则传动越不平稳。因此,必须根据齿轮传动的使用要求,用一齿切向综合公差 f_i' 加以限制。

f_i' 与切向综合总偏差一样,用单啮仪进行测量。

2) 一齿径向综合偏差 f_i''。f_i'' 是指当被测齿轮与测量齿轮啮合一整圈时,对应一个齿距($360°/z$)的径向综合偏差值,如图 6-57(b)所示。

f_i'' 也反映齿轮的短周期误差,但与 f_i' 是有差别的。f_i'' 只反映刀具制造和安装误差引起的径向误差,而不能反映机床传动链短周期误差引起的周期切向误差。因此,用 f_i'' 评定齿轮传动的平稳性不如用 f_i' 评定完善。但由于仪器结构简单,操作方便,在成批生产中仍广泛采用,所以一般用 f_i'' 作为评定齿轮传动平稳性的代用综合指标。

为了保证传动平稳性的要求,防止测不出切向误差部分的影响,应将标准规定的一齿径向综合公差乘以 0.8 加以缩小。故其合格条件为:一齿径向综合偏差 $f_i'' \leq$ 一齿径向综合公差 f_i'' 的 4/5。

f_i'' 采用双面啮合综合检查仪上测量。

3) 齿廓总偏差 F_a。如图 6-59 所示,图中沿啮合线方向 AF 长度叫做可用长度(因为只有这一段是渐开线),用 L_{AF} 表示。AE 长度叫有效长度,用 L_{AE} 表示,因为齿轮只在 AE 段啮合,所以这一段才有效。从 E 点开始延伸的有效长度 L_{AE} 的 92% 叫做齿廓计值范围 L_a。齿廓总偏差 F_a 的定义如下:

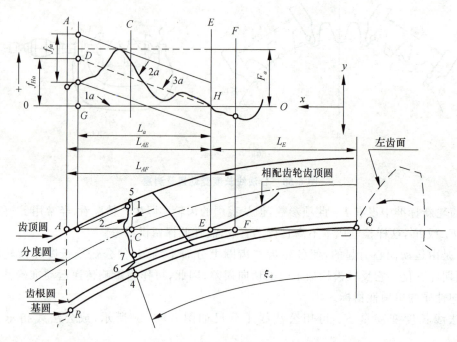

图 6-59　渐开线齿廓偏差展图

在计值范围 L_a 内,包容实际齿廓迹线的两条设计齿廓迹线间的距离,即在图 6-59 中过齿廓迹线最高、最低点作设计齿廓迹线的两条平行直线间距离为 F_a。

齿廓总偏差 F_a 主要影响齿轮传动平稳性,因为有 F_a 的齿轮,其齿廓不是标准正确的渐开线,不能保证瞬时传动比为常数,易产生振动与噪声。

有时为了进一步分析齿廓总偏差 F_a 对传动质量的影响,或为了分析齿轮加工中的工艺误差,标准中又把 F_a 细化分成以下两种偏差,即 f_{fa} 与 f_{Ha},该两项偏差都不是必检项目。

齿廓偏差测量也叫齿形测量,通常是在渐开线检查仪上进行测量。

4) 齿廓形状偏差 f_{fa}。在计值范围内,包容实际齿廓迹线的两条与平均齿廓迹线完全相同的曲线间的距离,且两条曲线与平均齿廓迹线的距离为常数。如图 6-59 所示,图中示例为非修形的标准渐开线齿轮,因此设计齿廓迹线为直线,平均迹线也是直线,包容实际迹线的也应是两条平行直线(对非标准渐开线,设计齿廓迹线可能为曲线)。取值时,首先用最小二乘法画出一条平均齿廓迹线(3a),然后过曲线的最高、最低点作其平行线,则两平行线间沿 y 轴方向距离即为 f_{fa}。

5) 齿廓倾斜偏差 $\pm f_{Ha}$。在计值范围内的两端与平均齿廓迹线相交的两条设计齿廓迹线间的距离,如图 6-59 所示。

在图中计值范围的左端与平均齿廓迹线相交于 D 点,右端与平均齿廓迹线相交于 H 点,则 GD 即为 f_{Ha} 值。

6) 单个齿距偏差 f_{pt} 与单个齿距极限偏差 $\pm f_{pt}$。f_{pt} 是指在端平面上,在接近齿高中部的一个与齿轮轴线同心的圆上,实际齿距与理论齿距的代数差,如图 6-54 所示,图中为第 1 个齿距的齿距偏差。理论齿距是指所有实际齿距的平均值。

$\pm f_{pt}$ 是允许单个齿距偏差 f_{pt} 的两个极限值。

当齿轮存在齿距偏差时,不管是正值还是负值,都会在一对齿啮合完了而另一对齿进入啮合时,主动齿与被动齿发生冲撞,影响齿轮传动平稳性。

单个齿距偏差可用齿距仪、万能测齿仪进行测量。

3. 影响齿轮载荷分布均匀性的偏差及检测

1)螺旋线总偏差 F_β。F_β 是指在计值范围内,包容实际螺旋线迹线的两条设计螺旋线迹线间的距离,如图 6-60 所示。该项偏差主要影响齿面接触精度。

在螺旋线检查仪上测量非修形螺旋线的斜齿轮螺旋线偏差,原理是将被测齿轮的实际螺旋线与标准的理论螺旋线逐点进行比较并用所得的差值在记录纸上画出偏差曲线图,如图 6-60 所示。没有螺旋线偏差的螺旋线展开后应该是一条直线(设计螺旋线迹

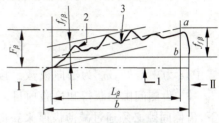

图 6-60 螺旋线偏差展开图

线),即图中的 1。如果没有 F_β 偏差,仪器的记录笔应该走出一条与 1 重合的直线,而当存在 F_β 偏差时,则走出一条曲线 2(实际螺旋线迹线)。齿轮从基准面 I 到非基准面 II 的轴向距离为齿宽 b。齿宽 b 两端各减去 5% 的齿宽或减去一个模数长度后得到的两者中最小值是螺旋线计值范围 L_β,过实际螺旋线迹线最高点和最低点作与设计螺旋线迹线平行的两条直线的距离即为 F_β。

有时为了某种目的,还可以对 F_β 进一步细分为 $f_{f\beta}$ 和 $f_{H\beta}$ 二项偏差,它们不是必检项目。

2)螺旋线形状偏差 $f_{f\beta}$。对于非修形的螺旋线来说,$f_{f\beta}$ 是在计值范围内,包容实际螺旋线迹线的两条与平均螺旋线迹线平行的两条直线间距离,如图 6-60 所示。平均螺旋线迹线是在计值范围内,按最小二乘法确定的,如图 6-60 中的 3。

3)螺旋线倾斜偏差 $f_{H\beta}$。在计值范围的两端与平均螺旋线迹线相交的设计螺旋线迹线间的距离,如图 6-60 所示。

应该指出,有时出于某种目的,将齿轮设计成修形螺旋线,此时设计螺旋线迹线不再是直线,此时 F_β、$f_{f\beta}$、$f_{H\beta}$ 的取值方法见 GB/T 10095.1。

对直齿圆柱齿轮,螺旋角 $\beta=0$,此时 F_β 称为齿向偏差。

4. 齿侧间隙及其检验项目

为保证齿轮润滑,补偿齿轮的制造误差、安装误差以及热变形等造成的误差,必须在非工作齿面留有侧隙。轮齿与配对齿间的配合相当于圆柱体孔、轴的配合,这里采用的是"基中心距制",即在中心距一定的情况下,用控制轮齿的齿厚的方法获得必要的侧隙。

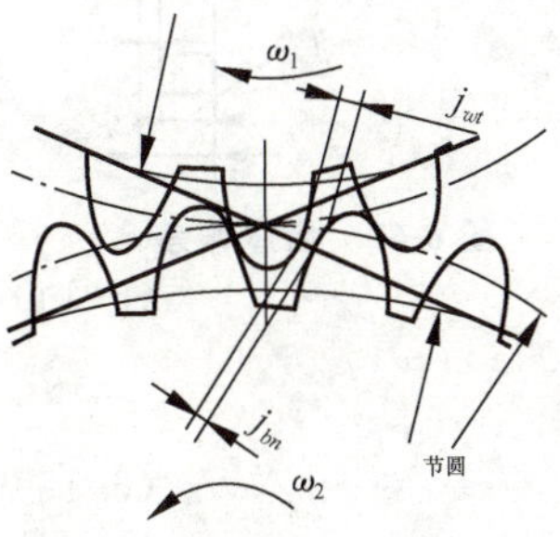

1)齿侧间隙。齿侧间隙通常有两种表示方法即圆周侧隙 j_{wt} 和法向侧隙 j_{bn},如图 6-61 所示。

圆周侧隙 j_{wt} 是指安装好的齿轮副,当其中一个齿轮固定时,另一齿轮圆周的晃动量,以分度圆上弧长计值。

图 6-61 齿轮侧隙

法向侧隙 j_{bn} 是指安装好的齿轮副,当工作齿面接触时,非工作齿面之间的最短距离。

测量 j_{bn} 需在基圆切线方向,也就是在啮合线方向上测量,一般可以通过压铅丝方法测量,即齿轮啮合过程中在齿间放入一块铅丝,啮合后取出压扁了的铅丝测量其厚度。也可以用塞尺直接测量 j_{bn}。理论上 j_{bn} 与 j_{wt} 存在以下关系:

$$j_{bn} = j_{wt} \cos \alpha_{wt} \cos \beta_b \tag{6-12}$$

式中,α_{wt} 为端面工作压力角,β_b 为基圆螺旋角。

2)最小侧隙 $j_{bn\min}$ 的确定。齿轮传动时,必须保证有足够的最小侧隙 $j_{bn\min}$ 以保证齿轮机构正常工作。对于用黑色金属材料齿轮和黑色金属材料箱体的齿轮传动,工作时齿轮节圆线速度小于 15 m/s,其箱体、轴和轴承都采用常用的商业制造公差,用的商业制造公差,$j_{bn\min}$ 可按下式计算

$$j_{bn\min} = \frac{2}{3}(0.06 + 0.0005\alpha + 0.03 m_n) \text{mm} \tag{6-13}$$

式中,a 为中心距;m_n 为法向模数。按上式计算可以得出如表 6-25 所示的推荐数据。

3)齿侧间隙的获得和检验项目。如前所述,齿轮轮齿的配合采用基中心距制,在此前提下,齿侧间隙必须通过减薄齿厚来获得,由此还可以派生出通过控制公法线长度等方法来控制齿厚。

表 6-25 对于中、大模数齿轮最小侧隙 $j_{bn\min}$ 的推荐数据(摘自 GB/Z 18620.2—2002) mm

模数 m_b	中心距 a					
	50	100	200	400	800	1600
1.5	0.09	0.11	—	—	—	—
2	0.10	0.12	0.15	—	—	—
3	0.12	0.14	0.17	0.24	—	—
5	—	0.18	0.21	0.28	—	—
8	—	0.24	0.27	0.34	0.47	—
12	—	—	0.35	0.42	0.55	—
18	—	—	—	0.54	0.67	0.94

(1)用齿厚极限偏差控制齿厚。为了获得最小侧隙 $j_{bn\min}$,齿厚应保证有最小减薄量,它是由分度圆齿厚上极限偏差 E_{sns} 形成的,如图 6-62 所示。

对于 E_{sns} 的确定,可以参考同类产品的设计经验或其他有关资料选取,当缺少此方面资料时可参考下述方法计算选取:

当主动轮与被动轮齿厚都做成最小值即做成上极限偏差时,可获得最小侧隙 $j_{bn\min}$。通常取两齿轮的齿厚上极限偏差相等,此时

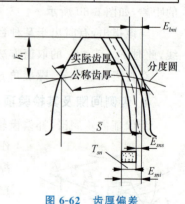

图 6-62 齿厚偏差

$$j_{bn\min} = 2 | E_{sns} | \cos \alpha_n \tag{6-14}$$

因此有

$$E_{sns} = \frac{j_{bn\min}}{2\cos \alpha_n} \tag{6-15}$$

按上式求得的 E_{sns} 应取负值。

齿厚公差 T_{sn} 大体上与齿轮精度无关,如对最大侧隙有要求时,就必须进行计算。齿厚公差的选择要适当,公差过小势必增加齿轮制造成本;公差过大会使侧隙加大,使齿轮正、反转时空行程过大。齿厚公差 T_{sn} 可按下式求得:$T_{sn} = \sqrt{F_r^2 + b_r^2} \cdot 2\tan\alpha_n$

式中,b_r——切齿径向进刀公差,可按表 6-26 选取。

表 6-26 切齿径向进刀公差 b_r 值

齿轮精度等级	4	5	6	7	8	9
b_r 值	1.26IT7	IT8	1.26IT8	IT9	1.26IT9	IT10

注:查 IT 值的主参数为分度圆直径尺寸。

为了使齿侧间隙不至过大,在齿轮加工中还需根据加工设备的情况适当地控制齿厚下极限偏差 E_{sni},E_{sni} 可按下式求得:$E_{sni} = E_{sns} - T_{sn}$,式中 T_{sn} 为齿厚公差。显然若齿厚偏差合格,实际齿厚偏差 E_{sn} 应处于齿厚公差带内。

一般用齿厚游标卡尺测量分度圆弦齿厚。如图 6-63 所示。用齿厚游标卡尺测量分度圆弦齿厚是以齿顶圆定位测量,因受齿顶圆偏差影响,测量精度较低故适用于较低精度的齿轮测量或模数较大的齿轮测量。

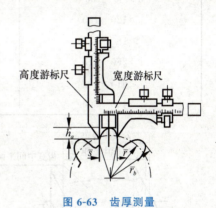

图 6-63 齿厚测量

测量时,先将齿厚卡尺的高度游标尺调至相应于分度圆弦齿高 $\overline{h_a}$ 位置,再用宽度游标尺测出分度圆弦齿厚 $\overline{s}$ 值,将其与理论值比较即可得到齿厚偏差 E_{sn}。

对于非变位直齿轮 $\overline{s}$ 与 $\overline{h_a}$ 按下式计算:

$$\overline{s} = 2r\sin\frac{90°}{Z} = mZ\sin\frac{90°}{Z} \quad \overline{h_a} = m\left[1 + \frac{Z}{2}\left(1 - \cos\frac{90°}{Z}\right)\right] \quad (6\text{-}16)$$

(2) 用公法线平均长度极限偏差控制齿厚。齿轮齿厚的变化必然引起公法线长度的变化。测量公法线长度同样可以控制齿侧间隙。公法线长度的上极限偏差 E_{bms} 和下极限偏差 E_{bmi} 与齿厚有如下关系

$$E_{bms} = E_{sns}\cos\alpha_n \qquad (6\text{-}17)$$

$$E_{bmi} = E_{sni}\cos\alpha_n \qquad (6\text{-}18)$$

公法线平均长度极限偏可用公法线千分尺或公法线指示卡规进行测量。如图 6-58 所示。直齿轮测公法线时的卡量齿数 k 通常可按下式计算:$k = \frac{z}{9} + 0.5$(取相近的整数)非变位的齿形角为 20° 的直齿轮公法线长度为:$W_k = m[2.952 \cdot (k - 0.5) + 0.014z]$

6.5.3 齿轮副和齿坯的精度

1. 齿轮副的精度

1) 中心距极限偏差 $\pm f_a$。$\pm f_a$ 是指在齿轮副的齿宽中间平面内,实际中心距与公称中心距之差。

$\pm f_a$ 主要影响齿轮副侧隙。表 6-27 为中心距极限偏差数值,供参考。

表 6-27 中心距极限偏差 $\pm f_a$　　　　　　　　　　　　mm

齿轮精度等级 中心距 a/mm	5、6	7、8
≥6～10	7.5	11
>10～18	9	13.5
>18～30	10.5	16.5
>30～50	12.5	19.5
>50～80	15	23
>80～120	17.5	27
>120～180	20	31.5
>180～250	23	36
>250～315	26	40.5
>315～400	28.5	44.5
>400～500	31.5	48.5

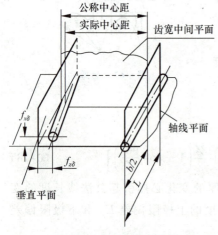

图 6-64 轴线平行度偏差

2) 轴线平行度偏差 $f_{\Sigma\delta}$、$f_{\Sigma\beta}$。如果一对啮合的圆柱齿轮的两条轴线不平行,形成了空间的异面(交叉)直线,则将影响齿轮的接触精度,因此必须加以控制,如图 6-64 所示。

轴线平面内的平行度偏差 $f_{\Sigma\delta}$ 是在两轴线的公共平面上测量的;垂直平面上的平行度偏差 $f_{\Sigma\beta}$ 是在与轴线公共平面相垂直平面上测量的。$f_{\Sigma\delta}$ 和 $f_{\Sigma\beta}$ 的最大推荐值为:

$$f_{\Sigma\beta} = 0.5\left(\frac{L}{b}\right)F_\beta \quad f_{\Sigma\delta} = 2f_{\Sigma\beta} \qquad (6-19)$$

式中,L 为轴承跨距,b 为齿宽。

3) 接触斑点。齿轮副的接触斑点是指安装好的齿轮副,在轻微制动下,运转后齿面上分布的接触擦亮痕迹。对于在齿轮箱体上安装好的配对齿轮所产生的接触斑点大小,可用于评估齿面接触精度。也可以将被测齿轮安装在机架上与测量齿轮在轻载下测量接触斑点,可评估装配后齿轮螺旋线精度和齿廓精度。如图 6-65 所示为接触斑点分布示意图。图中 b_{c1} 为接触斑点的较大长度,b_{c2} 为接触斑点的较小长度,h_{c1} 为接触斑点的较大高度,h_{c2} 为接触斑点的较小高度。

接触斑点的检验方法比较简单,对大规格齿轮更具有现实意义,因为对较大规格的齿轮副一般是在安装好的传动中检验。对成批生产的机

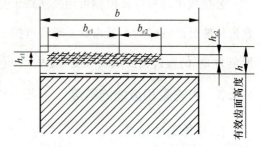

图 6-65 接触斑点分布示意图

床、汽车、拖拉机等中小齿轮允许在啮合机上与精确齿轮啮合检验。

表 6-28　齿轮装配后接触斑点（摘自 GB/Z 18620.4—2002）　　　　　　　　　　　　　%

精度等级 \ 参数 \ 齿轮	$b_{c1}/b\times100\%$		$h_{c1}/h\times100\%$		$b_{c2}/b\times100\%$		$h_{c2}/h\times100\%$	
	直齿轮	斜齿轮	直齿轮	斜齿轮	直齿轮	斜齿轮	直齿轮	斜齿轮
4 级及更高	50	50	70	50	40	40	50	30
5 和 6	45	45	50	40	35	35	30	20
7 和 8	35	35	50	40	35	35	30	20

2. 齿坯精度

齿坯是指轮齿在加工前供制造齿轮的工件，齿坯的尺寸偏差和形位误差直接影响齿轮的加工和检验，影响齿轮副的接触和运行，因此必须加以控制。

齿轮的工作基准是其基准轴线，而基准轴线通常都是由某些基准来确定的，图 6-66 为两种常用的齿轮结构形式，在此给出其尺寸公差（见表 6-29）、形位公差的给定方法供参考。

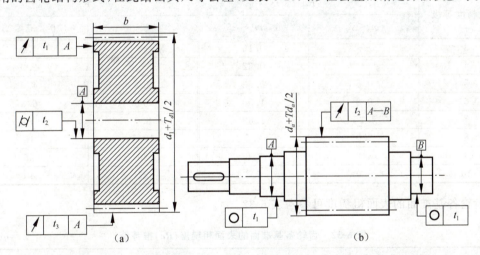

图 6-66　齿轮结构形式

d_a—齿顶圆直径；$\pm T_{da}/2$—齿顶圆直径偏差

表 6-29　齿坯尺寸公差（供参考）

齿轮精度等级	5	6	7	8	9	10	11	12
孔 尺寸公差	IT5	IT6		IT7		IT8		IT9
轴 尺寸公差	IT5		IT6		IT7		IT8	
顶圆直径偏差	± 0.05 mm							

图 6-66(a) 为用一个"长"的基准面（内孔）来确定基准轴线的例子。内孔的尺寸精度根据与轴的配合性质要求确定。内孔圆柱度公差 t_1 取 $0.04(L/b)F_\beta$ 或 $0.1F_p$ 两者中之较小值（L 为支承该齿轮的较大的轴承跨距）。齿轮基准端面圆跳动公差 t_2 和齿顶圆径向圆跳动公差 t_3 参考表 6-30。

表 6-30　齿坯径向和端面圆跳动公差　　　　　　　　　　　　　　　　　　　　　　　　μm

分度圆直径 d/mm	齿轮精度等级			
	3～4	5～6	7～8	9～10
0～125	7	11	18	28
>126～400	9	14	22	36
>401～800	12	20	32	50
>801～1 400	18	28	45	71

齿顶圆直径偏差对齿轮重合度及齿轮顶隙都有影响，有时还作为测量、加工基准，因此也给出公差，一般可以按 $\pm 0.05 m_n$ 给出。图 6-66(b)为用两个"短"基准面确定基准轴线的例子。左右两个短圆柱面是与轴承配合面，其圆度公差 t_1 取 $0.04(L/b)F_\beta$ 或 $0.1F_p$ 两者中之小值。齿顶圆径向跳动 t_2 按表 6-30 查取，顶圆直径偏差取 $\pm 0.05 m_n$。

齿面表面粗糙度可参考表 6-31。

表 6-31　齿面表面粗糙度推荐极限值（摘自 GB/Z 18620.4—2002）　　　　　　　　μm

齿轮精度等级	Ra		R_z	
	$m_n<6$	$6 \leqslant m_n \leqslant 25$	$m_n<6$	$6 \leqslant m_n \leqslant 25$
3	—	0.16	—	1.0
4	—	0.32	—	2.0
5	0.5	0.63	3.2	4.0
6	0.8	1.00	5.0	6.3
7	1.25	1.60	8.0	10
8	2.0	2.5	12.5	16
9	3.2	4.0	20	25
10	5.0	6.3	32	40

齿轮各基准面的表面粗糙度可参考表 6-32。

表 6-32　齿轮各基准面的表面粗糙度(Ra)推荐值　　　　　　　　　　　　　　　　μm

各面粗糙度 Ra	齿轮精度等级				
	5	6	7	8	9
齿面加工方法	磨齿	磨或珩齿	剃或珩齿	精滚精插	插齿或滚轮	滚轮	铣齿
齿轮基准孔	0.32～0.63	1.25	1.25～2.5		5
齿轮轴基准轴颈	0.32	0.63	1.25		2.5
齿轮基准端面	1.25～2.5	2.5～5			3.2～5
齿轮顶面	1.25～2.5	3.2～5			

6.5.4　渐开线圆柱齿轮精度标准及其应用

GB/T 10095.1—2001 和 GB/T 10095.2—2001 对齿轮规定了精度等级及各项偏差的允许值。

1. 精度等级及其选择

标准对单个齿轮规定了 13 个精度等级,分别用阿拉伯数字 0,1,2,3,…,12 表示。其中,0 级精度最高,依次降低,12 级精度最低。其中 5 级精度为基本等级,是计算其他等级偏差允许值的基础。0～2 级目前加工工艺尚未达到标准要求,是为将来发展而规定的特别精密的齿轮;3～5 级为高精度齿轮;6～8 级为中等精度齿轮;9～12 级为低精度(粗糙)齿轮。

在确定齿轮精度等级时,主要依据齿轮的用途、使用要求和工作条件。选择齿轮精度等级的方法有计算法和类比法,多数采用类比法选择。类比法是根据以往产品设计、性能试验、使用过程中所积累的经验以及可靠的技术资料进行对比,从而确定齿轮的精度等级。

2. 最小侧隙和齿厚偏差的确定

参见 6.5.2 节中的内容,合理地确定侧隙值及齿厚偏差或公法线长度极限偏差。

3. 检验项目的选用

选择检验组时,应根据齿轮的规格、用途、生产规模、精度等级、齿轮加工方式、计量仪器、检验目的等因素综合分析、合理选择。

1) 齿轮加工方式。不同的加工方式产生不同的齿轮误差,如滚齿加工时,机床分度蜗轮偏心产生公法线长度变动偏差,而磨齿加工时则由于分度机构误差将产生齿距累积偏差,故根据不同的加工方式采用不同的检验项目。

2) 齿轮精度。齿轮精度低,机床精度可足够保证,由机床产生的误差可不检验。齿轮精度高可选用综合性检验项目,反映全面。

3) 检验目的。终结检验应选用综合性检验项目,工艺检验可选用单项指标以便于分析误差原因。

4) 齿轮规格。直径≤400 ram 的齿轮可放在固定仪器上进行检验。大尺寸齿轮一般采用量具放在齿轮上进行单项检验。

5) 生产规模。大批量应采用综合性检验项目,以提高效率,小批单件生产一般采用单项检验。

6) 设备条件。选择检验项目时还应考虑工厂仪器设备条件及习惯检验方法。

齿轮精度标准 GB/T 10095.1、GB/T 10095.2 及其指导性技术文件中给出的偏差项目虽然很多,但作为评价齿轮质量的客观标准,齿轮质量的检验项目应该主要是单项指标即齿距偏差(F_p、$\pm f_{pt}$、$\pm F_{pk}$)、齿廓总偏差 F_α、螺旋线总偏差 F_β(直齿轮为齿向公差 F_β)及齿厚偏差 E_{sn}。标准中给出的其他参数,一般不是必检项目,而是根据供需双方具体要求协商确定的,这里体现了设计第一的思想。

根据我国多年来的生产实践及目前齿轮生产的质量控制水平,建议供需双方依据齿轮的功能要求、生产批量和检测手段,在以下推荐的检验组中选取一个检验组来评定齿轮的精度等级,见表 6-33。

表 6-33 推荐的齿轮检验组

检验组	检验项目	适用等级	测量仪器
1	F_p、F_α、F_β、E_{sr} 或 E_{bm}	3～9	齿距仪、齿形仪、齿向仪、摆差测定仪、齿厚卡尺或公法线千分尺

续表

检验组	检验项目	适用等级	测量仪器
2	F_p 与 F_{pk}、F_α、F_β、F_r、E_{en} 或 E_{ln}	3～9	齿距仪、齿形仪、齿向仪、摆差测定仪。齿厚卡尺或公法线千分尺
3	F_i''、f_i''、E_{en} 或 E_{ln}	6～9	双面啮合测量仪,齿厚卡尺或公法线千分尺
4	f_{pt}、F_r、E_{en} 或 E_{bn}	10～12	齿距仪、摆差测定仪、齿厚卡尺或分法线千分尺
5	F_i'、f_i'、F_β、E_{sn} 或 E_{bn}	3～6	单啮仪、齿向仪、齿厚卡尺或公法线千分尺

6.5.5 齿轮在图样上的标注

1. 齿轮精度等级的标注方法示例

如 7GB/T 10095.1 表示齿轮各项偏差项目均应符合 GB/T 10095.1 的要求,精度均为7级。

如 $7F_p6(F_\alpha、F_\beta)$GB/T 10095.1 表示偏差 F_p、F_α、F_β 均按 GB/T 10095.1 要求,但是 F_p 为 7 级,F_α 与 F_β 均为 6 级。

如 $6(F_i'、f_i')$GB/T 10095.2 表示偏差 F_i'、f_i' 均按 GB/T 10095.2 要求,精度均为 6 级。

2. 齿厚偏差常用标注方法

(1) $S_n{}_{nE_{sni}}^{E_{sns}}$ 其中 S_n 为法向公称齿厚,E_{sni} 为齿厚上极限偏差,E_{sni} 为齿厚下极限偏差。

(2) $W_k{}_{kE_{bmi}}^{E_{bms}}$ 其中 W_k 为跨个齿的公法线长度,E_{bms} 为公法线长度上极限偏差,E_{bmi} 为公法线长度下极限偏差。

> **随堂练习**
>
> 1. 齿轮传动有哪些使用要求?
> 2. 齿轮精度等级分几级?如何表示精度等级?粗、中、高和低精度等级大致是从几级到几级?
> 3. 齿轮传动中的侧隙有什么作用?用什么评定指标来控制侧隙?
> 4. 齿轮副精度的评定指标有哪些?

习　题

6-1 某机床转轴上安装 308P6 向心球轴承,其内径为 40 mm,外径为 90 mm,该轴承承受着一个 4 000 N 的定向径向负荷,轴承的额定动负荷为 31 400 N,内圈随轴一起转动,而外圈静止,试确定轴颈与外壳孔的极限偏差、形位公差值和表面粗糙度参数值,并把所选的公差带代号和各项公差仿照图 6-6 标注在图样上。

6-2 有一成批生产的开式直齿轮减速器转轴上安装 6209/P0 深沟球轴承,承受的当量径向动负荷为 1 500 N,工作温度 $t<60$ ℃,内圈与轴旋转。试选择轴、外壳孔结合的公差带(类

比法),形位公差及表面粗糙度。并标注在装配图和零件图上(装配图自己设计)。

6-3 如何计算齿厚上极限偏差 E_{sns} 和齿厚下极限偏差 E_{sni}?

6-4 某减速器中一对直齿圆柱齿轮,$m=5$ mm,$Z_1=60$ ram,$\alpha=20°$,$\chi=0$,$n_1=960$ r/min,两轴承距离 $L=100$ mm,齿轮为钢制,箱体为铸铁制造,单件小批生产。试确定:

(1) 齿轮精度等级;
(2) 检验项目及其允许值;
(3) 齿厚上、下极限偏差或公法线长度极限偏差值;
(4) 齿轮箱体精度要求及允许值;
(5) 齿坯精度要求及允许值;
(6) 画出齿轮零件图。

6-5 某减速器传递一般转矩,其中一齿轮与轴之间通过平键连接来传递转矩,已知轴径为 25 mm,键宽为 8 mm,试确定键槽的尺寸和配合,画出轴键槽的断面图和轮毂键槽的局部视图,并按规定进行标注。

6-6 机床变速箱中,有一个齿轮和轴采用矩形花键连接,花键规格为 $6×26×30×6$,花键孔长 30 mm,花键轴长 80 mm,齿轮花键孔经常需要相对花键轴做相对移动,传动精度要求较高。试确定:

(1) 齿轮花键孔和花键轴的公差带代号,计算小径、大径、键(槽)宽的极限尺寸。
(2) 分别写出在装配图和零件图上的标记。

6-7 查表确定 M24—6H/6g 内、外螺纹的中径、顶径的极限偏差,计算其极限尺寸。

6-8 有一外螺纹 M27×2—6h,测得其单中径 $d_{2单}=25.5$ mm,螺距累积误差 $\Delta P_{\Sigma}=+35\ \mu m$,牙型半角误差 $\Delta\frac{\alpha}{2}_{左}=-30'$,$\Delta\frac{\alpha}{2}_{右}=+65'$,试求其作用中径 $d_{2作用}$。并判断此螺纹是否合格?能否旋入具有基本牙型的内螺纹中?

6-9 加工一 M18×2—6g 外螺纹,已知加工方法产生的螺距误差 $\Delta P_{\Sigma}=+25\ \mu m$,牙型半角误差 $\Delta\frac{\alpha}{2}_{左}=+30'$,$\Delta\frac{\alpha}{2}_{右}=-40'$,问此加工方法允许中径的实际尺寸变动范围是多少?

参 考 文 献

[1] 陈于萍,周兆元. 互换性与测量技术基础[M]. 北京:机械工业出版社,2004.
[2] 机械工程师手册编写委员会. 机械工程师手册[M]. 北京:机械工业出版社,2007.
[3] 陈泽民,忻良吕. 公差配合与技术测量[M]. 北京:机械工业出版社,1984.
[4] 李柱. 互换性与测量技术基础(上册)[M]. 北京:中国计量出版社,1984.
[5] 范德梁. 公差与技术测量[M]. 沈阳:辽宁科学出版社,1983.
[6] 方昆凡. 公差与配合实用手册[M]. 北京:机械工业出版社,2006.
[7] 陈于冲,高晓康. 互换件与测量技术基础[M]. 北京:高等教育出版社,2002.
[8] 付风岚,胡业发,张新宝. 公差与测量技术[M]. 北京:科学出版社,2006.
[9] 胡照海. 公差配合与测量技术[M]. 北京:人民邮电出版社,2006.
[10] 张琳娜. 精度设计与质量控制基础[M]. 北京:中国计量出版社,1996.
[11] 成大先. 机械设计手册[M]. 北京:化学工业出版社,2004.
[12] 董燕. 公差配合与测量技术. 武汉:武汉理工大学出版社,2008.
[13] 张武荣. 公差配合与测量技术基础[M]. 北京:北京大学出版社,2006.
[14] 杨沿平. 机械精度设计与检测技术基础[M]. 北京:机械工业出版社,2004.
[15] 孙玉芹. 机械精度设计基础[M]. 北京:科学出版社,2003.
[16] 乔元信. 公差配合与技术测量[M]. 北京:中国劳动社会保障出版社,2006.
[17] 中华人民共和国国家质量监督检验总局. GB/T 4249—2009《产品几何技术规范(GPS)公差原则》[S]. 北京:中国标准出版社,2009.